光子晶体光纤中产生的超连续谱

Supercontinuum Generation in Photonic Crystal Fibers

王彦斌 王国良 陈前荣 侯 静 编著

Wang Yanbin Wang Guoliang Chen Qianrong Hou Jing

上海交通大学出版社
SHANGHAI JIAO TONG UNIVERSITY PRESS

内容提要

本书从最基本的麦克斯韦方程组出发，详细推导激光在光纤中传输满足的广义非线性薛定谔方程，并采用自适应分步傅立叶法求解该方程，模拟并实验研究了长脉冲和连续光体制下单、双波长泵浦光子晶体光纤超连续谱的产生过程。

本书适用于从事超连续谱产生和应用、光子晶体光纤特性分析与设计应用的工程技术人员，以及从事激光非线性传输、脉冲压缩与展宽、超连续谱产生机理分析的大专院校有关专业师生和科研工作者参考。

图书在版编目(CIP)数据

光子晶体光纤中产生的超连续谱/王彦斌等编著．—上海：上海交通大学出版社，2017
ISBN 978-7-313-16653-1

Ⅰ．光…　Ⅱ．王…　Ⅲ．光学晶体—光导纤维—连续谱—研究　Ⅳ．TQ342

中国版本图书馆 CIP 数据核字(2017)第 031048 号

光子晶体光纤中产生的超连续谱

编　　著：王彦斌等
出版发行：上海交通大学出版社　　地　　址：上海市番禺路 951 号
邮政编码：200030　　电　　话：021-64071208
出 版 人：郑益慧
印　　制：凤凰数码印务有限公司　　经　　销：全国新华书店
开　　本：787mm×1092mm　1/16　　印　　张：14.75
字　　数：259 千字
版　　次：2017 年 3 月第 1 版　　印　　次：2017 年 3 月第 1 次印刷
书　　号：ISBN 978-7-313-16653-1/TQ
定　　价：68.00 元

前　言

超连续谱(Supercontinuum,SC)是指窄带光源入射到非线性介质后,在多种非线性效应和介质色散的共同作用下,使得出射光中产生了大量的新频率成分,从而使输出光谱得到了极大的展宽。超连续谱激光光源不仅具有传统白光光源的宽光谱特性,还具有高亮度、高空间相干性等独特的优势,因而在光通信领域尤其是波分复用技术、光谱学、光频率计量学、光学相干层析以及军事光电对抗领域都有广泛的应用。

根据超连续谱的产生介质不同,其发展大体经历了块状介质、普通光纤、光子晶体光纤三个阶段。由于块状介质的相互作用长度短、非线性系数低,在其中产生的超连续谱波段范围非常窄,只有几十纳米;普通光纤解决了相互作用长度短的问题,超连续谱可以扩展到几百纳米,但是其非线性系数和色散难以灵活调节,所以也限制了超连续谱波段范围的进一步展宽;1996 年,第一根光子晶体光纤(Photonic Crystal Fibers,PCF)在英国巴斯大学拉制成功,由于其极高的非线性和灵活可调的色散特性,迅速成为产生宽带、平坦、明亮超连续谱的首选材料。目前,石英光子晶体光纤中产生的超连续谱已经超过两个倍频程。光子晶体光纤问世以来的近二十年内,有关超连续谱激光光源产生和应用的报道大量出现在 *Science*、*Physics Review Letter*、*Optics Express*、*Optics Letters* 等国际顶级期刊上,引起了世界各国包括美国、德国、英国、法国、日本、澳大利亚等科技强国非线性光学领域科研工作者的广泛关注和极大重视。

我国在超连续谱产生与应用方面的研究起步较晚,尤其对超连续谱产生机理的研究,目前大家的认识还较为肤浅,对光子晶体光纤中各种非线性效应之间的相互作用机理、色散效应对脉冲时域、频域变化的影响还不够深入,远没有形成系统的理论。在超连续谱应用方面的研究更是空白,仅限于相关理论的探索和实验室范围内的应用。因此,迫切需要一本详细介绍超连续谱产生机理及应用的书籍,来帮助人们揭开这一有趣而又有用的物理现象，同时为超连续谱激光光源在我国的广泛应用打开一扇起航之门。

本书从最基本的麦克斯韦方程组出发，详细推导激光在光纤中传输满足的广义非线性薛定谔方程，并采用自适应分步傅立叶法对该方程进行数值求解，仿真长脉冲和连续光体制下单波长、双波长泵浦光子晶体光纤超连续谱的形成过程，然后与之前发表在国际顶级期刊 *Optics Express*、*Optics Letters* 上的实验结果相比对，采用数学仿真和实验结果相互验证的方法，揭示超连续谱产生的潜在物理机制，并且开展了超连续谱产生的原理验证实验，最后是超连续谱当前的一些应用汇总。本书理论性强、条理清晰、内容丰富，具有一定的学术水平和实际应用价值，基本涵盖了作者在超连续谱产生理论和实验方面的研究成果，部分内容已经发表在 *Applied Optics*、*Journal of Optics*、*Chinese Physics Letter*、《物理学报》《光学学报》等国内外知名期刊上，并且申请和获得了多项国家发明、实用新型、国防专利。本书适用于从事超连续谱产生和应用、光子晶体光纤特性分析与设计应用的工程技术人员，以及从事激光非线性传输、脉冲压缩与展宽、超连续谱产生机理分析的大专院校有关专业师生和科研工作者。

全书共 9 章。第 1 章绪论，简要介绍非线性光学的诞生、发展和分类，综述研究超连续谱产生的科学意义、发展历程以及本书的研究内容和组织结构；第 2 章光子晶体光纤，介绍该新型光纤的由来、制备方法与优良特性，包括传导机制、无截止模传输、色散特性、高非线性，以及在非线性光学、激光器、放大器方面的应用；第 3 章超连续谱产生的理论基础，阐述激光在光纤中传输满足的广义非线性薛定谔方程、求解方法及相关的非线性效应；第 4 章单波长泵浦超连续谱产生的理论研究，采用自适应分步傅立叶法求解广义非线性薛定谔方程，理论研究单波长泵浦 PCF 超连续谱的形成过程；第 5 章光子晶体光纤中四波混频效应的产生，仿真和实验研究四波混频效应的产生及其在波长转换器方面的应用，并为下一章提供双波长泵浦源；第 6 章双波长泵浦超连续谱产生的理论研究，基于全光纤结构实验方案仿真双波长泵浦超连续谱的产生；第 7 章超连续谱产生的实验研究，介绍项目组开展的超连续谱产生的原理验证实验；第 8 章汇总超连续谱目前在多信道通信光源、非线性光谱学、光学相干层析、光频率计量学、光电对抗中的一些应用；第 9 章是总结与展望。

本书由王彦斌博士、王国良高级工程师、陈前荣研究员、侯静研究员、宋锐讲师等执笔。在本书的撰写过程中，国家自然科学基金委（批准号 61077076、61007037 和 11504420）、国家留学基金委、教育部新世纪优秀人才支持计划（NECT-08-0142）、中国洛阳电子装备试验中心、国防科学技术大学、悉尼大学、上海交通大学出版社等多家机构给予了大量的指导和帮助，作者在此表示衷心感谢！国防科学技术大学陆启生教授对本书的理论部分进行了认真审阅，并提出了许多宝贵意见；陈子伦讲师、张斌讲师、李茨讲师、靳爱军博士、周旋风博士、殷科博士在开展超连续谱产生的实验中给予了极大的帮助和支持，对于他们的辛勤劳动表示感谢！澳大利亚悉尼大学熊春乐博士在超连续谱产生的仿真中，耐心指导、无私帮助，借此机会也表示感谢！同时还要感谢哈尔滨工业大学王治乐教授在实验现象分析、长春光学精密机械研究所李岩研究员在计算机运算方面的帮助。另外对在写作过程提出改进意见和帮助审阅的领导和同事郝永旺主任、李华高工、张文攀、任广森、朱荣臻、杨淼淼、王敏、刘连伟、邹前进、樊宏杰、陈洁、姚梅、郭豪、梁巍巍、赵宏鹏、殷瑞光、甘霖、李波、许振领、李慧、郭正红、王重阳等同志在此一并致谢！最后，诚挚感谢我的父亲、母亲、妻子赵知艳、女儿王睿萱，他们无微不至的关怀、默默无闻的支持、无怨无悔的帮助、时时刻刻的陪伴，是我写作本书的不懈动力和精神支柱！

由于作者水平有限，加之目前对于超连续谱产生机理和应用的研究还处于探索阶段，所以书中存在的不准确或不恰当之处，敬请读者批评指正。

目　录

表 目 录

图 目 录

第1章 绪 论

非线性光学(non-linear optics)是激光产生以后迅速发展起来的一个崭新的学科分支,现已成为光学学科前沿最为活跃的领域之一。光子晶体光纤(Photonic Crystal Fibers,PCF)由于其灵活可调的色散特性和极高的非线性,因此,它一经研制成功就在非线性光学领域得到了极大的应用,其中最为引人注目就是用于研究超连续谱(Supercontinuum,SC)的产生。超连续谱的突出优点是光谱范围极宽和相干性能优良,这使得它广泛应用于光谱学、光测量、光通信等众多领域;而对于超连续谱产生的研究,既有助于我们深刻理解非线性效应的作用机理,又有助于深入分析色散效应对脉冲形状的影响。本章首先介绍非线性光学这门学科的诞生、发展和分类,然后综述研究超连续谱产生的科学意义和发展历程,最后是本书的研究内容和组织结构。

1.1 非线性光学

光在介质中传输的过程就是光与物质相互作用的过程。这个过程可以分为两个阶段:一是介质对光的响应阶段;二是介质自身的辐射阶段。如果介质对光的响应呈线性关系,那么该光学现象属于线性光学的范畴;如果介质对光的响应呈非线性关系,那么该光学现象属于非线性光学的范畴。

1.1.1 非线性光学的诞生

当入射光的频率远离介质共振区时,光在介质中引起的极化强度 P 与入射光电场 E 之间的关系,可以采用下面的级数形式表示:[1]

$$\begin{aligned} P &= \varepsilon_0 \chi^{(1)} \cdot E + \varepsilon_0 \chi^{(2)} : EE + \varepsilon_0 \chi^{(3)} \vdots EEE + \cdots \\ &= P^{(1)} + P^{(2)} + P^{(3)} \cdots \end{aligned} \tag{1.1}$$

式中,$\chi^{(1)}$ 是一阶极化率或者称为线性极化率,为二阶张量;$\chi^{(2)}$ 是二阶极化率,为三阶张量；$\chi^{(3)}$是三阶极化率，为四阶张量……；$P^{(1)}$、$P^{(2)}$、$P^{(3)}$……分别是一阶、二阶、三阶……极化强度。在激光出现之前，一般光源所产生的光场E很弱，即使经过聚焦产生的高阶项$P^{(2)}$、$P^{(3)}$……也非常小，相比$P^{(1)}$，可以忽略；因此，介质的极化强度P可以由式(1.1)简化为：

$$P = \varepsilon_0 \chi \cdot E \tag{1.2}$$

式中，介质极化率$\chi=\chi^{(1)}$，是与光电场E无关的常量。式(1.2)表明介质对光的响应呈线性关系，光在介质中的传播满足独立传播原理和线性叠加原理。

1960年，世界上第一台激光器诞生，随后调Q激光技术和锁模激光技术快速发展，使得产生的激光场E足够强，以致于高阶项$P^{(2)}$、$P^{(3)}$……不能再忽略；光在介质中引起的极化强度P与入射光电场E之间的关系，需要采用式(1.1)的级数形式来表示，这样，介质对光的响应就呈现出非线性的关系，光在介质中传播时会产生新的频率，不同频率的光波之间还会发生耦合，独立传播原理和线性叠加原理不再成立[2]，由此产生线性光学中观察不到的许多新奇现象。以研究这些新奇现象产生机理及其应用的学科就应运而生，非线性光学由此诞生，并迅速发展成为现代光学中一个重要的分支。

1.1.2 非线性光学的发展

1961年，美国密执安大学的P. A. Franken和他的同事们[3]首次进行了二次谐波产生的非线性光学实验。他们把红宝石激光器发出的3千瓦红色(6 943埃)激光脉冲聚焦到石英晶片上，观察到了波长为3 471.5埃的紫外二次谐波；然后又把一块铌酸钡钠晶体放在工作波长为1.06微米的激光腔内，得到了连续的1瓦二次谐波激光，波长为5 323埃。相关成果发表在Physics. Review. Letter上，从此宣告非线性光学诞生，并逐步发展成为光学领域一门非常活跃的学科分支。

按照时间顺序，非线性光学的具体发展过程为：20世纪60年代，新的非线性光学效应大量涌现，主要包括二次谐波(second harmonic generation，SHG)的产生、和频(sum frequency，SF)、差频(difference frequency，DF)、双光子吸收(two photon absorption，TPA)、受激喇曼(Raman)散射、受激布里渊(Brillouin)散射、光参量放大(optical parametric amplification，OPA)与振荡、光束自聚焦(self-focusing，SF)、光子回波(photon echo，PE)、自感应透明(self-induced transparency，SIT)等；20世纪70年代，人们一方面继续发现新的非线性现象，包括自旋反转(spin flip，SF)、受激喇曼、光学悬浮(optical levitation，OL)、消多普勒(Doppler)加宽、光学双稳态(optical bistability，OB)等，另一方面深入研究那些已经发现的非线性现象，开始利用它们制成非线性器件和发展成各种技术，主要包括双光子吸收光谱技术、非线性光学相位共轭技术、相干反斯托克斯喇曼光谱学(CARS)；20 世纪 80 年代，混沌作为一门科学开始走入人们的视野，由于它含有极丰富的信息和在保密通信方面应用潜力，各学科都在探索本领域的混沌现象和它可能的应用，此外人们还研究了光学分叉(optical bifurcation，OB)、光的压缩态、多光子原子电离现象等；20 世纪 90 年代，超短脉冲激光技术的迅速发展给非线性光学的研究带来了新的契机，由于其输出脉冲具有极窄的脉冲宽度，使其可以在相对较低的平均功率下得到极高的峰值功率，非常适合非线性光学的实验研究，极大地促进了非线性光学的快速发展；进入 21 世纪以后，超连续谱的产生和应用引起了人们的极大关注，它的突出优点是光谱的范围极宽和相干性能好等，这些优点使得它很快应用于光谱学、光测量、光通信等众多领域。到目前为止，人们已经实现了飞秒、皮秒、纳秒脉冲甚至连续光泵浦超连续谱的产生，现在正朝着宽带的、明亮的、平坦的超连续谱产生和应用的研究目标迈进，主要是通过采取不同的实验方案(双波长、三波长、多波长泵浦)和技术手段(光纤拉锥、级联)，研究产生超连续谱，发现和拓展超连续谱的应用领域，由此可见，超连续谱的产生和应用必将极大地丰富和发展非线性光学这门学科。

1.1.3 非线性光学的分类

目前为止，非线性光学已经发展成为内容极其丰富、外延极其广泛的学科，这一小节将对其研究内容进行简单的分类总结。在 1.1.1 中已经介绍当入射光的频率远离介质共振区时，光在介质中引起的极化强度 P 与入射光电场 E 之间的关系，可以采用级数形式(1.1)来表示，其中 $\chi^{(n)}$ 是 n 阶极化率。根据这个参量可以把非线性光学划分为 n 阶非线性光学效应。但是，考虑到非线性过程的效率，当前非线性光学主要研究基于二阶和三阶非线性极化率引起的非线性效应，更高阶非线性效应效率较低，不再赘述，因此非线性光学效应主要分为二阶非线性光学效应和三阶非线性光学效应。

在二阶非线性光学效应中，当二阶非线性极化率 $\chi^{(2)}$ 是实数时，具有完全对易对称性和时间反演对称性，因此只有无对称中心的介质才存在二阶非线性极化效应，因为石英材料的光纤是具有对称中心的介质，就不存在二阶非线性极化效应。主要的几种二阶非线性光学效应为：线性电光效应、光整流效应、和频和差频的产生、二次谐波的产生、参量变换、光参量振荡与放大等。

在三阶非线性光学效应中，对于三阶非线性极化率 $\chi^{(3)}$ 而言，不管介质具有什么样的对称性，总存在一些非零的三阶极化率张量元素，因此，任何介质都会存在三阶的非线性极化效应。对于石英材料的光纤来说，最低阶的非线性光学效应就是三阶的非线性极化效应。主要的几种三阶非线性光学效应为：克尔效应与自聚焦效应、三次谐波的产生、四波混频、双光子吸收、多光子吸收、受激喇曼散射(Stimulated Raman Scattering，SRS)、受激布里渊散射(Stimulated Brillioiun Scattering，SBS)等。

1.1.4 非线性光学的应用

自非线性光学诞生之日，人们就开始思考如何有效地利用这些非线性效应。时至今日，从技术领域到研究领域再到产品领域，非线性光学的应用已经非常广泛。本人将其应用大致分为以下六个方面：①利用各种非线性晶体做成电光开关和实现激光的调制；②利用二次及三次谐波的产生、二阶及三阶光学和频与差频实现激光频率的转换，获得短至紫外、真空紫外，长至远红外的各种激光；同时，可通过实现红外频率的上转换来克服在红外接收方面的困难；③利用光学参量振荡实现激光频率的调谐。与倍频、混频技术相结合也可实现从中红外一直到真空紫外宽广范围内调谐；④利用一些非线性光学效应中输出光束所具有的位相共轭特征，进行光学信息处理、改善成像质量和光束质量；⑤利用折射率随光强变化的性质做成非线性标准具和各种双稳器件；⑥利用各种非线性光学效应，特别是共振非线性光学效应及各种瞬态相干光学效应，研究物质的高激发态及高分辨率光谱以及物质内部能量和激光的转移过程及其他弛豫过程等。可以预见，随着激光的能量越来越强，激发出来的非线性效应阶数也会越来越高，产生的现象必将更加多样而奇特，伴随的应用也必将广泛而深刻，因此，非线性这门学科在未来必将大放异彩。

1.2 超连续谱的研究现状

如图 1.1 所示[4]，超连续谱是指窄带光源(图中虚线所示)入射到非线性介质后，在多种非线性效应和介质色散的共同作用下，使得出射光中产生了大量的新频率成分，从而使输出光谱(图中实线所示)得到了极大的展宽。需要指出的是，图中显示的入射光和出射光并不满足能量守恒定律，本书只是想通过该图清晰阐述超连续谱概念的含义。

1.2.1 研究超连续谱产生的意义

激光光源由于具有高亮度、很好的方向性和单色性，使其在基础科学研究及工业技术等领域成为不可替代的光源。然而，在许多实际应用中，还要求光源具有很宽的光谱宽度，此时普通激光光源就难以满足需求。传统光源如白炽灯泡、汞灯及热辐射源等，

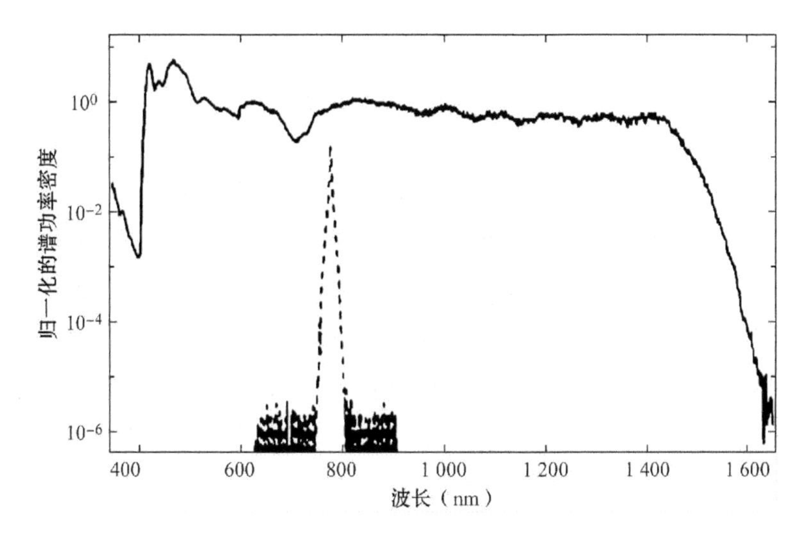

图 1.1 超连续谱的产生

虽然可以满足宽光谱的需求，但是它们在亮度及方向性等方面远不如激光光源。超连续谱激光光源的出现，一举解决了二者的不足，同时还兼有二者的优点，因为该光源不仅具有激光光源的高亮度和好的方向性，而且具有传统光源的宽光谱特性，这些特性使得研究超连续谱的产生机理乃至应用具有广阔而诱人的前景。

超连续谱的产生是激光在介质中传输时，多种非线性效应和色散效应共同作用的结果。已有的研究成果表明，这些非线性效应包括自相位调制（Self-Phase Modulation，SPM）[5-7]，交叉相位调制（Cross-Phase Modulation，XPM）[8-10]，调制不稳定性（Modulation Instability，MI）[11-13]，高阶孤子分解（the fission of higher-order soliton）[14-16]，四波混频（Four Wave Mixing，FWM）[17-19]和受激拉曼散射（Stimulated Raman Scattering，SRS）[20-22]等。而介质的色散效应会引起不同谱成分传输速度不同，从而导致时域脉冲的展宽。对于超连续谱产生的研究，在物理机制方面，不仅有助于深刻理解这些非线性效应的作用机理，而且有助于深入研究介质色散对脉冲形状的影响；在实际应用中，超连续谱光源由于具有光谱范围宽、相干性好等优点，在光通信领域尤其是波分复用技术[23-25]、光谱学[26-28]、光频率计量学[29-31]、光学相干层析[32-34]以及军事领域都有广泛的应用。因此，对于超连续谱产生的研究，具有重要的理论和现实意义。

1.2.2 超连续谱产生的研究阶段

超连续谱的产生最早是于 1970 年在固体和气体非线性介质中发现的[35-36]。Alfano 和 Shapiro 利用皮秒激光脉冲泵浦块状玻璃，得到了谱宽从 400 nm 一直延伸到 700 nm

的超连续谱，详细成果报道在期刊 *Physics. Review. Letter* 上。从此以后，人们就开始尝试在各种不同的非线性介质包括固体、有机或者无机液体、气体甚至各种不同形状的波导中进行超连续谱产生的研究。

按照采用非线性介质的类型划分，超连续谱产生的研究主要经历了三个阶段：第一个阶段是在块状介质中产生超连续谱，如块状玻璃，但是这种类型的介质由于相互作用长度短和非线性系数低的限制，致使泵浦光的转换效率极低，产生的超连续谱波段范围窄、相干性差[35-36]。第二个阶段是在普通阶跃光纤中产生超连续谱，普通光纤中的超连续谱是于 1976 年首次被发现的[37]，当时 Lin 等人是将染料激光器产生的调 Q 纳秒脉冲(脉宽约为 10 ns)注入芯径为 7 μm 的 20 m 长的光纤中。当脉冲峰值功率超过 1 kW 时，输出频谱可以展宽到 180 nm。1987 年，P. L. Baldeck 等人[38]将波长为 532 nm、脉宽为 25 ps 的脉冲入射到能支持 4 种模式的 15 m 长的多模光纤中，在 SPM，XPM，FWM 和 SRS 的共同作用下，输出光谱展宽到 50 nm 以上。同年，P. Beaud 等人[39]将脉宽为 830 fs、峰值功率为 530 W 的脉冲入射到 1 km 长的单模光纤中，产生了 400 nm 宽的光谱。在普通光纤中产生超连续谱，虽然解决了相互作用长度短的限制，但是它的缺点也非常明显：非线性系数仍然不高和色散调节范围窄，不能充分地发挥各种非线性效应的作用，产生超连续谱的光谱范围依然不是很宽[37-40]。第三个阶段是在光子晶体光纤 PCF 中产生超连续谱。PCF 具有灵活可调的色散特性和可实现极高的非线性，因此它的出现，一举解决了相互作用长度短、色散调节范围窄、非线性系数不高等技术问题，成为产生宽带、平坦、明亮超连续谱的首选材料。下一小节就重点介绍 PCF 中超连续谱产生的研究进展。

1.2.3 超连续谱在 PCF 中产生的研究进展

首次采用 PCF 进行超连续谱产生的研究是从 2000 年飞秒脉冲的泵浦机制开始的[41]，美国贝尔实验室的 Ranka 等人首先设计制作了在可见波长可以呈现反常色散的 PCF，它的纤芯在 1.7 μm 左右，空气孔呈六角排布，直径在 1.3 μm 左右，理论计算它的零色散点在 767 nm 左右。然后用中心波长为 790 nm、脉宽为 110 fs、峰值功率 8 kW 的脉冲，泵浦 75 cm 长的 PCF 产生了从 390 nm 延伸到 1 600 nm 的超连续谱，如图 1.1 所示，他们的工作开创了 PCF 中研究超连续谱产生的先河。

很快，奥克兰大学的 Stéphane Coen 等人[42]就证实了不只是高峰值功率的飞秒脉冲才能够产生超连续谱，他们采用中心波长为 647 nm，峰值功率为 675 W、脉宽为 60 ps 的皮秒脉冲在 10 m 长 PCF 的正常色散区泵浦，也观察到了超连续谱的产生。并且，作者首次采用分步傅立叶法求解广义非线性薛定谔方程数值模拟了超连续谱的产生，模拟结果准确复现了实验观察到超连续谱的产生过程，为以后数值研究超连续谱的产生奠定了理论基础。紧接着法国的John M. Dudley[43]于2002年又证实了纳秒脉冲也可以泵浦PCF产生超连续谱。他们首先采用中心波长为1 064 nm的被动调Q微芯片激光器入射KTP晶体，产生了重复频率6.7 KHz、中心波长为532 nm、半极大全脉宽0.8 ns的脉冲，然后泵浦1.8 m长的PCF，产生了从450 nm延伸到800 nm的超连续谱。以上这些工作说明，脉冲的时域宽度不是影响超连续谱产生的重要因素。

2003年，英国帝国理工大学的A. V. Avdokhin等人[44]采用平均输出功率15 W的连续光掺镱激光器，泵浦百米量级芯径在2～3 μm的PCF，首次证实了连续光泵浦PCF产生超连续谱的可能性。为解决水峰损耗对谱宽的影响，该大学的J. C. Travers[45]采用IPG Photonics公司生产的输出功率50 W、中心波长nm掺镱连续光激光器泵浦百米量级的低水峰损耗的纤芯2.5 μm的PCF，产生的拉曼孤子连续谱可越过了1.38 μm到1.55 μm。2008年是研究连续光泵浦PCF产生超连续谱成果最多的一年[46-47]。其中最为引人注目的是，该大学的J. C. Travers[48]采用输出功率高达400 W的掺镱光纤激光器泵浦零色散点1 050 nm的PCF，产生了平均输出功率可达50 W、跨越1 300 nm、可以延伸到可见波段的超连续谱。同年10月法国的A. Kudlinski[49]通过泵浦零色散点逐渐减小的PCF，也产生了最短波长延伸到670 nm的超连续谱。2009年1月，A. Mussot等人[50]泵浦长度优化的、零色散点逐渐减小的PCF，产生了波长从650 nm延伸到1 380 nm、输出功率达19.5 W的可见超连续谱。他们的工作表明，连续光泵浦机制也可以产生超连续谱。

1.2.4 白光超连续谱产生的研究

到目前为止，人们已经实现了飞秒、皮秒、纳秒甚至连续光泵浦PCF超连续谱的产生。近年来，由于白光超连续谱(White supercontinuum，即指覆盖可见波段的超连续谱)在光谱学、生物医学和遥感探测等方面的重要应用[42,51-56]，人们开始研究如何产生白光超连续谱，概括起来主要有三种技术方案：第一，设计PCF的结构，充分利用光纤的非线性效应和色散特性，包括采用级联光纤或者零色散点逐渐减小的PCF；第二，在PCF中掺入杂质，提高其非线性；第三，采用双波长、三波长、多波长的泵浦机制。具体描述如下：

第一，设计PCF的结构。2005年，J. C. Travers[53]在比较两根PCF(HF1040和HF810)的输出光谱发现，从HF1040的输出光谱，可以为HF810中的四波混频效应提供泵浦光来产生可见光成分，因此，就将 0.7 m 的 HF1040 和 10 m 的 HF810 级联一起，结果产生的超连续谱，20 dB 的带宽最短波长可以延伸到 350 nm。2006 年，A. Kudlinski 等人[54]设计制作了零色散点随长度逐渐减小的拉锥 PCF，如图 1.2 所示，零色散点从 980 nm 逐渐减小到 580 nm。实验结果表明该拉锥 PCF 中产生超连续谱的最短波长可以达到 375 nm。2008 年，J. M. Stone[55]在比较高空气比 PCF 和无截止单模 PCF 的群速度折射率曲线时，发现高空气比 PCF 在长波区的色散曲线更加陡峭，更容易与短波区实现群速度匹配，即更利于短波长成分的产生，最终在高空气比 PCF 中产生超连续谱的最短波长达到了 400 nm。可见，设计和改变 PCF 结构的目的，就是充分利用光纤的非线性效应和色散特性，将产生的光谱向可见波段拓展。

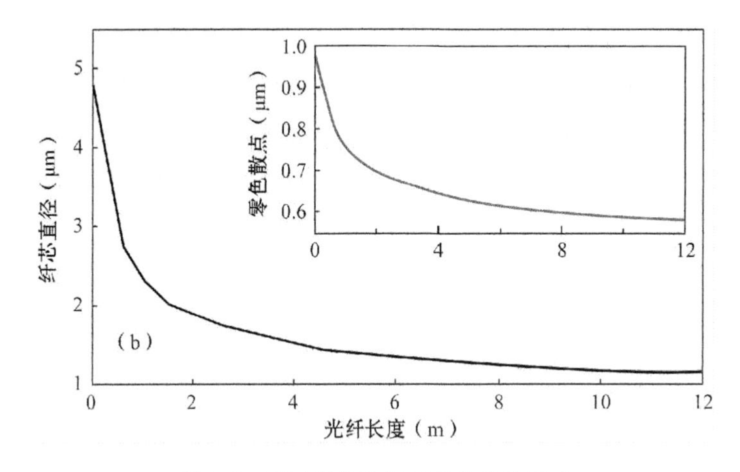

图 1.2　PCF 的拉锥和零色散点的递减

第二，在 PCF 中掺入杂质。2009 年，法国里尔科技大学 A. Kudlinski[56]通过在 PCF 纤芯中掺入 GeO_2 来产生白光超连续谱。结果发现，与纯二氧化硅 PCF 相比，纤芯中掺入 GeO_2 能显著提高材料的非线性系数，进而增强材料的克尔效应和拉曼效应，最后产生了从 470 nm 延伸到超过 1 750 nm 的宽带白光超连续谱。2010 年，Guanshi Qin 等人[57]成功制作了零色散点逐渐减小的掺亚碲酸盐 PCF，拉锥纤芯随着光纤长度的减小使得零色散点可以从 1 608 nm 降到 1 030 nm。通过比较拉锥与未拉锥 PCF 的输出光谱，表明拉锥的掺亚碲酸盐 PCF 在产生平坦、白光超连续谱方面具有重大的潜力。目前在 PCF 中掺入的杂质，都是非线性系数远高于纯二氧化硅的材料。

第三，采用不同的泵浦源。2006 年，E. Räikkönen 等人[58]通过采用 KTP 晶体倍频 1 064 nm 和 946 nm 的光源产生二次谐波，进而获得了双波长泵浦源 1 064/532 nm 和 946/473 nm，然后研究超连续谱的产生，结果发现在满足群速度匹配的条件下，交叉相位调制的作用更有利于可见波段的产生。2004 年，巴斯大学的 W. J. Wadsworth[59]研究发现，在 PCF 的正常色散区泵浦满足相位匹配的条件下，可以产生四波混频效应。2009 年巴斯大学的熊春乐博士[60]正是利用四波混频效应建立了 1 064/686 nm 的双波长泵浦源，并且产生了从 360 nm 一直延伸到 1 750 nm 的超连续谱。2008 年 Jae Hun Kim 等人[61]研究了 784 nm，1 290 nm 和 2 000 nm 三波长泵浦源超连续谱的产生。另外，2004 年 Pierre-Alain Champert 等人[62]还研究了多波长泵浦超连续谱的产生。采用多波长泵浦源的目的，是有效利用交叉相位调制和四波混频的作用，来展宽光谱。

1.3　本书的主要内容和组织结构

本书在总结国内外有关光子晶体光纤中超连续谱产生的研究进展时发现：长脉冲和连续光体制泵浦 PCF 超连续谱产生的物理机制目前还没有形成统一的认识；在数值模拟中长脉冲和连续光的随机噪声应该如何进行设置，以及采取怎样的方法才能有效地模拟它们在传输中分解成超短脉冲、进而演化成超连续谱；双波长泵浦在产生白光超连续谱方面有优势，那么如何产生不同的双波长泵浦源，双波长如何发生相互作用演化成超连续谱；实验中应该采取什么方案去研究超连续谱的产生，实际操作会遇到什么问题以及如何进行解决，等等。笔者针对这些问题，结合自己研究学习过程中的经验教训而展开，希望能够对从事超连续谱产生及应用的科研工作者有所帮助。

全书分 9 章，各章的具体内容如下：

第 1 章是绪论。首先，主要介绍非线性光学这门学科的诞生、发展、分类和应用；然后，介绍超连续谱产生的研究现状，包括研究超连续谱产生的科学意义、发展经历的研究阶段、在 PCF 中产生的研究进展和白光超连续谱的研究情况；最后是本书的主要内容和组织结构。

第 2 章是光子晶体光纤，首先介绍光子晶体光纤的由来与制备，其次介绍光子晶体光纤的导光原理和分类，然后逐个分析该类型光纤的四大独有特性：无截止单模传输、灵活可调的色散特性、高非线性和高双折射，最后介绍光子晶体光纤在非线性光学、激光器、全光器件、参量放大器方面的应用。

第 3 章是超连续谱产生的理论基础。首先，从光纤中的麦克斯韦方程组出发得到关于电场的亥姆霍兹方程，经过一些近似采用分离变量法求得脉冲光或者连续光传输满足的广义非线性薛定谔方程；其次，介绍求解广义非线性薛定谔方程的方法——分步傅立叶法，包括方法的原理和时域步长的选取；然后，概括与超连续谱产生有关的一些非线性效应；最后是本章小结。

第 4 章理论研究在长脉冲和连续光机制下单波长泵浦 PCF 超连续谱的产生。首先，分析长脉冲和连续光泵浦机制数值模拟中出现的一些困难及解决办法，主要包括：时域步长的设置、长脉宽的处理、随机噪声的模拟和方法的如何改进；其次，与实验结果作对比，理论研究长脉冲泵浦 PCF 超连续谱的形成过程；然后，采用同样方法研究连续光泵浦 PCF 超连续谱的形成过程；最后是本章小结。

第 5 章研究 PCF 中四波混频效应的产生。首先，介绍光纤中四波混频效应产生的理论基础；其次，采用自适应分步傅立叶法数值模拟长脉冲和连续光在 PCF 正常色散区泵浦四波混频效应的产生；然后，介绍四波混频效应的实验产生及其在波长转换器方面的应用，最后是本章小结。

第 6 章理论研究双波长泵浦超连续谱的产生。首先给出长脉冲机制下的两种双波长泵浦方案：基于二阶非线性晶体的方案和全光纤结构的方案；然后，与实验结果相对比，采用自适应分步傅立叶法求解广义非线性薛定谔方程，模拟研究全光纤结构的双波长泵浦超连续谱的产生；最后，将全光纤结构双波长泵浦方案应用于连续光机制，为产生高功率谱密度的白光超连续谱提供理论基础。

第 7 章在课题组现有的条件下，实验研究 PCF 中超连续谱的产生。首先，介绍用于研究超连续谱产生的两种实验方案：基于透镜耦合的方案和全光纤结构的方案；其次，为了减小模场不匹配光纤之间的熔接损耗，而提出一种增加模场直径的方法；接着，实验研究了十几皮秒、纳秒脉冲泵浦 PCF 超连续谱的产生；并且进行了连续光泵浦 PCF 超连续谱产生的尝试；最后是本章小结。

第 8 章介绍超连续谱的应用，主要阐述其在多信道通信光源、非线性光谱学、光学相干层析、光频率计量学、光电对抗方面的应用。

第 9 章对全书进行总结，并展望下一步的研究发展方向。

参考文献

[1] 季家镕，冯莹. 高等光学教程：非线性光学与导波光学[M]. 北京：科学出版社，2008：5-8.

[2] 石顺祥，陈果夫，赵卫，等. 非线性光学[M]. 西安：西安电子科学出版社，2003：1-3.

[3] P. A. Franken, A. E. Hill, C. W. Peters, et al. Generation of optical harmonics [J]. Phys. Rev. Lett., 1961, 7: 118-121.

[4] Ranka J. K, R. S. Windeler and A. J. Stentz. Visible continuum generation in air-silica microstructure optical fibers with anomalous dispersion at 800 nm [J]. Opt. Lett., 2000, 25:

25-27.

[5] F. Shimizu. Frequency broadening in liquids by a short light pulse [J]. Phys. Rev. Lett., 1967, 19(19): 1097-1100.

[6] E. P. Ippen, C. V. Shank, and T. K. Gustafson. Self-phase modulation of picosecond. pulses in optical fibers [J]. Appl. Phys. Lett., 1974, 24: 190-192.

[7] R. H. Stolen and C. Lin. Self-phase-modulation in silica optical fibers [J]. Phys. Rev. A., 1978, 17: 1448-1453.

[8] G. Genty, M. Lehtonen and H. Ludvigsen. Effect of cross-phase modulation on supercontinuum generated in microstructured fibers with sub-30 fs pulses [J]. Opt. Express., 2004, 12: 4614-4624.

[9] J. S. Y. Chen, G. K. L. Wong, S. G. Murdoch, R. J. Kruhlak, R. Leonhardt, and J. D. Harvey. Cross-phase modulation instability in photonic crystal fibers [J]. Opt. Lett., 2006, 31(7): 873-875.

[10] G. P. Agrawal, P. L. Baldeck, and R. R. Alfano. Modulation Instability Induced by Cross-Phase Modulation in Optical Fibers [J]. Phys. Rev. A., 1989, 39: 3406-3413.

[11] J. M. Dudley, G. Genty and F. Dias. Modulation instability, Akhmediev Breathers and continuous wave supercontinuum generation [J]. Opt. Express., 2009, 17(24): 21497-21508.

[12] A. Hasegawa. Generation of a train of soliton pulses by induced modulational instability in optical fibers [J]. Opt. Lett., 1984, 9: 288-290.

[13] K. Tai, A. Hasegawa, and A. Tomita. Observation of modulational instability in optical fibers [J]. Phys. Rev. Lett., 1986, 56: 135-138.

[14] A. V. Husakou and J. Herrmann. Supercontinuum generation of higher-order solitons by fission in photonic crystal fibers [J]. Phys. Rev. Lett., 2001, 87: 203901-203904.

[15] J. Herrmann, U. Griebner and N. Zhavoronkov. Experimental evidence for supercontinuum generation by fission of higher-order solitons in photonic crystal fibers [J]. Phys. Rev. Lett., 2002, 88: 173901-173904.

[16] K. Ohkuma, Y. H. Ichikawa, and Y. Abe. Soliton propagation along optical fibers [J]. Opt. Lett., 1987 12(68): 516-518.

[17] Stéphane Coen, Alvin Hing Lun Chau, Rainer Leonhardt. Supercontinuum generation by stimulated Raman scattering and parametric four-wave mixing in photonic crystal fibers [J]. J. Opt. Soc. Am. B., 2002, 19: 753-764.

[18] A. Kudlinski, V. Pureur, G. Bouwmans and A. Mussot. Experimental investigation of combined four-wave mixing and Raman effect in the normal dispersion regime of a photonic crystal fiber [J]. Opt. Lett., 2008, 33(21): 2488-2490.

[19] T. V. Andersen, K. M. Hilligse, C. K. Nielsen, J. Thgersen, K. P. Hansen, S. R. Keiding, and J. J. Larsen. Continuous-wave wavelength conversion in a photonic crystal fiber with two zero-dispersion wavelengths [J]. Opt. Express., 2004, 12(17): 4113-4122.

[20] L. G. Cohen and C. Lin. Tailoring zero chromatic dispersion into the 1. 5—1. 6-μm UFO measurement system based on a near IR fiber Raman laser [J]. IEEE J. Quantum Electron., 1978, QE-14: 855-859.

[21] Akheelesh K. Abeeluck and Clifford Headley. Continuous-wave pumping in the anomalous- and normal-dispersion regimes of nonlinear fibers for supercontinuum generation [J]. Opt. Lett., 2005, 30(1): 61-63.

[22] Akheelesh K. Abeeluck and Clifford Headley. High-power supercontinuum generation in highly nonlinear, dispersion-shifted fibers by use of a continuous-wave Raman fiber laser [J]. Opt. Lett., 2004, 29(18): 2163-2165.

[23] H. Takara, T. Ohara, K. Mori, K. Sato, E. Yamada, Y. Inoue, T. Shibata, M. Abe, T. Morioka and K. -I. Sato. More than 1000 channel optical frequency chain generation from single supercontinuum source with 12.5 GHz channel spacing [J]. Electron. Lett., 2000, 36: 2089-2090.

[24] F. Futami and K. Kikuchi. Low-noise multi-wavelength transmitter using spectrum-sliced supercontinuum generated from a normal group-velocity dispersion fiber [J]. IEEE Photon. Technol. Lett., 2001, 13: 73-75.

[25] Ö. Boyraz and M. N. Islam. A multi-wavelength CW source based on longitudinal mode-carving of supercontinuum generated in fibers and noise performance [J]. Journal of Lightwave Technology., 2002, 20(8): 1493-1499.

[26] V. Nagarajan, E. Johnson, P. Schellenberg, W. Parson and R. Windeler. A compact versatile femtosecond spectrometer [J]. Rev. Sci. Instrum., 2002, 73: 4145-4149.

[27] H. Kano and H. Hamaguchi. Characterization of a supercontinuum generated from a photonic crystal fiber and its application to coherent Raman spectroscopy [J]. Opt. Lett., 2003, 28: 2360-2362.

[28] H. N. Paulsen, K. M. Hilligsøe, J. Thøgersen, et al. Coherent anti-Stokes Raman scattering microscopy with a photonic crystal fiber based light source [J]. Opt. Lett., 2003, 28: 1123-1125.

[29] Th. Udem, R. Holzwarth, and T. W. Hansch. Optical frequency metrology [J]. Nature., 2002, 416: 233-237.

[30] S. A. Diddams, D. J. Jones, J. Ye, S. T. Cundiff, J. L. Hall, J. K. Ranka, R. S. Windeler, R. Holzwarth, T. Udem, and T. W. Hänsch. Direct link between microwave and

optical frequencies with a 300 THz femtosecond laser comb [J]. Phys. Rev. Lett., 2000, 84: 5102-5105.

[31] S. A. Diddams, J. C. Bergquist, S. R. Jefferts, et al. Standards of Time and Frequency at the Outset of the 21st Century [J]. Science., 2004, 306: 1318-1324.

[32] I. Hartl, X. D. Li, C. Chudoba, R. K. Ghanta, T. H. Ko, J. G. Fujimoto, J. K. Ranka, and R. S. Windeler. Ultrahighresolution optical coherence tomography using continuum generation in an air—silica microstructure optical fiber [J]. Opt. Lett., 2001, 26: 608-610.

[33] H. Lim, Y. Jiang, Y. Wang, Y. Huang, Z. Chen, and F. W. Wise. Ultrahigh-resolution optical coherence tomography with a fiber laser source at 1 μm [J]. Opt. Lett., 2005, 30: 1171-1173.

[34] W. Drexler, U. Morgner, F. X. Kärtner, et al. In vivo ultrahigh-resolution optical coherence tomography [J]. Opt. Lett., 1999, 24(17): 1221-1223.

[35] Alfano. R. R and S. L. Shapiro. Emission in the region 4000 to 7000 A via four-photon coupling in glass [J]. Phys. Rev. Lett., 1970, 24: 584-587.

[36] Alfano. R. R and S. L. Shapiro. Observation of self-phase modulation and small-scale filaments in crystals and glasses [J]. Phys. Rev. Lett., 1970, 24: 592-594.

[37] Lin, C and R. H. Stolen. New nanosecond continuum for excited-state spectroscopy [J]. Appl. Phys. Lett., 1976, 28: 216-218.

[38] P. L. Baldeck and R. R. Alfano. Intensity effects on the stimulated four photon spectra generated by picosecond pulses in optical fibers [J]. Journal of Lightwave Technology., 1987, 5(12): 1712-1715.

[39] Beaud P, W. Hodel, B. Zysset and H. P. Weber. Ultrashort pulse propagation, pulse breakup, and fundamental soliton formation in a single-mode optical fiber [J]. IEEE J. Quantum Electron., 1987, 23: 1938-1946.

[40] B. Gross and J. T. Manassah. Supercontinuum in the anomalous group-velocity dispersion region [J]. J. Opt. Soc. Am. B., 1992, 9: 1813-1818.

[41] Ranka J. K, R. S. Windeler and A. J. Stentz. Visible continuum generation in air-silica microstructure optical fibers with anomalous dispersion at 800 nm [J]. Opt. Lett., 2000, 25: 25-27.

[42] Stéphane Coen, Alvin Hing Lun Chau, Rainer Leonhardt and John D. Harvey. White-light supercontinuum generation with 60-ps pump pulses in a photonic crystal fiber [J]. Opt. Lett., 2001, 26: 1356-1358.

[43] John M. Dudley, Laurent Provino, Nicolas Grossard and HervéMaillotte. Supercontinuum generation in air—silica microstructured fibers with nanosecond and femtosecond pulse pumping

[J]. J. Opt. Soc. Am. B., 2002, 19(4): 765-771.
[44] A. V. Avdokhin, S. V. Popov and J. R. Taylor. Continuous-wave, high-power, Raman continuum generation in holey fibers [J]. Opt. Lett., 2003,28: 1353-1355.
[45] J. C. Travers, R. E. Kennedy, S. V. Popov and J. R. Taylor. Extended continuous-wave supercontinuum generation in a low-water-loss holey fiber [J]. Opt. Lett., 2005, 30: 1938-1940.
[46] B. A. Cumberland, J. C. Travers, S. V. Popov and J. R. Taylor. 29 W High power CW supercontinuum source [J]. Opt. Express., 2008, 16: 5954-5962.
[47] B. A. Cumberland, J. C. Travers, S. V. Popov and J. R. Taylor. Toward visible cw-pumped supercontinua [J]. Opt. Lett., 2008, 33: 2122-2124.
[48] J. C. Travers, A. B. Rulkov, B. A. Cumberland, S. V. Popov and J. R. Taylor. Visible supercontinuum generation in photonic crystal fibers with a 400W continuous wave fiber laser [J]. Opt. Express., 2008, 16: 14435-14447.
[49] A. Kudlinski and A. Mussot. Visible cw-pumped supercontinuum [J]. Opt. Lett., 2008, 33: 2407-2409.
[50] A. Mussot and A. Kudlinski. 19. 5W CW-pumped supercontinuum source from 0. 65 to 1. 38 μm [J]. Electronics Letters., 2009, 45(1): 29-30.
[51] Qinghao Ye, Chris Xu, Xiang Liu, et al. Dispersion measurement of tapered air—silica microstructure fiber by white-light interferometry [J]. Appl. Opt., 2002, 41(22): 4467-4470.
[52] A. Kudlinski, G. Bouwmans, O. Vanvincq, et al. White-light cw-pumped supercontinuum generation in highly GeO_2-doped-core photonic crystal fibers [J]. Opt. Lett., 2009, 34(23): 3631-3633.
[53] J. C. Travers, S. V. Popov and J. R. Taylor. Extended blue supercontinuum generation in cascaded holey fibers [J]. Opt. Lett., 2005, 30(23): 3132-2134.
[54] A. Kudlinski, A. K. George, J. C. Knight, J. C. Travers, A. B. Rulkov, S. V. Popov and J. R. Taylor. Zero dispersion wavelength decreasing photonic crystal fibers for ultraviolet-extended supercontinuum generation [J]. Opt. Express., 2006, 14: 5715-5722.
[55] J. M. Stone and J. C. Knight. Visibly "white" light generation in uniform photonic crystal fiber using a microchip laser [J]. Opt. Express., 2008, 16: 2670-2675.
[56] A. Kudlinski, G. Bouwmans. White-light cw-pumped supercontinuum generation in highly GeO_2-doped-core photonic crystal fibers [J]. Opt. Lett., 2009, 34(23): 3631-3633.
[57] Guanshi Qin and Xin Yan. Zero-dispersion-wavelength-decreasing tellurite microstructured fiber for wide and flattened supercontinuum generation [J]. Opt. Lett., 2010, 35(2): 136-138.
[58] E. Räikkönen, G. Genty, O. Kimmelma, and M. Kaivola. Supercontinuum generation by

nanosecond dual-wavelength pumping in microstructured optical fibers [J]. Opt. Express., 2006, 14: 7914-7923.

[59] W. J. Wadsworth, N. Joly, J. C. Knight, T. A. Birks, F. Biancalana and P. St. J. Russell. Supercontinuum and four-wave mixing with Q-switched pulses in endlessly single-mode photonic crystal fibres [J]. Opt. Express., 2004, 12: 299-309.

[60] C. L Xiong, Z. L Chen and W. J. Wadsworth. Dual-Wavelength-Pumped supercontinuum Generation in an All-Fiber Device [J]. Journal of lightwave tech., 2009, 27: 1638-1643.

[61] Jae Hun Kim and Meng-Ku Chen. Broadband supercontinuum generation covering UV to mid-IR region by using three pumping sources in single crystal sapphire fiber [J]. Opt. Express., 2008, 16(19): 14792-14800.

[62] Pierre-Alain Champert, Vincent Couderc. White-light supercontinuum generation in normally dispersive optical fiber using original multi-wavelength pumping system [J]. Opt. Express., 2004, 12(19): 4366-4371.

第2章　光子晶体光纤

光子晶体光纤是20世纪末光纤领域的重大发现，与普通的阶跃光纤相比，它具有一些独特的优势，比如无截止单模传输特性、灵活可调的色散特性、可实现极高的非线性和高双折射特性等等。因而，光子晶体光纤一经拉制成功，就很快成为研究超连续谱产生的首选材料。本章首先介绍光子晶体光纤的由来与制备方法，其次介绍光子晶体光纤的导光原理和分类，接着逐个分析该类型光纤的四大独有特性：无截止单模传输、灵活可调的色散特性、高非线性和高双折射，然后介绍光子晶体光纤的后处理技术，包括拉锥、膨胀后拉锥、空气孔选择塌缩技术，最后简要介绍光子晶体光纤在非线性光学、光子晶体光纤激光器、全光器件、光子晶体光纤参量放大器等方面的应用。

2.1　光子晶体光纤的由来与制备

本节首先阐述光子晶体的概念，然后引出光子晶体光纤的由来，并简要介绍光子晶体光纤的横截面结构与材料组成，最后介绍光子晶体光纤的几种常见制备方法。

2.1.1　光子晶体光纤的由来

1987年，Eli. Yablonovitch及S. John[1-2]几乎同时指出，在介电系数呈周期排列的三维介质中，电磁波经过散射后，某些波段会因干涉或衍射而呈指数衰减，使得这些波段的电磁波无法在介质内传输，相当于在频谱上形成带隙，即所谓的光子带隙。光子带隙概念的提出，使人们控制光子的梦想成为可能，也让人们看到了以光子替代电子来解决“电子技术瓶颈”问题的希望。具有光子带隙的介电物质，称为光子晶体（photonic crystal，PC）。大自然中就存在的天然光子晶体结构[3]，比如蝴蝶的翅膀、蛋白石的表面，如图2.1所示。根据对光子传输的限制作用，光子晶体又分为完全禁带光子晶体和不完全禁带光子晶体，完全禁带光子晶体是指光子完全被限制其中，不向外传输；不完全禁带光子晶体是指光子在某些方向上传输受限，其他方向光子可以传输。

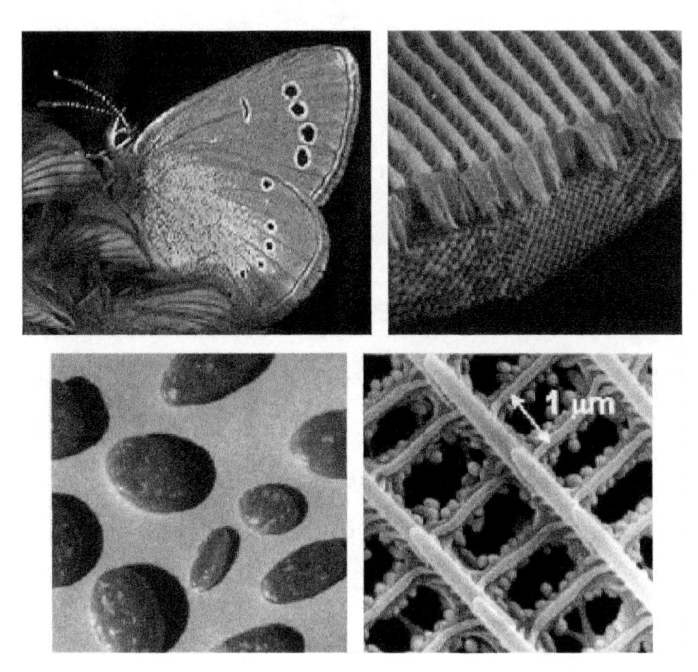

图 2.1　蝴蝶翅膀、蛋白石及其微观的光子晶体结构[3]

光子带隙能够阻止光子在某方向上的传输，由于光纤在通信领域的广泛应用，人们就开始尝试将该理念用在光纤导光方面，即在光沿光纤传输的垂直方向上设置成光子带隙，保证只让光子在沿光纤的方向上传输。这样，光子晶体光纤的概念就产生了。1992 年，英国 Russell 等人首次提出光子晶体光纤 PCF 的概念[4]，人们经过大约四年的反复尝试，在 1996 年英国巴斯大学的 J. C. Knight 等人成功拉制出世界上第一根 PCF[5]。光子晶体光纤(Photonic crystal fiber，PCF)[6-7]，在开始阶段也称为多孔光纤(Holey fiber，HF)、微结构光纤(Microstructure fiber，MF)，可以视为一种周期结构被破坏的带有线缺陷的二维不完全禁带光子晶体。图 2.2 是 PCF 的横截面，灰色区域是二氧化硅，白色区域是空气孔(air holes)，黑色区域是聚合体涂覆层(polymer coating)，d 是空气孔的直径，Λ 是空气孔的间距。涂覆层一般由丙烯酸酯制成；包层由周期性排列的微米量级空气孔所组成；纤芯一般为实心材料或者空气。

PCF 拉制成功以后，对于其特性主要包括传导机制[9]、模式特性[5,10]、色散特性[11-15]、非线性[16-18]、双折射[19-21]以及这些特性在光通信[22-24]、传感器件[25-27]、耦合器[28-29]、偏振器[30-32]、波长转换器[33-35]、光纤激光器[36-39]等方面应用的研究迅速展开，发展前景非常广阔。在研究 PCF 的特性及应用中，人们提出和发展了许多数值方法，主

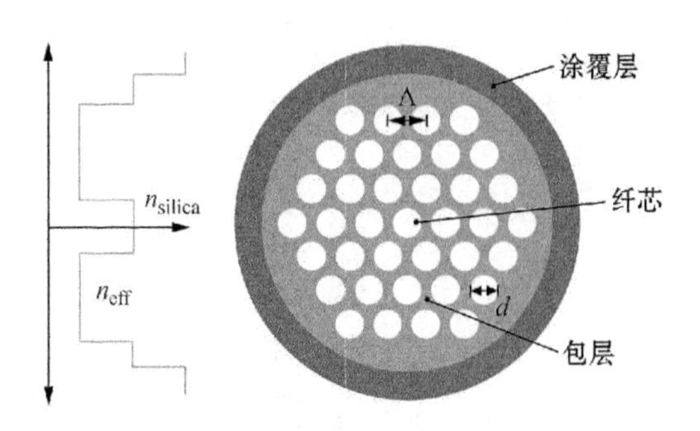

图 2.2　PCF 的横截面[8]

要包括：平面波展开法(plane wave expansion method，PWEM)[40-42]、多极法(multipole method，MM)[43-44]、有限差分法(finite-difference method)[45-47]、经验公式[48]和有限元法(finite element method，FEM)[49-51]，目的就是找到 PCF 支持的不同模式，计算这些模式的传输常数和有效模场面积，进而研究它的各种特性。稍后本书将从光的传导机制、无截止单模传输特性、灵活可调的色散特性、可实现极高的非线性和双折射等方面全面介绍 *PCF* 这一新型的光纤。

2.1.2　光子晶体光纤的制备

前面已经提到，光子晶体光纤可以视为一种周期结构被破坏的带有线缺陷的二维光子晶体，即其包层由周期性的二维光子晶体组成，传导光的纤芯是周期破坏的线缺陷，因此，光可以被约束在线缺陷中进行传输。包层的二维周期结构可以设计成各种各样的二维结构[52]，如规则六角型、蜘蛛网型、双芯和多芯型、无序多孔型、椭圆开型光子晶体光纤等，图 2.2 为规则的六角型排列。在制备光子晶体光纤的过程中，首先根据需要排列不同结构的预制棒，然后将预制棒安装在拉丝塔上拉制成光纤。目前拉制光子晶体光纤采用的材料主要由纯石英、聚合物、掺杂的重金属等等，常见的制备方法主要有：堆积法(stack and draw)、挤压法、超声波打孔法。

1) 堆积法

采用堆积法制备光子晶体光纤的过程如图 2.3 所示，大体可以分成四步进行实现：第一步，将商业上用的外直径 20 mm 的石英玻璃管和石英玻璃棒，放入 1 800℃左右的高温熔融炉中，利用拉丝塔拉制成直径 1 mm 的毛细管和玻璃棒；第二步，将毛细管和玻璃棒手工堆成六角型结构或者预先设计的结构，其中玻璃棒放在正中心，周围摆放毛细管，这样就形成了纤芯—实心和包层—二维光子晶体结构的光子晶体光纤的雏形，图中堆积的外直径是 15 mm，它取决于下一阶段用的套管内直径；第三步，将堆积好的雏形放入套管中，使堆积管紧靠在一起，然后由拉丝塔拉成外直径大约 1～10 mm，如图 2.4(a)所示，对应于最后一个阶段套管的内直径；第四步，在更精密的温度和速度控制下，进行二次拉丝，达到最终需要的尺寸，目前采用场扫描电镜(Scanning Electron Microscope, SEM)观察光子晶体光纤的横截面结构，如图 2.4(b)所示。

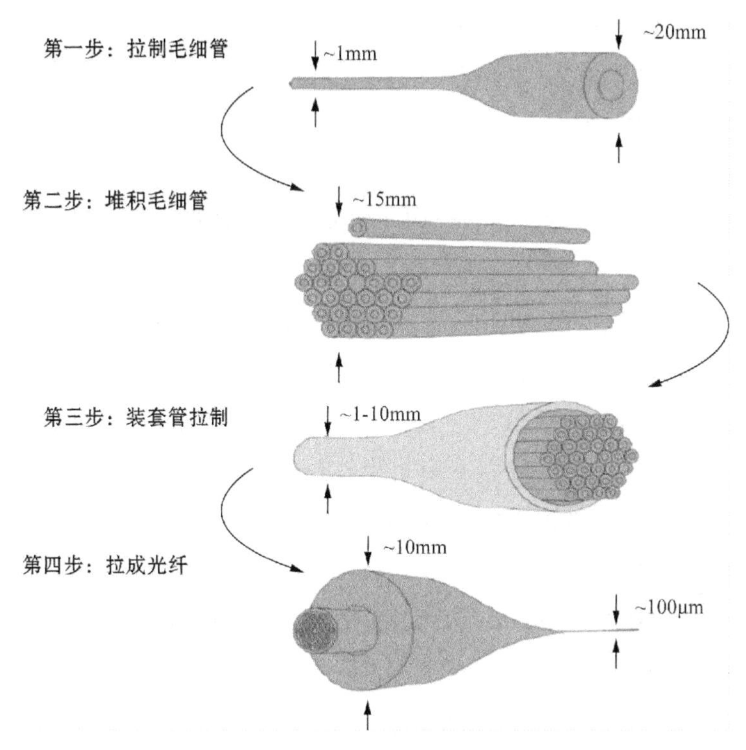

图 2.3　堆积法的制作过程

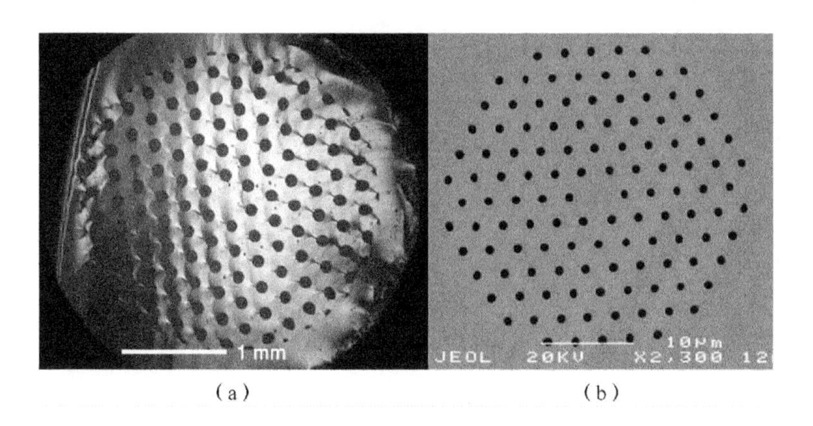

(a)　　(b)

图 2.4　两次拉丝横截面结构

(a) 拉制过程中 PCF 在显微镜下的照片　(b) 最终 PCF 的 SEM 图像

采用堆积法拉制光子晶体光纤，空气孔的尺寸可以由玻璃管的充气压力来控制，纤芯直径由填充比和拉制速度来控制。通常，为了使光子晶体光纤与商业上的光纤器件(如光纤适配器)兼容，最终的光纤一般拉制成无涂层 125 μm 和有涂层 250 μm。由于堆积法最原始、技术最成熟，并且过程简单、容易操作、不需要复杂的设备等，因而仍然是当前制备光子晶体光纤最常用的方法，缺点是只适合制备紧密堆积结构或对称性的结构，对于大空气芯或者复杂的结构，则很难实现，重要的是经过多次手工操作容易引入杂质，增加光纤的传输损耗[52]。

2）挤压法

由于玻璃或者塑料具有较低的融化温度，因此这两种材料的光子晶体光纤可利用模具挤压法来制备。首先，根据所需的光纤结构制作相应的模具，然后将这两种材料加热到熔融状态，灌入模具中形成预制棒，冷却定型后使模具与预制棒分离，最后将预制棒放到拉丝机中进行拉丝。2002 年英国南安普顿大学通过模具挤压出玻璃光子晶体光纤预制棒，并拉制成光纤[53]；澳大利亚悉尼大学通过挤压的方法制备出微结构聚合物光纤[54]。挤压法通过反复利用制成的模具可提高预制棒的制作效率，适合于大规模的生产。缺点是它只适合于软化温度较低的材料，而且结构不同的光纤需要不同的模具。

3）超声波打孔法

2005 年，基于 SF6 玻璃棒，Feng 等人利用超声波打孔机制备出了实芯三角型结构的 PCF 预制棒[55]，其外径为 40 mm，长度为 60 mm，周期排列的空气孔直径为 2.4 mm，相邻孔壁最薄的部分仅为 400 μm 左右。虽然超声波打孔法可随意制备出不同结构的光子晶体光纤，但无法将孔的深度打太深，当所制备的光子晶体光纤预制棒的孔较多时，需要花费较长的时间。

2.2 光子晶体光纤的导光原理与分类

2.2.1 光子晶体光纤的导光原理

由普通阶跃光纤的波导理论[56]，纤芯中导模存在的前提条件是传播常数 β 满足下式：

$$k_0 n_{纤芯} > \beta_{导模} > k_0 n_{包层} \tag{2.1}$$

式中，真空波数 $k_0 = \frac{2\pi}{\lambda_0}$，$\lambda_0$ 是真空中波长；$n_{纤芯}$ 是纤芯的折射率；$n_{包层}$ 是包层折射率，依

靠全内反射原理进行导光。

与普通的阶跃光纤相比，光子晶体光纤 PCF 有两种不同的传导机制。当它的纤芯为实心时，包层为周期性排列的空气孔，$n_{纤芯}$显然大于 $n_{包层}$（由于空气孔的存在），即满足式(2.1)，这与普通光纤的导光原理相同，即依靠全内反射原理导光，因此这类 PCF 称为全内反射型光子晶体光纤（total internal reflection photonic crystal fibres，TIR PCF）[57]。虽然传导机理相同，但是由于包层空气孔的大小、排列结构和孔间距可以调节，因而具有许多普通光纤不具备的优良特性，以下将会讨论。当 PCF 的纤芯为空气时，如图 2.5 所示，$n_{纤芯}$低于 $n_{包层}$，即 $\beta_{导模}<k_0 n_{包层}$，光波模式将扩展到包层中，但是空气孔周期性排列的包层会形成光子带隙，某一频率范围的光波能量落在带隙中不能横向传播，而只能沿着光纤纵向传播，这类 *PCF* 是依靠光子带隙来导光的，所以称为光子带隙型光子晶体光纤（photonic band gap fibers，PBGFs）[58-60]。

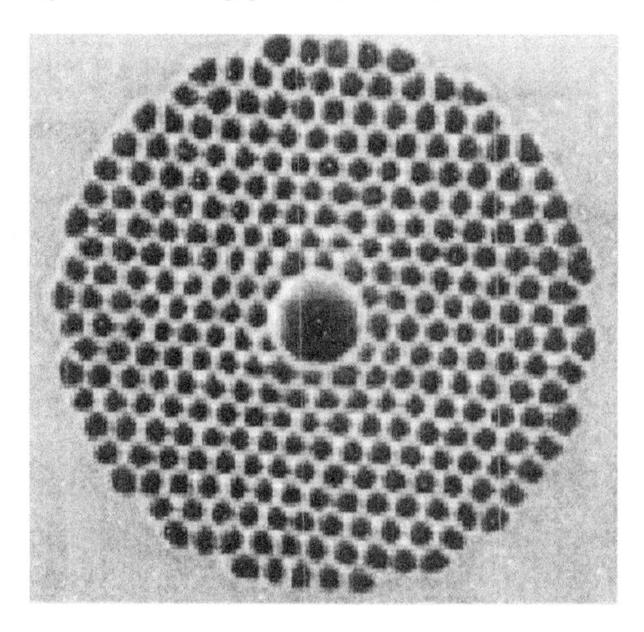

图 2.5　光子带隙型光子晶体光纤

PBGFs 的空气孔周期特性至关重要，因为它通过包层折射率的周期变化将光模限制在纤芯内。这种光纤的纤芯里面通常填充空气，利用光子带隙来限制光。如果将这种光子晶体光纤的纤芯里面填充合适的气体或者液体、金属，则可以实现独特的性能，比如制作高非线性光纤或者金属光子晶体光纤[61]。PBGFs 理论上传输损耗可以做到很小，但是由于制备中一般要求空气孔的周期性排列非常规则，并且孔径比较大，所以制备难度较大，并且性能保证相对困难。因此，目前制造和研究较多的是 TIR PCF，本书如果没有特殊说明，主要研究全内反射型 PCF 的特性和应用。

2.2.2 光子晶体光纤的分类

由上述不同的导光原理和目前光子晶体光纤的应用情况，如图 2.6 所示，光子晶体光纤可以大体上分为两类：一类是 TIR PCF，另一类是 PBGFs。其中，全内反射型 TIR PCF 又可以分为高非线性 PCF、色散补偿 PCF、零色散 PCF、大数值孔径 PCF、大模场面积 PCF、双包层 PCF 和多纤芯 PCF；而光子带隙型 PBGFs 又可以分为空气芯 PCF、布拉格 PCF、金属 PCF、固体 PCF、液体 PCF、多芯 PCF 和集成 PCF 等。

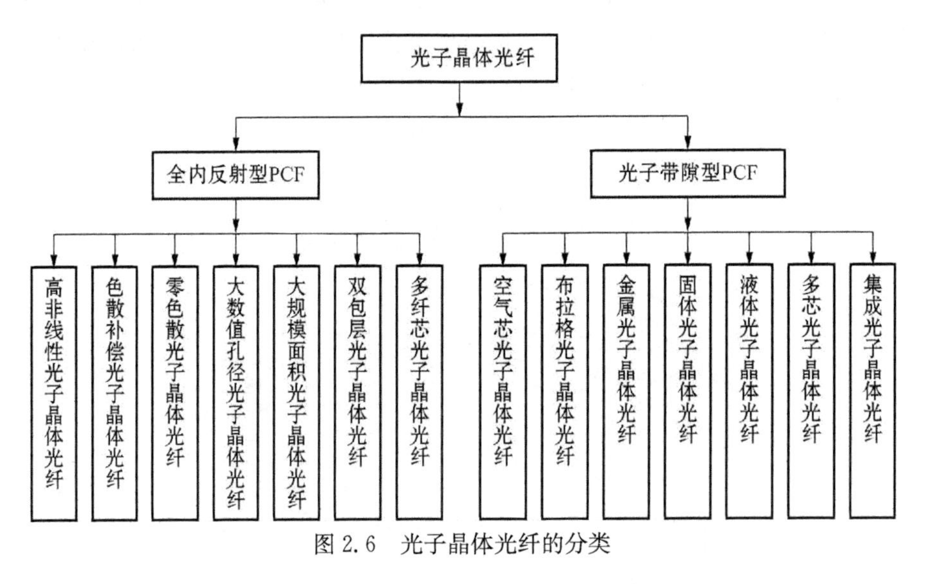

图 2.6 光子晶体光纤的分类

2.3 光子晶体光纤的优良特性

2.3.1 无截止单模传输的特性

无截止单模(endlessly single-mode，ESM)传输的特性，是指在所有光通信频率的范围内都支持单模传输，这是 PCF 相比于普通光纤最引人注目的特性之一。普通光纤都存在一个截止波长，只有传输的激光波长大于这个波长时，才能实现单模传输；如果小于这个波长，光纤中就可能激发出多模，导致传输损耗增加，这就限制了普通光纤的使用。而 PCF 通过设计其空气孔的大小和排列方式，可实现无截止的单模传输特性。

由光纤的模式理论，对于纤芯半径为 r_c 的普通阶跃光纤，导模的数目由归一化频率 V 决定，即

$$V=\frac{2\pi r_c}{\lambda}\sqrt{n_{\text{纤芯}}^2-n_{\text{包层}}^2} \tag{2.2}$$

当归一化频率 $V<2.405$ 时，只有 HE_{11} 模能够在光纤中传播，这种光纤即为单模光纤。当波长减小时，归一化频率增加；增加到 $V>2.405$ 时，光纤表现为多模传输；所以对于普通阶跃光纤来说，很难实现较短波段的单模传输。

对于 PCF 来说，包层是空气孔和石英 SiO_2 的混合体，因此，式(2.2)中 $n_{\text{包层}}$ 不再是固定不变的常数，而由空气孔的大小 d 和孔间距 Λ 决定，定义包层的有效折射率 n_{eff} 为[9]

$$n_{\text{eff}}=\beta_{\text{FSM}}/k_0 \tag{2.3}$$

其中，β_{FSM} 是在不考虑纤芯的情况下，即没有线缺陷的情况下，PCF 无限大包层结构中所允许的最大传播常数。另外，近似认为缺陷一个空气孔形成 PCF 的纤芯半径就是孔间距，则 PCF 的归一化频率修正为

$$V_{\text{eff}}=\frac{2\pi\Lambda}{\lambda}\sqrt{n_{\text{纤芯}}^2-n_{\text{eff}}^2} \tag{2.4}$$

由此可见，V_{eff} 不仅与传输波长有关，还与包层的有效折射率有关。图 2.7 示出了不同比值 d/Λ 下，归一化频率 V_{eff} 随着 Λ/λ 的变化曲线；虚线标出了阶跃光纤的单模归一化截止频率 $V_{\text{eff}}=2.405$。当比值 $d/\Lambda>0.15$ 时，小于某一波长的波段存在归一化频率 $V_{\text{eff}}>2.405$，即为多模传输；当 $d/\Lambda<0.15$ 时，V_{eff} 对于任意的波长都满足小于 2.405，即所谓的无截止单模传输。

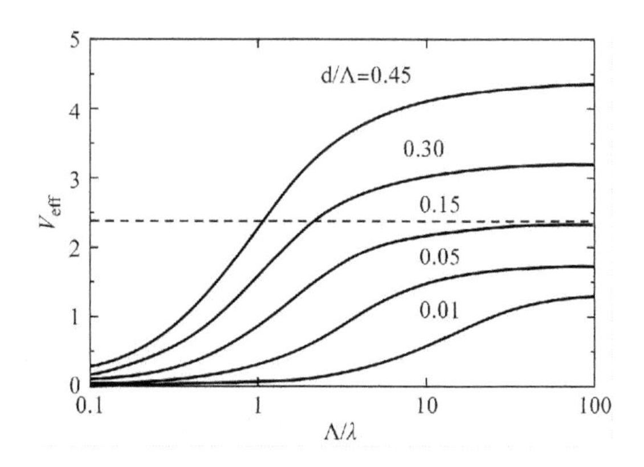

图 2.7　V_{eff} 随 Λ/λ 的变化曲线；虚线为阶跃光纤的单模截止频率 $V_{\text{eff}}=2.405$[10]

无截止单模传输的特性可以定性解释为：传统光纤中，式(2.2)中的归一化频率 V 在波长减小时，不断增大，因而在短波区将导致多模传输。光子晶体光纤中包层的

有效折射率与传输波长有关，在短波区，光场更加集中于纤芯，延伸入包层的部分减少，这样就增加了包层的有效折射率。式(2.4)减小了纤芯和包层的折射率之差，抵消了由于波长减小而导致的归一化频率增大，也就阻止了多模的出现。当波长减小到一定程度，光场分布就稳定下来，不再依赖于波长了，因此单模传输的范围可以扩展到短波区。

2.3.2 灵活可调的色散特性

当激光与电介质中的束缚电子发生相互作用时，介质的响应通常与光频率有关，这种特性称为色散[62]，它表明的是介质折射率对频率的依赖关系[63-66]。光纤中的色散效应可以通过将基模传播常数在脉冲频谱的中心频率处展开成泰勒级数来解释，即

$$\begin{aligned}\beta(\omega) &= n(\omega)\frac{\omega}{c} \\ &= \beta_0 + \beta_1(\omega-\omega_0) + \frac{1}{2}\beta_2(\omega-\omega_0)^2 \cdots\end{aligned} \tag{2.5}$$

其中，$n(\omega)$是基模的有效折射率，ω_0 处的各阶色散系数为

$$\beta_m = \left(\frac{\mathrm{d}^m\beta}{\mathrm{d}\omega^m}\right)_{\omega=\omega_0} \tag{2.6}$$

二阶色散系数表示群速度色散(group-velocity dispersion，GVD)，实际中还常常用到色散参量 D，它与 β_2 的关系为

$$\begin{aligned}D &= \frac{\mathrm{d}\beta_1}{\mathrm{d}\lambda} \\ &= -\frac{2\pi c}{\lambda^2}\beta_2 \\ &= -\frac{\lambda}{c}\frac{\mathrm{d}^2 n}{\mathrm{d}\lambda^2}\end{aligned} \tag{2.7}$$

其中，D 或 β_2 等于零处的波长称为零色散波长(Zero-dispersion wavelength，ZDW)，记为 λ_D。对于块状熔石英来说，λ_D 在 1.27 μm 附近。在此波长处需要考虑三阶色散 β_3 (third-order dispersion，TOD)，它能够在线性[63]和非线性区[67]引起超短脉冲的畸变。根据 D 或 β_2 符号的不同，光纤中会表现出不同的色散特性。如果波长 $\lambda<\lambda_D$，则 $\beta_2>0$ 或 $D<0$，光纤表现出正常色散(normal dispersion，ND)。在正常色散区，折射率 $n(\omega)$ 正比于 ω，因此光脉冲较低的频率分量(长波)比较高的频率分量(短波)传输得快。相反，如果波长 $\lambda>\lambda_D$，则 $\beta_2<0$ 或 $D>0$，光纤表现出反常色散(anomalous dispersion，AND)；在反常色散区，折射率 $n(\omega)$ 反比于 ω，因此光脉冲较高的频率分量(短波)比较低的频率

分量(长波)传输得快。

由于光纤是有限尺寸的介电波导,在材料色散的基础上还要考虑波导色散,二者总色散才是光纤的色散。对某一材料的光纤来说,材料色散对总色散的贡献是固定的,人们常常通过改变光纤的波导色散来实现对光纤色散的控制和调节。对于普通光纤来说,一般通过改变纤芯半径和纤芯-包层折射率差[68],来改变波导色散。而 PCF 却有更多的自由度实现对其波导色散的调节,包括纤芯半径、空气孔大小与孔间距、纤芯-包层折射率差以及空气孔的排列样式。因此,PCF 具有更加灵活的色散特性。

英国巴斯大学的 Chunle Xiong 博士等人[8]研究了 PCF 的纤芯直径 $d_{core}=5\ \mu m$ 不变,D 随比值 d/Λ 逐渐增大的变化情况,如图 2.8 所示。结果表明,比值 d/Λ 的增大,可以将 PCF 的零色散点移动到块状熔石英的 1.27 μm 以下;继续增大 d/Λ,零色散点可以进一步下移,但是由图可知这种下移是有限度的。

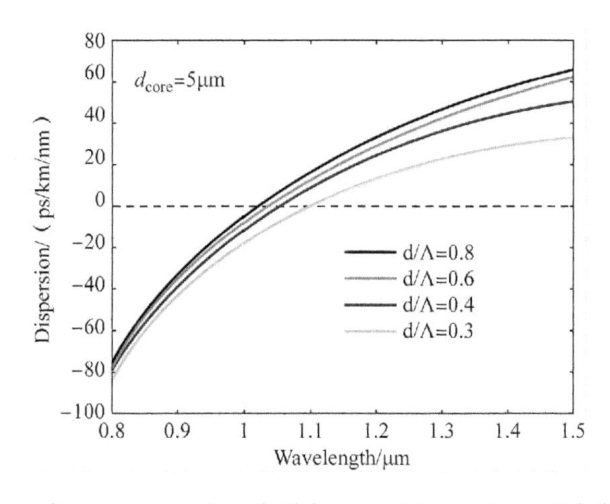

图 2.8　当 $d_{core}=5\ \mu m$ 时,逐渐增大 d/Λ(从右至左)PCF 的色散曲线

要更进一步下移零色散点,还可以考虑改变 PCF 的纤芯直径。Chunle Xiong 博士等人[8]分别研究了比值 d/Λ=0.4 和 d/Λ=0.8 时,如图 2.9(a)和(b)所示,逐渐减小纤芯直径对零色散点的影响。如图 2.9(b)所示,当 $d_{core}=1.5\ \mu m$ 时,零色散点下移到了 680 nm,部分可见波段可以呈现反常色散,这在普通光纤中是很少见到的;同时这种结构的 PCF 纤芯较小,非线性系数很高,因此又被称为高非线性光子晶体光纤(highly nonliear PCF,HN PCF),常常用在白光超连续谱的产生[69-70]。需要说明的是,PCF 的比值 d/Λ 和 d_{core} 在制作过程中是比较容易控制的,而且随着 PCF 后处理技术(主要包括吹泡和拉锥技术)的日趋成熟[71-72],人们可以制作出任意结构的 PCF,最大限度地展现其灵活可调的色散特性。

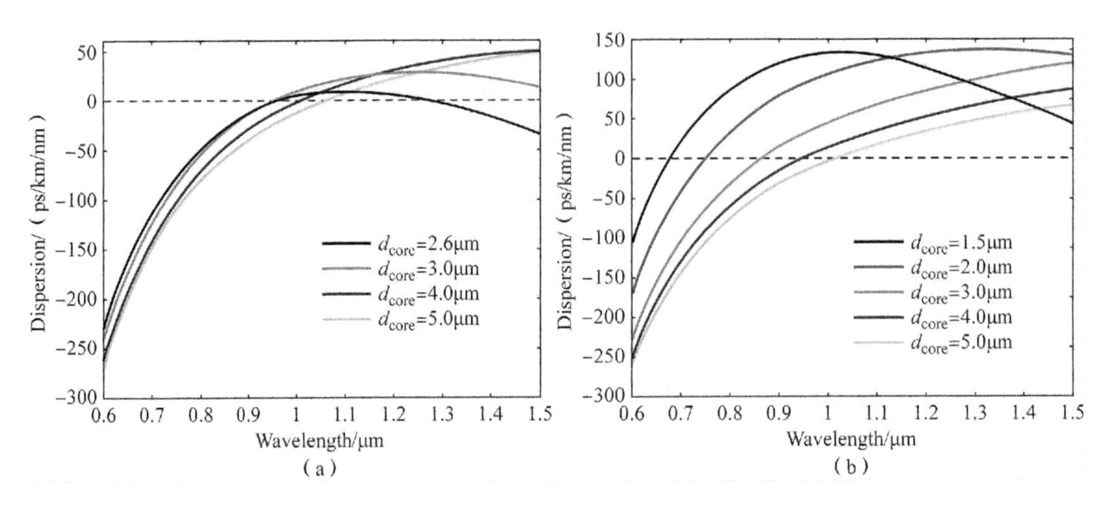

图 2.9　保持 d/Λ 不变，逐渐减小 d_{core}（从右至左）PCF 的色散曲线

(a) d/Λ=0.4　(b) d/Λ=0.8

2.3.3　高非线性

人们通常采用非线性系数 γ 来衡量光纤的非线性特性，其定义为

$$\gamma=\frac{2\pi n_2}{\lambda A_{\text{eff}}} \tag{2.8}$$

其中，n_2 是材料的非线性折射率系数，单位是 m^2/W。实验测得石英光纤的 n_2 值在(2.2～3.9)$\times 10^{-20}\, m^2/W$ 范围内[73]；参量 A_{eff} 称为有效模场面积，定义为

$$A_{\text{eff}}=\frac{\left(\iint_{-\infty}^{+\infty}|F(x,y)|^2\mathrm{d}x\mathrm{d}y\right)^2}{\iint_{-\infty}^{+\infty}|F(x,y)|^4\mathrm{d}x\mathrm{d}y} \tag{2.9}$$

其中 $F(x,y)$ 是光纤基模的模场分布。研究发现，A_{eff} 取决于光纤参量，如纤芯半径和纤芯-包层折射率差。普通的单模光纤，模场面积在 10～100 μm^2 范围内变化；而 PCF，纤芯-包层折射率差可调范围大，模场面积可以降到更小，在 1.5 μm 波长处可调的模场面积 A_{eff} 可达 2～800 μm^2，因此更容易获得极高的非线性[74]。这就意味着更短的 PCF 长度，就可以达到普通光纤相同的非线性效应。由式(2.8)可知，要提高光纤的非线性，还可以采用非线性折射率系数 n_2 值比石英大的非线性材料来制作，比如掺硅酸铅[75]、掺硫化合物[76-78]和其他非石英光纤[79]可以获得更大的 n_2 值($n_2=4.2\times 10^{-18}\, m^2/W$)。

高非线性系数有利于光纤中各种非线性效应的产生，如自相位调制、交叉相位调制、受激拉曼散射、受激布里渊散射以及四波混频效应等等，可以使超短脉冲在很短的距离内就展宽为很宽的光谱。同时采用高非线性光子晶体光纤，可以使器件变得更加紧凑，并且所需要的功率水平也大为降低。

2.3.4　高双折射

在单模光纤中，相同的传播常数可能对应两个沿不同正交方向偏振的简并模，但是实际纤芯略偏离圆柱形[80]，会打破这种模的简并态，导致两偏振态的不同。数学意义上会使模传播常数 β 对于 x、y 方向偏振模稍有不同，这就是光纤模式的双折射。双折射程度 B_m 的定义为[81]

$$\begin{aligned} B_m &= \frac{|\beta_x - \beta_y|}{k_0} \\ &= |n_x - n_y| \end{aligned} \tag{2.10}$$

式中，n_x 和 n_y 是两个正交偏振态的模式折射率。模式折射率较小的轴称为快轴，在此轴上光传输的群速度较大；反之，模式折射率较大的轴称为慢轴，此轴上光传输的群速度小。

在实际应用中，希望光纤在传输光波时不改变其偏振态，即存在模式的双折射，这种光纤称为保偏光纤（polarization maintaining fiber，PMF）[82-84]，如图 2.10(a)所示的

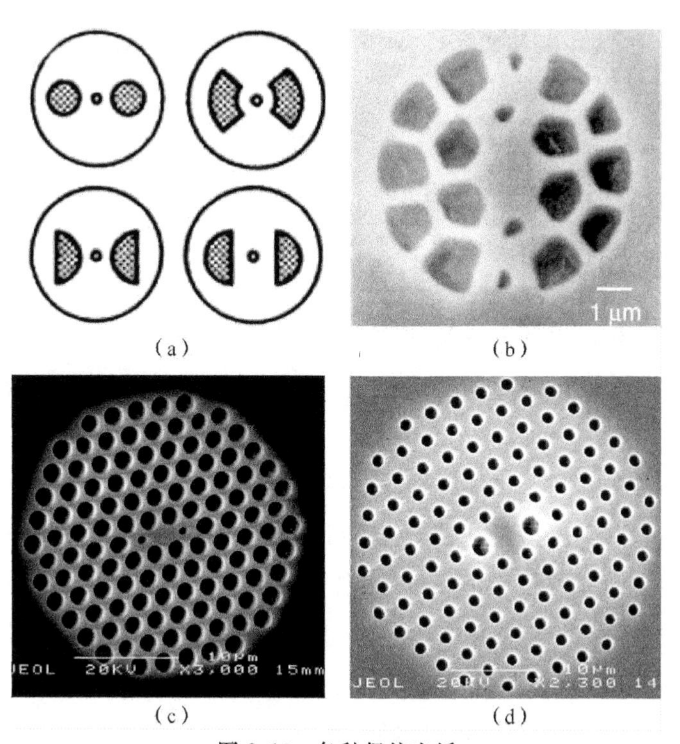

(a)　(b)　(c)　(d)

图 2.10　各种保偏光纤
(a) "熊猫"光纤和"领结"光纤　(b) 四小孔形成的保偏 PCF
(c) 两小孔形成的保偏 PCF　(d) 两大孔形成的保偏 PCF

“熊猫”光纤和“领结”光纤。由于双折射的性质源于对称设计中轻微的不对称性，因此与普通光纤相比，PCF 在堆积制作中通过精心地摆放相同外径、不同厚度的毛细管更容易引入这种不对称性，更容易实现保偏性能，获得较高的双折射[85]。图 2.10(b)在 PCF 的包层中形成四个较小的空气孔来实现不对称性[86]；图 2.10(c)(d)分别通过膨胀[87]或者缩小纤芯周围两个空气孔的大小来实现不对称结构。PCF 的这些设计在实际应用中都是非常直接有效的。例如，高双折射光子晶体光纤可以用于光纤传感和干涉仪，在光电子器件中也有很多应用，比如偏振分束器。此外，还可以根据需要设计高双折射、高非线性 PCF，使得同一根既有高双折射特性又有强非线性效应。

2.4 光子晶体光纤的后处理技术

光子晶体光纤后处理技术是近年来大家较为关注的一项技术[88-90]，它诱人的地方在于，该项技术可以使光子晶体光纤的性能更加优良，根据不同的需要实现想要的光子晶体光纤结构，主要包括拉锥技术、膨胀后拉锥技术，选择性空气孔塌缩技术[91-92]等等。与普通光纤不同，在光子晶体光纤的熔融拉锥过程中采用是快速低温的方式[93-94]，可以尽量保持空气孔直径 d 和孔间距 Λ 之比不变而使纤芯变细；在空气孔膨胀和选择性空气孔塌缩中，采用是低速高温的方式[93-94]，可以给光子晶体光纤空气孔足够高的温度和足够长的变化时间，使其达到想要的变形。

2.4.1 光子晶体光纤的拉锥[94]

在普通光纤拉锥的时候可以保持它的折射率分布，只是改变光纤的直径。然而在光子晶体光纤拉锥的时候，空气孔的表面张力会使空气孔塌缩，因此光子晶体光纤的拉锥会有两种变形：一是光子晶体光纤的纤芯变小，空气孔孔径和孔间距之比不变；二是光子晶体光纤的空气孔变小，截面积基本不变(见图 2.11)。期望获得低损耗的光子晶体光纤拉锥，孔的塌缩变形要进行严格的控制，如果控制不当空气孔将会完全塌缩，由于光子晶体光纤的结构被破坏而引入大的损耗[95-96]。

在光子晶体光纤的拉锥过程中，为了尽量保持空气孔直径和孔间距的比值不变的情况下使纤芯变细，所采用的方法是快速低温拉制方法，即光纤移动台高速移动，火苗也就相对高速运动，火苗的温度相对较低，这样光子晶体光纤就在大的拉应力下变细，拉锥后的光子晶体光纤的空气孔直径和孔间距之比基本保持不变，而使纤芯变细。与普通光纤的拉锥相比，普通光纤的亚细结构是整个光纤的变细，然而光子晶体光纤的亚细结

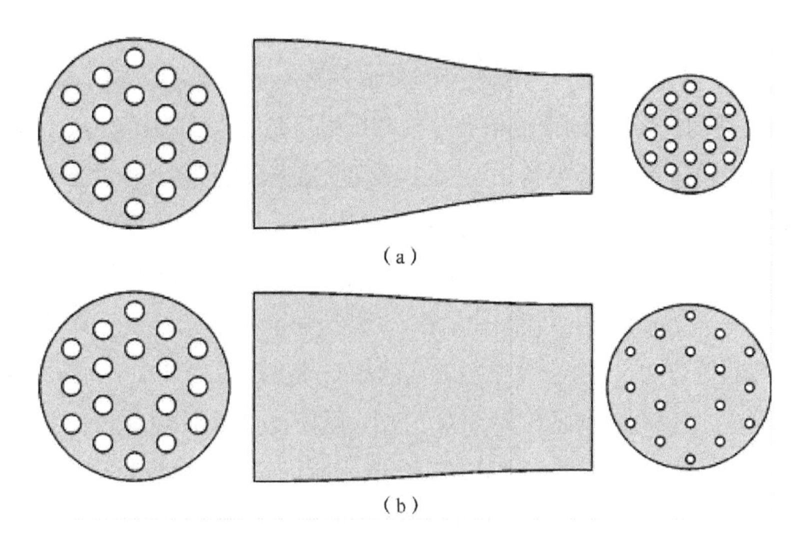

图 2.11　拉锥过程中横截面结构的变化[94]

(a) d/Λ 不变、纤芯变细　(b) 空气孔塌缩、d/Λ 变小、截面积基本不变

构是指纤芯拉制成亚细结构，这样拉锥后光子晶体光纤的外径有可能还很大，如 30 μm，这样就可以很好的保护好里面的亚细结构的纤芯。

2.4.2　光子晶体光纤的膨胀后拉锥

如果在拉锥之前增加光子晶体光纤空气孔的压强，那么在拉锥时空气孔内高压气体产生的膨胀力将超越其表面张力而使空气孔变大，因此可以通过改变空气孔的压强来膨胀光子晶体光纤以获得较大的 d/Λ 比值，然后再利用拉锥技术，实现 d/Λ 比值保持不变情况下的纤芯变细。通过膨胀后拉锥技术，就可以灵活调整光子晶光纤的结构参数。

在加热光子晶体光纤的时候，孔的表面张力将会给孔一个压力使其塌缩变小。一个柱形孔为防止液体表面张力 γ 引起塌缩所需要的压强 P_{st} 为[97]

$$P_{st}(\mathrm{bar}) = \frac{2\gamma}{d} \tag{2.11}$$

其中 d 为空气孔的直径，对于一个给定直径大小的孔，内部的压强值 P，孔将变大或者变小，这取决于内部压强值 P 是大于还是小于临界值 P_{st}。尽管硅玻璃的黏性在接近融化点 1 700℃时随温度迅速变化，然而表面应力随温度变化缓慢。因此硅玻璃中一个空气孔变大还是变小仅仅依赖于空气孔的直径和内部压强值，温度的高低和压强差 $P \sim P_{st}$ 的大小仅仅决定空气孔塌缩或者膨胀的速率。普通硅材料的表面应力值为 $\gamma = 0.3\ \mathrm{J/m^2}$[98]，这样式 2.11 可简化为

$$P_{st}(\text{bar}) = \frac{6}{d}(\mu\text{m}) \tag{2.12}$$

式中，d 为空气孔的直径，孔的形变依赖于内部压强值是否大于临界值 P_{st}。该式表明在硅玻璃的熔融加热过程中，为保持 1 μm 的空气孔不变形，需要 6 个大气压。

光子晶体光纤中的空气孔膨胀需满足两个条件：一是空气孔内部的压强值要高于式(2.12)给出的临界值；二是加热时间足够长使得光子晶体光纤空气孔有足够的时间进行膨胀。与光子晶体光纤拉锥处理方法不同，在光子晶体光纤空气孔膨胀过程中使用的方法为高温低速法，目的是增加空气孔的膨胀速度以及增加加热时间，确保空气孔膨胀。光子晶体光纤膨胀后拉锥可使芯径变小，而使 d/Λ 的比值保持不变。在制作过程中，使其都满足渐变性条件[99]，则处理后的光纤所引入的损耗将非常低。整个光子晶体光纤膨胀后拉锥处理过程如图 2.12 所示[71]。

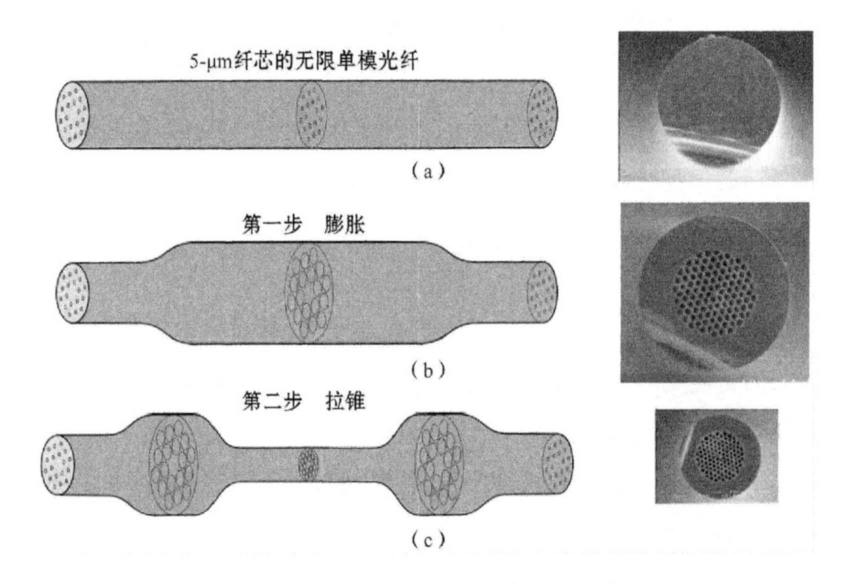

图 2.12　光纤膨胀拉锥处理过程图[71]

(a) 纤芯 5 μm 的单模光纤　(b) 膨胀处理的光纤　(c) 拉锥后芯径为 2 μm 高空气填充比的光纤

2.4.3　空气孔选择性塌缩技术

光子晶体光纤空气孔压强超过一临界值时，在熔融拉锥机上加热空气孔将会膨胀，如果用紫外固化胶堵住其中的几个孔，被堵空气孔压强仍为大气压强，在熔融拉锥机上加热时被堵的空气孔将塌缩，具体的空气孔塌缩原理如图 2.13 所示[94,100]。

如图 2.13 所示，一端所有空气孔被堵住，另一端要塌缩的空气孔用胶水堵住，其他空气孔充气加压。因此，被紫外固化胶堵住的空气孔为大气压强，其他空气孔的压强值

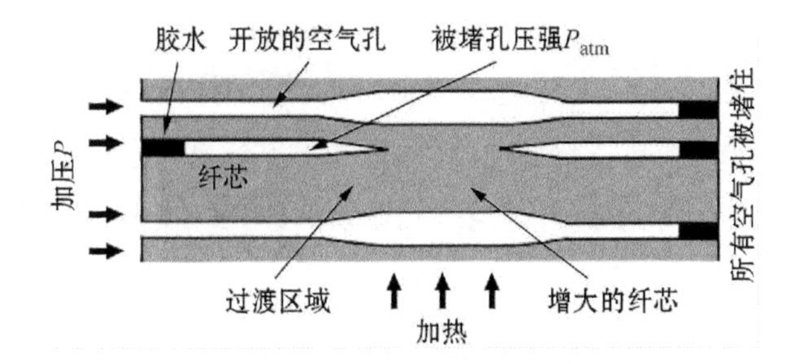

图 2.13　光子晶体光纤选择性空气孔塌缩[94]

则为充气压强，在熔融拉锥机上加热的时候，气压为大气压强的空气孔将塌缩，加压的空气孔将膨胀，控制加热的时间，可以使塌缩的空气孔恰好完全塌缩，形成一个新的芯区，通过逐渐缩短加热区域可以在没有塌缩和完全塌缩区域之间形成一个过渡区域。由于光子晶体光纤空气孔都是微米量级，非常的小，所以要精确地堵住想要塌缩的空气孔是非常困难的。在加压的情况下加热光子晶体光纤可以使空气孔膨胀，膨胀后的空气孔将会变大，虽然相对来说还是微米量级，但是相对于原始光纤的空气孔已经很大，这样就可以减小堵孔时的困难程度，所以，在一般情况下，堵孔之前首先使空气孔膨胀变大。图 2.14 是无限单模光子晶体光纤中一个空气孔被堵的过程[101]。

图 2.14　光子晶体光纤一个空气孔被堵的过程

(a) 原始的光子晶体光纤　(b) 膨胀后的光子晶体光纤　(c) 一个空气孔被堵的光子晶体光纤

如图 2.14 所示,一端所有空气孔被堵住,一般采用熔接机将所有的空气孔塌缩密封。当光子晶体光纤的空气孔气压达到平衡后,在熔融拉锥机上加热一段光子晶体光纤,在加热区域被堵的空气孔将会塌缩,其他充气的空气孔将膨胀,合理设置充气压强,可以使充气空气孔保持不变形。一个空气孔塌缩后的光纤横截面显微镜照片如图 2.15 所示。

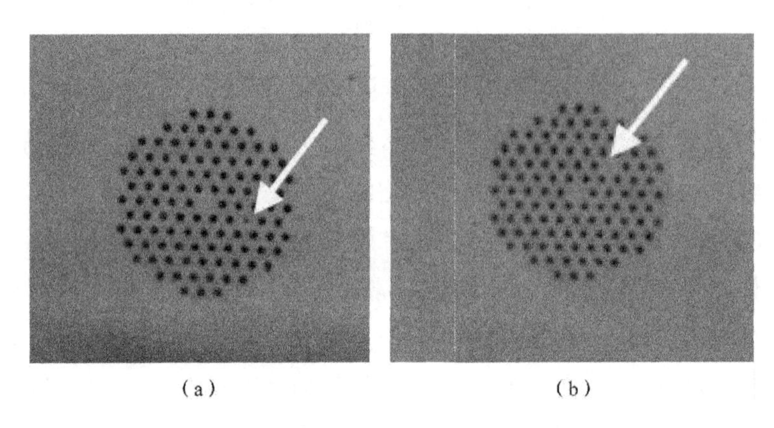

(a) (b)

图 2.15 光子晶体光纤一个空气孔塌缩的过程
(a) 过渡区域中被堵空气孔变小 (b) 被堵空气孔完全塌缩,形成一个新的芯

利用选择性空气孔塌缩技术可以塌缩任意的光子晶体光纤空气孔,塌缩后的空气孔和原来的纤芯构成一个新的纤芯,如通过选择不同的空气孔塌缩可以形成矩形芯,环形芯,芯区变大的新纤芯等[100]。因此,光子晶体光纤的后处理技术可以为光子晶体光纤特性的更灵活调节增加更多的自由度,必将推动光子晶体光纤的更广泛应用。

2.5 光子晶体光纤的应用

光子晶体光纤作为一种新型的光纤,由于其具有无截止单模传输、灵活可调的色散特性、高非线性和高双折射等独特的性能,使得其在非线性光学、光纤激光器、光纤传感等方面得到了广泛的应用。

2.5.1 在非线性光学中的应用

由于具有高非线性和可调节的色散特性,光子晶体光纤是产生各种非线性效应,如自相位调制、交叉相位调制、孤子自频移、高阶孤子分裂、四波混频效应等的理想介质。1.2 节已经介绍,超连续谱的产生就是这些效应综合作用的结果。2000 年,美国贝尔实验室的 Ranka[69]利用蓝宝石激光器输出的中心波长为 790 nm、脉宽为 110 fs、峰值功率

8 kW 的飞秒脉冲，泵浦 75 cm 长的 PCF 产生了从 390 nm 延伸到 1 600 nm 的超连续谱。2001 年奥克兰大学的 Stéphane Coen 等人[42]采用中心波长为 647 nm，峰值功率为 675 W、脉宽为 60 ps 的皮秒脉冲在 10 m 长 PCF 的正常色散区泵浦，也观察到了超连续谱的产生。

Stéphane Coen 等人[102]研究发现，当输入脉冲宽度为纳秒或皮秒量级时，超连续谱的产生主要是由于受激拉曼散射和四波混频效应，可以忽略自相位调制 SPM 的影响。当工作在光纤正常色散区的脉冲宽度为飞秒量级时，频谱的展宽主要是由于自相位调制；当飞秒脉冲工作在零色散波长附近的反常色散区时，由自相位调制和反常色散综合作用形成高阶孤子，在传输过程中，高阶孤子分解和四波混频效应是导致频谱展宽的主要原因。当输入脉宽较宽时，N 阶孤子裂变为 N 个具有不同中心波长的基孤子，每个基孤子会在短波段产生满足波矢匹配的蓝移色散波，同时交叉相位调制和四波混频效应的作用使得展宽的光谱变得较为平坦。

2.5.2　光子晶体光纤激光器

由于具有结构紧凑、效率高和光束质量好等优点，光纤激光器引起了各国学者的广泛关注[103]。光子晶体光纤具有很多普通光纤无法比拟的优点，基于光子晶体光纤的光纤激光器则有着更为广阔的应用前景。光子晶体光纤在激光器方面主要有两个应用：一是通过掺杂稀土元素，直接作为增益介质；二是作为激光器中的器件，起到色散补偿和传输光能量等作用。

自从 2000 年第一台光子晶体光纤激光器问世之后，大模面积光子晶体光纤激光器、主/被动锁模光子晶体光纤激光器和双包层光子晶体光纤激光器等纷纷出现。大模面积光子晶体光纤激光器一直是研究的热点。大模面积双包层光子晶体光纤作为激光器的增益介质具有以下优点：

(1) 由于内包层的数值孔径很小，在纤芯中传输的光能量具有很大的模场面积，这就提高了产生非线性效应的阈值功率。

(2) 较小的 NA 值保证了单模传输，使得输出光束具有良好的质量。

(3) 外包层的 NA 值很大，这就可以提高泵浦光的耦合效率，更好地限制泵浦能量，而且泵浦光经过不断反射可多次泵浦增益介质，进而提高泵浦效率。

2003 年，Limpert 等人[104]利用 2.3 m 的大模面积双包层光子晶体光纤[见图 2.16(a)]，通过在光纤一端加高反射的二色镜和在另一端利用 4%的菲涅尔反射，得到了 80 W 的功率输出。2006 年他们又利用长度仅为 58 cm 的光子晶体光纤[见图 2.16(b)]制作的激光器，实现了 320 W 连续光的稳定输出，泵浦光的吸收高达 30 dB/m[105]。

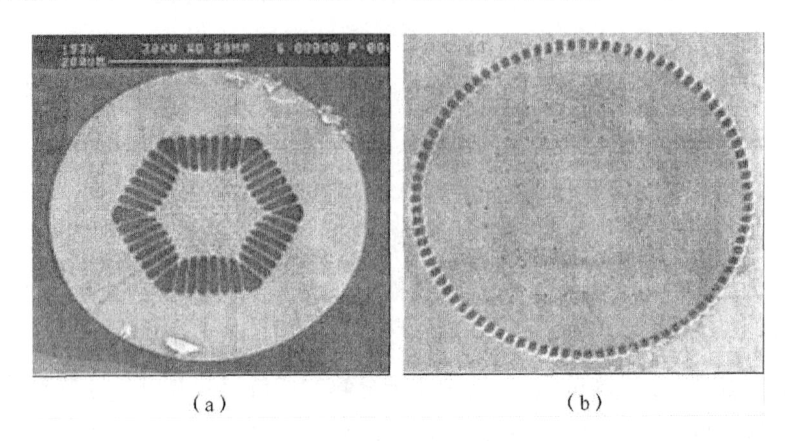

(a)　　(b)

图 2.16　大模面积双包层掺镱光子晶体光纤
(a) 利用 2.3 m 的大模面积双包层光子晶体光纤　(b) 利用 58 cm 的光子晶体光纤制作的激光器

此外，由于光子晶体光纤的色散灵活可调，将其应用于脉冲锁模激光器，可有效地补偿谐振腔的色散并将脉冲进行压缩。Südmeyer 等人利用光子晶体光纤将 Yb:YAG 激光器输出的 880 fs 脉冲压缩到 30 fs[106]。Abedin 等人利用零色散波长位于 1 065 nm 和长度为 20 cm 的光子晶体光纤进行脉冲压缩，得到了中心波长位于 1 070 nm、脉冲宽度为 20 fs 的脉冲输出[107]。

2.5.3　全光器件方面的应用

通过在空芯 PCF 的通道壁上沉积一层金属纳米材料，则可以增加拉曼活性；如果在空芯中制造一根掺杂有激光介质材料（如 Yb 和 Er 等）的纤芯，则可以做成光子晶体光纤激光器。美国 Pennsylvania 大学和英国南安普顿大学构建了基于半导体结构的光子晶体光纤技术，可以把基于平版印刷做平面芯片的技术完全移植到光子晶体光纤内部进行，从而使光-电-光的转换过程完全在光纤内实现，这为全光光电子器件的发展奠定了一定的基础[108]。

通过改变光子晶体光纤的结构参数可以制作出具有高双折射效应的光子晶体光纤，并且利用光子晶体光纤制作的保偏光纤比传统“熊猫”型或者“蝴蝶结”型保偏光纤具有高出 1～2 个数量级的双折射值[82-84]。另外，保偏光子晶体光纤已经被用在偏振模色散补偿中，还可以根据需要设计高双折射强非线性，使得同一根既有高双折射又有强非线性效应。利用光子晶体光纤的高双折射特性，还可以制作高性能的偏振分离和单模单偏振器件。

2.5.4　光子晶体光纤参量放大器

光子晶体光纤由于其平坦的色散和高非线性，用于参量放大器中作为增益介质，不仅可以提高参量放大器的增益倍数，还可以增加增益带宽[109]。在全光通信系统中，光放大器是一个关键的部件，在当前通信系统中使用掺铒光纤放大器由于其激光来源于 Er^{3+} 能级跃迁，能带宽度限制其带宽的扩大，它一般适宜在 C 波段放大。

对于普通的单模光纤，由于其色散设计的局限性，光纤参量放大器的性能受到很大的限制。对于光子晶体光纤来说，通过适当选择空气孔的形状、间距和空气孔的大小，其色散曲线可以做到非常平坦，并且高阶色散项可以控制。例如，在很宽范围内色散平坦的光子晶体光纤已经拉制，并被用于研究 1 550 nm 波长超短脉冲的传输[110]。目前，泵浦波长在 647 nm、1 064 nm 和 1 550 nm 的参量放大器受到广泛关注，在一定的泵浦功率下，具有小模场面积的光子晶体光纤提供了高增益。在较低的功率水平下，利用皮秒和飞秒脉冲泵浦的光子晶体光纤参量放大器已经研制成功[111-112]。

光子晶体光纤的出现，给光参量放大器性能的改善提供了机遇，人们在理论和实验方面进行了大量研究。在 2005 年报道的一个实验中，汪井源等人利用色散平坦光子晶体光纤设计了一个宽度参量放大器，在 260 nm 带宽范围内增益为 8 dB[113]。同年 P. Dainese 等人进行了优化 PCF 参量放大器带宽的研究。他们发现通过控制光子晶体光纤的高阶色散项可以大幅提高增益带宽。理论研究表明：通过控制光子晶体光纤的六阶色散参数，在 1 440 nm 到 1 600 nm 范围内增益达到 33 dB，此时增益波动幅度小于0.2 dB[114]。实验方面，2005 年 A. Y. H. Chen 等人在观察光子晶体光纤中宽带可调谐参量产生过程中发现：由调制不稳定性产生的边带频移跟泵浦光波长与零色散波长的失谐紧密相关。当泵浦光波长在 10 nm 范围进行调谐时，边带可调谐范围超过了 450 nm[115]。

除上述应用以外，基于光子晶体光纤的新型光子器件还包括光子晶体光纤光栅、光子晶体光纤方向耦合器、光子晶体光纤光开关、光子晶体光纤参量放大器和波长转换器以及基于光子晶体光纤的可调谐器件、传感器件等等。相信随着光子晶体光纤理论研究、制造工艺、性能测量和其他技术的不断深入与完善，更多种类的新型光纤器件将会出现在科学研究领域乃至人类生活领域。

2.6　光子晶体光纤的熔接

2.5 节概括了光子晶体光纤在诸多方面的广泛应用，然而目前大量的传统光纤器件都是由普通光纤制成的，为了充分实现光子晶体光纤的潜在应用价值，研究光子晶体光纤和普通光纤以及光子晶体光纤之间的低损耗熔接显得尤为重要[94]，本节阐述光子晶体光纤在熔接方面的研究进展。

2.6.1 光子晶体光纤的熔接损耗分析

普通的电弧熔接机都是用来熔接普通光纤的，整个过程是一个完整的自动化过程。由于普通光纤的熔接技术已经非常成熟，所以熔接损耗(splicing loss，SL)都非常小，然而对于光子晶体光纤，同样的操作将会导致非常大的损耗。从物理学的角度看，高损耗的主要原因有两个：一是在熔接过程中光子晶体光纤空气孔在熔接点附近完全塌缩，由于破坏了光子晶体光纤的传导结构导致熔接点的高损耗；二是所熔接光子晶体光纤和普通光纤的模场不匹配引入的损耗。

当熔接机用来熔接普通光纤的时候，两光纤端被加热融化然后被推压形成一个节点，然而，在熔接光子晶体光纤的时候，当加热的温度超过硅玻璃的融化点时，表面张力将超越粘性使空气孔塌缩。因为光子晶体光纤具有小的硅玻璃面积(空气孔的结构)，所以光子晶体光纤的融化点往往小于普通光纤的熔化点[116]。假定光子晶体光纤和普通光纤的热吸收系数相同，空气孔的塌缩速率可表示为[117]

$$V_{collapse} = \frac{\gamma}{2\eta} \tag{2.13}$$

其中 γ 表示表面张力，η 表示粘性。硅玻璃的表面张力对熔接过程中的温度不是很敏感，但是粘性随着温度的升高会迅速下降，因此孔的塌缩速率将随着温度的升高而加速。如果用熔接普通光纤的参数去熔接光子晶体光纤，由于总的放电能量对于光子晶体光纤来说太高而导致光子晶体光纤空气孔的完全塌缩，光子晶体光纤的导光结构被破坏导致熔接点的高损耗，所以在熔接光子晶体光纤时普通熔接机的参数选择直接决定着熔接损耗值的大小，然而通过普通熔接机的参数优化可以避免光子晶体光纤中空气孔的塌缩，使损耗降到最低。

光子晶体光纤的模场不匹配损耗可以用下式表示[118]：

$$\alpha = -20log\left(\frac{2\omega_{\mathrm{PCF}}\omega_{\mathrm{SMF}}}{\omega_{\mathrm{PCF}}^2 + \omega_{\mathrm{SMF}}^2}\right) \tag{2.14}$$

其中 ω_{PCF} 和 ω_{SMF} 分别表示光子晶体光纤和普通光纤的模场直径。由式(2.14)可以看到，如果两光纤的模场直径相等或者相差很小，模场不匹配损耗会很小，这样只要选择好熔接机的熔接参数，不使光子晶体光纤的空气孔塌缩破坏，熔接损耗值就会很低。然而对于模场直径相差很大的光纤之间的熔接，尽管光子晶体光纤空气孔没有破坏，熔接后的损耗仍然很大，主要是因为两不同光纤的模场直径不匹配所引起的。

2.6.2 模场相近的光子晶体光纤与普通光纤熔接

在光子晶体光纤的熔接过程中，为了避免或者降低空气孔的塌缩通常选择小的放电电流和小的放电时间(与普通光纤间的熔接相比)，然而，这个合适的能量又能够使光子晶体光纤和普通光纤的熔接点具有一定的强度，不至于很容易断裂，所以在熔接过程中首先需要对这两个参数进行多次尝试，合理选择。

光子晶体光纤的融化点低于普通光纤，因此熔接机电极的位置设置也非常重要[119]，放电的电极位置应设置在普通光纤一端，这样可以使光子晶体光纤熔接点的能量小于普通光纤熔接点的能量，如图 2.17 所示。这种设置的优点主要有以下两点：一是光子晶体光纤上的放电能量小，易于控制光子晶体光纤空气孔的塌缩；二是普通光纤熔接点上具有更多的放电能量，可让普通光纤更好地达到融化状态，因为普通光纤的熔化点高于光子晶体光纤。

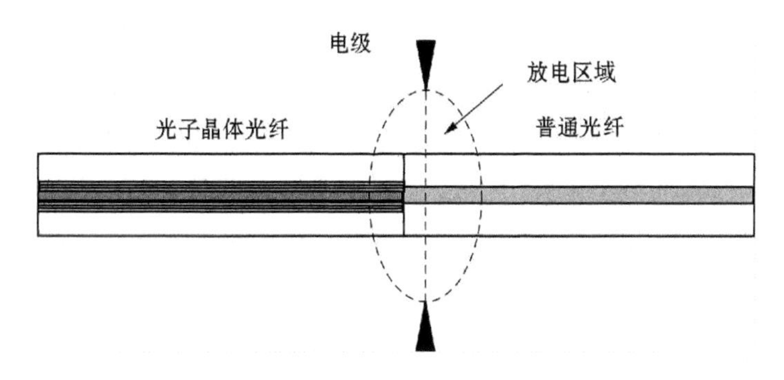

图 2.17　光子晶体光纤和普通光纤熔接的设置

影响熔接损耗的另外一个重要参数是光纤的“重叠”长度，即光子晶体光纤和普通光纤在熔接过程中的重叠长度，小的重叠可能会导致熔接点比较脆弱，甚至根本不能熔接，大的重叠可能会导致熔接点处两光纤弯曲，引起高损耗，因此在熔接的过程中需要根据不同的光纤选择合适的“重叠”长度。除了上面提到的参数外，重复放电的放电电流和放电时间的合理选择有时对降低熔接损耗和增加熔接点的强度也会有所帮助[120]。

上文简单介绍了光子晶体光纤熔接过程中熔接机的几个重要参数，因为不同的光子晶体光纤，相同熔接机优化后的参数相差很大，同样相同的光子晶体光纤，熔接机类型的不同，熔接参数也会相差很大，所以在熔接的过程中，要根据具体的光子晶体光纤类型和熔接机类型选择合适的熔接参数。对于模场直径相同或者相差不大的光子晶体光纤和普通光纤的熔接，通过选择合适的放电电流、放电时间、电极位置及重叠长度就可以得到低的熔接损耗。

2.6.3 模场相差较大的光子晶体光纤与普通光纤熔接[94]

模场直径相同或者相差不大的光子晶体光纤和普通光纤的熔接，可以通过多次尝试设置合适的熔接机参数，得到较低的熔接损耗。然而，对于模场直径不相匹配的光子晶体光纤和普通光纤的熔接，即使光子晶体光纤空气孔没有塌缩，熔接的损耗也会非常的大，损耗来源于模场直径的不匹配。在2.4节光子晶体光纤的后处理技术中介绍了一项后处理技术称为光子晶体光纤空气孔的选择性塌缩，可以根据需要塌缩任意空气孔，塌缩的空气孔在光子晶体光纤中形成一个新芯。在熔接模场直径相差大的光子晶体光纤和普通光纤的时，也可以利用这项技术增大小芯径光子晶体光纤的模场直径，从而使要熔接的光子晶体光纤和普通光纤模场直径相匹配，进而降低模场直径不匹配引入的损耗。

用紫外固化胶选择性地堵住光子晶体光纤的几个空气孔，并在此端进行充气，光子晶体光纤的另一端所有空气孔塌缩封闭，当空气孔气压达到平衡后，在熔融拉锥机上加热一段光子晶体光纤，光子晶体光纤被加热部分中所堵的空气孔将会塌缩，形成一个新芯。按照这种思路，如果光子晶体光纤中心的几圈空气孔塌缩，塌缩的新芯和原始纤芯就可以构成一个直径变大的纤芯，即增加了小芯径光子晶体光纤的模场直径。增加小芯径光子晶体光纤模场直径的实验示意图如图2.18所示。如图2.18所示，光子晶体光纤一端中间的一圈空气孔被紫外固化胶堵住(这要根据具体情况确定有几圈的中心孔被堵，其中中间一圈空气孔和两圈空气孔被堵后的横截面显微镜照片如图2.19所

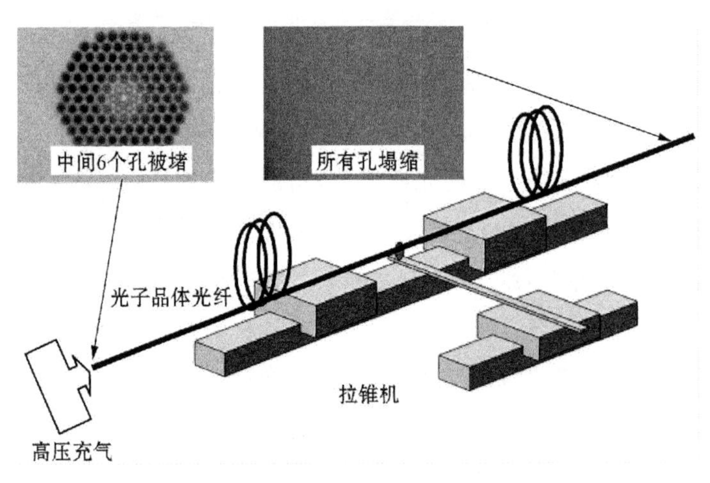

图2.18 光子晶体光纤中心孔塌缩的实验

示)，另一端所有的空气孔采用熔接机放电塌缩密封。

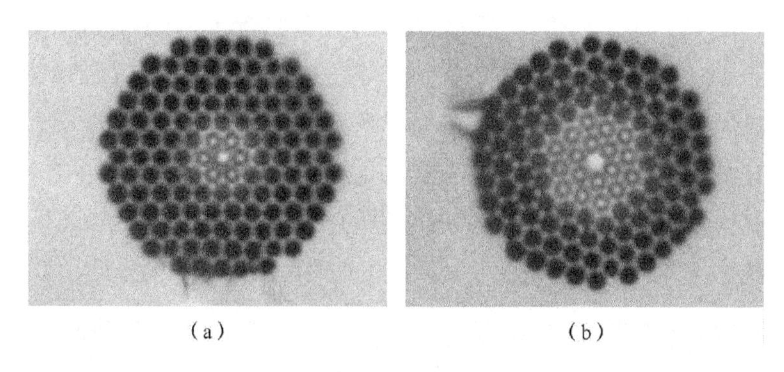

(a) (b)

图 2.19 不同圈数空气孔被堵的显微镜照片
(a) 一圈 (b) 两圈

被堵空气孔的一端用干燥的高压氮气充气，具体的压强值根据光纤塌孔圈数决定(3.5～4.0 大气压)。当光子晶体光纤空气孔的压强达到平衡后，在熔融拉锥机上加热一段长为 11 cm 光子晶体光纤，由于中间被堵空气孔的压强小(与大气压强相同)，周边未堵空气孔的压强大(与充气压强相同)，所以在熔融拉锥机上加热的过程中，中间被堵的空气孔将塌缩，周边的空气孔膨胀。控制加热时间，使中间的孔恰好塌缩后停止加热，这样塌缩的空气孔和原始纤芯就形成了一个增大的芯区，即增加了光子晶体光纤的模场直径。适当减小加热部分两端光子晶体光纤的加热时间，这样就会在完全塌缩区域和原始光纤之间形成一个过渡区域，只要过渡区域足够的长，处理后的光纤损耗都会非常的小。整个塌缩后的光子晶体光纤纵向剖面如图 2.20 所示，A 是原始光纤，B 是过度区域，C 是塌缩后模场增大区域。从塌缩区域 C 的中心断开，就可以得到两段模场直径增大的光子晶体光纤。

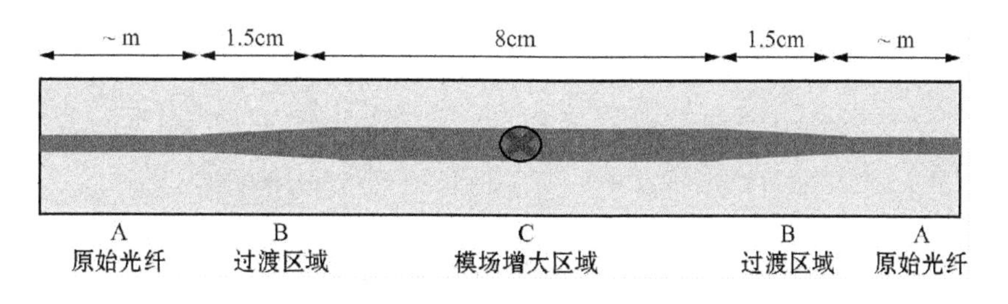

图 2.20 空气孔塌缩后光子晶体光纤的纵向剖面

图 2.21 是实验选择的光子晶体光纤 HNPCF1 和普通光纤 HI1060 的横截面显微镜照片。两光纤的模场直径分别为 1.7 μm@980 nm 和 5.9 μm@980 nm，利用式 2.14 计算的理论损耗值为 5.5 dB。利用上述介绍的增加光子晶体光纤模场直径的方法，塌

缩光子晶体光纤 HNPCF1 的中心两圈空气孔，增加光子晶体光纤的纤芯区域，塌缩后的横截面显微镜照片如图 2.22(b)所示，在相同比例情况下，普通光纤 HI1060 的横截面显微镜照片如图 2.22(a)所示。由图 2.22 可以看到，两光纤的芯径基本相同，因为高非线性光子晶体光纤的模场直径只是略小于纤芯直径，因此塌缩后的光子晶体光纤模场直径和 HI1060 光纤的模场直径相差不大。通过优化熔接机的熔接参数，中心两圈孔塌缩后光子晶体光纤 HNPCF1 和 HI1060 光纤的熔接损耗有了极大的降低。实验 20 次的熔接损耗平均值为 0.55 dB，平均损耗值比直接熔接的损耗值降低了接近 5 dB。

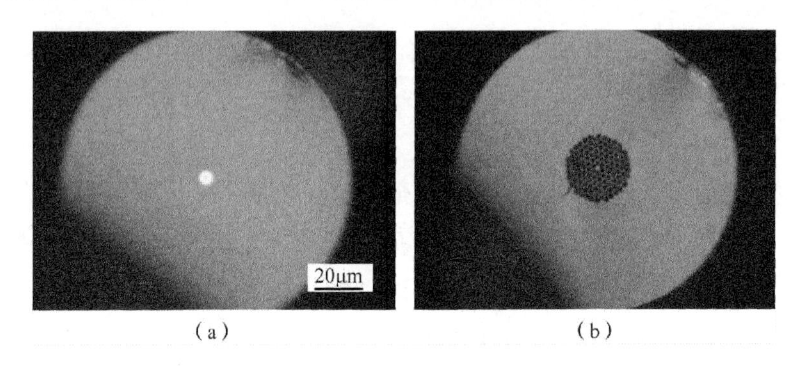

(a) (b)

图 2.21 HI1060 和 HNPCF1 的显微镜照片
(a) HI1060 (b) HNPCF1

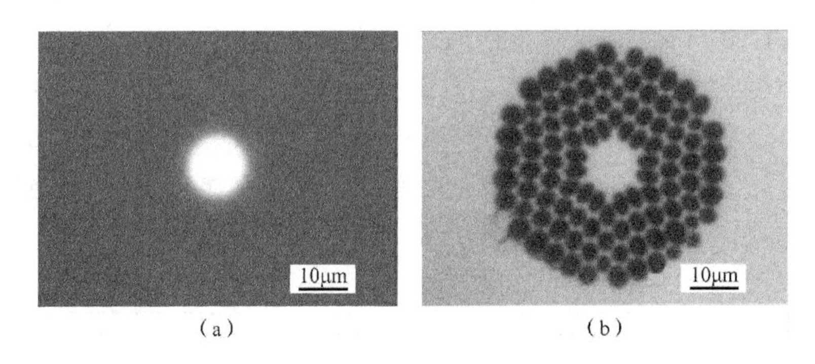

(a) (b)

图 2.22 不同光纤的显微镜图像
(a) HI1060 亮的区域为芯区 (b) HNPCF1，中间两圈孔塌缩

2.6.4 模场相差较大的光子晶体光纤之间熔接[94]

采用光子晶体光纤 HNPCF2 和 ESMPCF 进行熔接实验，两种光子晶体光纤的横截面显微镜照片如图 2.23 所示，两光纤的模场直径分别为 2.3 μm@980 nm 和 5.4 μm@980 nm，利用式(2.14)计算的理论损耗值为 3 dB。在直接熔接两光子晶体光纤的时候，需要特别注意的是放电电流和放电时间要足够小，因为在放电的过程中小孔光子晶体

光纤 ESMPCF 的空气孔非常容易变小甚至完全塌缩，空气孔变小后将增加其模场直径，使两光纤的模场直径不匹配更加严重，导致损耗值变大，但是放电能量太小又会影响熔接点的强度，熔接强度太弱导致光纤从熔接机中取出后就会断裂，所以在实际的操作过程中就要权衡这两点。

图 2.23　不同光纤的显微镜图像
(a) ESMPCF　(b) HNPCF2

同时，电极位置的选择应更加靠近高非线性光子晶体光纤 HNPCF2，因为这种光纤的空气孔较大，相对于无限单模光子晶体光纤 ESMPCF 来说，空气孔更不易塌缩。通过选择合适的熔接参数，最后得到的两光纤的熔接损耗值为 5 dB 左右，熔接损耗值大于理论计算值，分析原因是在熔接过程中无限单模光子晶体光纤 ESMPCF 的空气孔小程度地塌缩使两光子晶体光纤模场不匹配更加严重，但是熔接后的熔接点强度适中，可以从熔接机中取出并对熔接点加以保护，不致光纤从熔接机取出就会断裂。

利用前面提到的增大光子晶体光纤模场直径的方法，对小模场直径的光子晶体光纤 HNPCF2 塌缩光纤中心的两圈空气孔来增加纤芯区域，实验中所用的充气压强为 4 个大气压，塌缩后的显微镜照片如图 2.24 所示，从图中可以看出，未塌缩空气孔的大小与初始光纤的空气孔[见图 2.23(b)]相比基本上没有什么变化，此时的模场直径应略小于

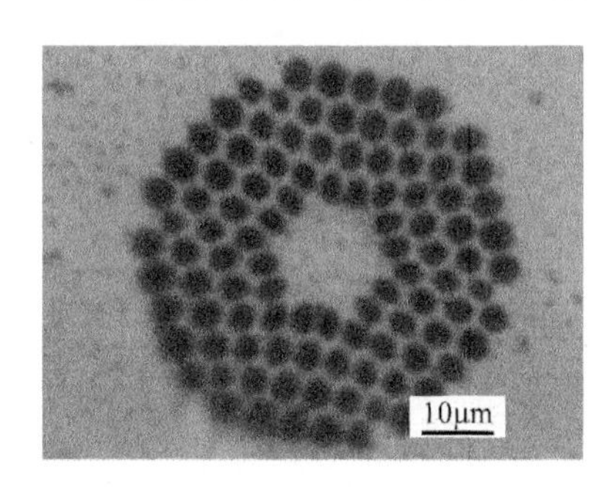

图 2.24　HNPCF2 中心两圈孔塌缩、其他孔不变的显微镜照片

纤芯的直径。处理后的小芯径光子晶体光纤 HNPCF2 和大芯径光子晶体光纤 ESMPCF 的熔接损耗值，13 次实验的损耗平均值为 0.73 dB，熔接损耗从原来的 5 dB 降低到现在的低于 1 dB，光子晶体光纤的接受光的能量从原来的 31%升高到 80%以上，能量利用率提高了接近 50%。

在做塌孔实验时，尝试降低气压，从原来的 4 个大气压降低到 3.7 个大气压，其他参数不变。由于气压降低，在加热的过程中，中心被堵的孔仍然完全塌缩，其他的空气孔由于孔内气压降低致使空气孔受到的表面张力大于空气孔气体的膨胀力，所以在光纤在加热的过程中充气的空气孔将要轻微的塌缩，塌缩处理后的光纤横截面显微镜照片如图 2.25 所示，相对比于前面介绍的光子晶体光纤中心空气孔塌缩见图 2.24，由于空气孔直径减小使模场直径进一步增大。此时两光纤的熔接损耗，7 次实验中有 4 次的损耗值在 0.5 dB～0.6 dB 之间，总的损耗平均值为 0.63 dB，与光子晶体光纤空气孔没有变化的熔接实验(见图 2.24)相比熔接损耗相对更低了，但是降低不是很明显，说明光子晶体光纤塌缩中心两圈空气孔的情况下，两光子晶体光纤的模场直径已经相差不大了，进一步略微增大模场直径，对熔接损耗影响很小。

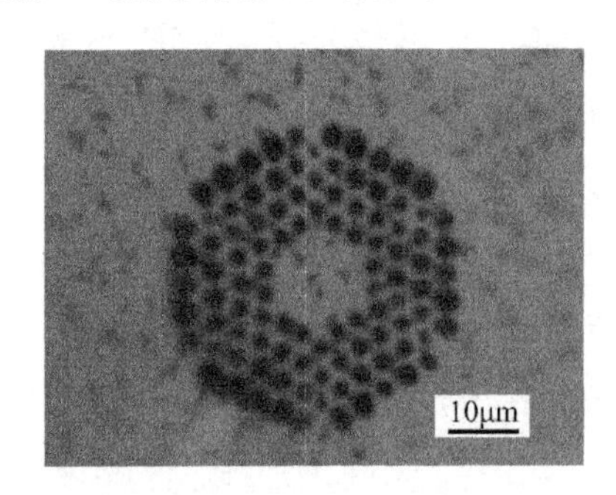

图 2.25　HNPCF2 中心两圈孔塌缩、其余孔变小的显微镜照片

项目组还采用小芯径光子晶体光纤 HNPCF1，横截面如图 2.21(b)所示和无限单模光子晶体光纤 ESMPCF[见图 2.23(a)]进行熔接实验，两光纤的模场直径分别为 1.7 μm@980 nm 和 5.4 μm@980 nm。首先对光子晶体光纤 HNPCF1 做了塌缩两圈中心空气孔的熔接实验，熔接损耗为 1.1 dB 左右，熔接损耗的来源分析为：虽然塌缩两圈中心空气孔的光子晶体光纤 HNPCF1 模场直径比原始光纤的模场直径增加了很多，但是相对比于无限单模光子晶体光纤 ESMPCF 来说，还是有差别的，因为小芯径光子晶体光纤 HNPCF1 不同于 HNPCF2，HNPCF1 本身的模场直径就小，空气孔还大，塌缩中心的两圈空气孔后的模场直径小于 HNPCF2 蹋缩中心的两圈空气孔的模场直径；另外在两光纤的熔接过程中，无限单模光子晶体光纤 ESMPCF 的空气孔也会变小，这进一步增加

了两光纤模场直径的不匹配，所以光子晶体光纤 HNPCF1 塌缩中心两圈空气孔后和光子晶体光纤 ESMPCF 的熔接损耗的主要来源，还是处理后光纤 HNPCF1 和 ESMPCF 的模场直径不匹配引起的。

因为光纤 HNPCF1 中心两圈空气孔塌缩后的模场直径还小于无限单模光纤 ESMPCF，又做了塌缩中心的三圈空气孔的熔接实验，蹋缩中心三圈空气孔横截面显微镜照片如图 2.26 所示。此时两光纤的熔接损耗，6 次结果都小于 0.8 dB，6 次结果的平均损耗值为 0.56 dB，对于塌缩中心两圈空气孔的熔接损耗值有了明显的降低，损耗的降低说明在熔接过程中两光子晶体光纤的模场直径已经非常匹配或者相差不大。

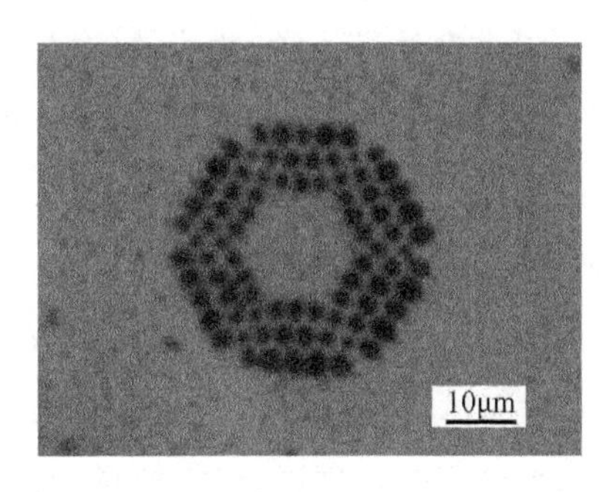

图 2.26　HNPCF1 中心三圈孔塌缩后的横截面图

2.7　本章小结

本章主要内容概括如下：

（1）由光子晶体的概念，引出光子晶体光纤的由来，并简要介绍了光子晶体光纤的横截面结构与材料组成，描述了光子晶体光纤的几种常见制备方法：堆积法、挤压法、超声波打孔法。

（2）由普通阶跃光纤的波导理论，分析了光子晶体光纤的两种导光原理，即分别依靠全内反射导光和光子带隙导光，并根据导光原理可以将 PCF 分为全内反射型光子晶体光纤和光子带隙型光子晶体光纤两类，还列出了目前出现的多种光子晶体光纤类型。

（3）逐个分析阐述光子晶体光纤的四大优越特性：①无截止单模传输的特性，通过调节空气孔直径与间距的比值，当该比值小于 0.15，可实现所有光通信频率的范围内的单模传输；②灵活可调的色散特性，光纤色散是材料色散和波导色散的总和，材料色散不变的情况下，光子晶体光纤可以调节空气孔大小、间距和排列方式，具有更多的调节自由度改变波导色散，实现光纤色散特性的灵活调节；③高非线性，光子晶体光纤的有效模场面积可以降到更小，因而更容易获得极高的非线性，实际应用中可以使器件做得更加紧凑；④高双折射，PCF在堆积制作中通过精心地摆放相同外径、不同厚度的毛细管，更容易引入不对称性，实现保偏性能，获得较高的双折射特性。

(4) 介绍光子晶体光纤的后处理技术，包括拉锥、膨胀后拉锥、空气孔选择塌缩技术，光纤拉锥主要采用快速低温法，膨胀后拉锥采用低速高温法，空气孔选择塌缩技术可以根据需要塌缩不需要的空气孔，这三项技术构成了光子晶体光纤的后处理技术，通过该项技术人们可以获取任意想要的光子晶体光纤横截面结构，满足不同种类的需要。

(5) 概括当前光子晶体光纤在非线性光学、激光器、全光器件、参量放大器方面的应用，非线性光学方面，本书开展研究的超连续谱产生和四波混频效应产生；激光器方面可以设计制作大模场面积的增益介质；全光器件方面易于制作保偏光纤、波长转换器；由于色散特性非常易于控制，可作为参量放大器。

(6) 鉴于目前大量的传统光纤器件都是由普通光纤制成的，为了充分发挥光子晶体光纤的应用价值，需要研究光子晶体光纤和普通光纤以及光子晶体光纤之间的低损耗熔接，阐述了光子晶体光纤的熔接研究新进展，包括模场相近光子晶体光纤与普通光纤之间的熔接、模场相差较大的光子晶体光纤与普通光纤以及模场相差较大光子晶体光纤之间的熔接。

参考文献

[1] E. Yablonovitch. Inhibited spontaneous emission in solid-state physics and electronics [J]. Phys. Rev. Lett., 1987, 58: 2059-2062.

[2] S. John. Strong localization of photons in certain disordered dielectric superlattices [J]. Phys. Rev. Lett., 1987, 58: 2486-2489.

[3] 胡明列.飞秒激光脉冲在光子晶体光纤中传输特性的研究[D].天津:天津大学,2004.

[4] P. St. J. Russell. Photonic band-gap [J]. Phys. World, 1992, 5(8): 37-42.

[5] J. C. Knight, T. A. Birks, P. St. J. Russell, et al. All-silica single-mode optical fiber with photonic crystal cladding [J]. Opt. Lett., 1996, 21(19): 1547-1549.

[6] J. C. Knight. Photonic crystal fibers [J]. Nature, 2003, 424(6950): 847-851.

[7] P. St. J. Russell. Photonic crystal fibers [J]. Science, 2003, 299(5605): 358-362.

[8] Chunle Xiong. Nonlinearity in photonic crystal fibers [D]. Bath: University of Bath, 2008: 27.

[9] J. C. Knight, J. Arriaga, T. A. Birks, et al. Photonic band gap guidance in optical fibers [J]. Science, 1998, 282(5393): 1476-1478.

[10] T. A. Birks, J. C. Knight, and P. St. J. Russell. Endlessly single-mode photonic crystal fiber [J]. Opt. Lett, 1997, 22(13): 961-963.

[11] J. C. Knight, J. Arriaga, T. A. Birks, et al. Anomalous dispersion in photonic crystal fibers [J]. IEEE Photon. Technol. Lett., 2000, 12(7): 807-809.

[12] 李曙光,刘晓东,侯蓝田.光子晶体光纤色散补偿特性的数值研究[J].物理学报,2004,53(6):1880-1886.

[13] 栗岩峰,王清月,胡明列,等.光子晶体光纤色散的无量纲计算方法[J].物理学报,2004,53(5):1396-1400.

[14] H. Subbaraman, T. Ling, Y. Jiang, et al. Design of a broadband highly dispersive pure silica photonic crystal fiber [J]. Appl. Opt., 2007, 46(16): 3263-3268.

[15] Qinghao Ye, Chris Xu, Xiang Liu, et al. Dispersion measurement of tapered air—silica microstructure fiber by white-light interferometry [J]. Appl. Opt., 2002, 41(22): 4467-4470.

[16] N. G. R. Broderick, T. M. Monro, P. J. Bennett, et al. Nonliearity in holey optical fibers: measurement and future opportunities [J]. Opt. Lett., 1999, 24(20): 1395-1397.

[17] V. Finazzi, T. M. Monro, and D. J. Richardson. Small-core silica holey fibers: nonlinearity and confinement loss trade-offs [J]. J. Opt. Soc. Am. B, 2003, 20(7): 1427-1436.

[18] K. Saitoh and M. Koshiba. Highly nonlinear dispersion-flattened photonic crystal fibers for supercontinuum generation in a telecommunication window [J]. Opt. Express, 2004, 12(10): 2027-2032.

[19] A. Ortigosa-Blanch, J. C. Knight, W. J. Wadsworth et al. Highly birefringent photonic crystal fibers [J]. Opt. Lett., 2000, 25(18): 1325-1327.

[20] T. P. Hansen, J. Broeng, S. E. B. Libori et al. Highly birefringent index-guiding photonic crystal fibers [J]. IEEE Photon. Technol. Lett., 2001, 13(6): 588-590.

[21] H. Choi, C. Kee, K. Hong. Dispersion and birefringence of irregularly microstructured fiber with an elliptic core [J]. Applide physics, 2007, 46(35): 8493-8498.

[22] N. Nishizawa, Y. Ito, T. Goto. Wavelength-tunable femtosecond soliton pulse generation for wavelengths of 0.78～1.0 μm using photonic crystal fibers and a ultrashort fiber laser [J]. J. Appl. Phys., 2003, 42 (Part 1, 2A): 449-452.

[23] W. Gobel, A. Nimmerjahn, F. Helmchen. Distortion-free delivery of nanojoule femtosecond pulses from a Ti: sapphire laser through a hollow-core photonic crystal fiber [J]. Opt. Lett., 2004, 29(11): 1285-1287.

[24] K. S. Abedin, F. Kubota. Widely tunable femtosecond soliton pulse generation at a 10-GHz repetition rate by use of the soliton self-frequency shift in photonic crystal fiber [J]. Opt. Lett., 2003, 28(19): 1760-1762.

[25] G. Pickrell, W. Peng, A. Wang. Random-hole optical fiber evanescent-wave gas sensing [J]. Opt. Lett., 2004, 29(13): 1476-1478.

[26] Y. L. Hoo, W. Jin, H. L. Ho et al. Evanescent-wave gas sensing using microstructure fiber [J]. Opt. Eng., 2002, 41(1): 8-9.

[27] Y. L. Hoo, W. Jin, C. Z. Shi et al. Design andmodeling of a photonic crystal fiber gas sensor [J]. Appl. Opt., 2003, 42(18): 3509-3515.

[28] L. Michaille, C. R. Bennett, D. M. Taylor et al. Phase locking and supermode selection in multicore photonic crystal fiber lasers with a large doped area [J]. Opt. Lett., 2005, 30(13): 1668-1670.

[29] A. Marl, J. V. Moloney. Phase locking in a passive multicore photonic crystal fiber [J]. J. Opt. Soc. Am. B, 2004, 21(5): 897-902.

[30] P. Steinvurzel, B. J. Eggleton, C. M. de Sterke et al. Continuously tunable bandpass filtering using high-index inclusion microstructured optical fibre [J]. Electron. Lett., 2005, 41(8): 463-464.

[31] C. Kerbage, M. Sumetsky, B. J. Eggleton. Polarisation tuning by micro-fluidic m otion in air-silica m icrostructured optical fibre [J]. Electron. Lett., 2002, 38(18): 1015-1017.

[32] C. Kerbage, P . Steinvurzel, A. Hale et al. Microstructured optical fibre with tunable birefringence [J]. Electron. Lett., 2002, 38(7): 310-312.

[33] F. G. Omenetto, A. J. Taylor, M. D. Moores el al. Simultaneous generation of spectrally distinct third harmonics in a photonic crystal fiber [J]. Opt. Lett., 2001, 26(15): 1158-1160.

[34] F. G. Omenetto, A. Efimov, A. J. Taylor el al. Polarization dependent harmonic generation in mierostructured fibers [J]. Opt. Express., 2003, 11(1): 61-67.

[35] A. Efimov, A. J. Taylor, F. G. Omenetto el al. Phase-matched third harmonic generation in microstructured fibers [J]. Opt. Express., 2003, 11(20): 2567-2576.

[36] K. Furusawa, A. Malinowski, J. H. V. Price et al. Cladding pumped ytterbium-doped fiber laser with holey inner and outer cladding [J]. Opt. Express., 2001, 9(13): 714-720.

[37] J. Limpert, N. D. Robin, I. Manek-Honninger et al. High-power rod-type photonic crystal fiber laser [J]. Opt. Express., 2005, 13(4): 1055-1058.

[38] J. Limpert, T. Schreiber, A. Liem et al. Thermo-optical properties of air-clad photonic crystal fiber lasers in high power operation [J]. Opt. Express., 2003, 11(22): 2982-2990.

[39] J. Limpert, T. Schreiber, S. Nolte et al. High-power airclad large-mode-area photonic crystal fiber laser [J]. Opt. Express., 2003, 11(7): 818-823.

[40] D. Mogilevtsev, T. A. Birks and P. St. J. Russell. Localized Function Method for Modeling Defect Modes in 2-D Photonic Crystals [J]. Journal of Lightwave Technology., 1999, 17(11):

2078-2081.

[41] A. Ferrando, E. Silvestre, J. J. Miret, P. Andrés, and M. V. Andrés, Full-vector analysis of a realistic photonic crystal fiber [J]. Opt. Lett., 1999, 24(5): 276-278.

[42] Tanya M. Monro, D. J. Richardson, N. G. R. Broderick, and P. J. Bennett. Modeling Large Air Fraction Holey Optical Fibers [J]. J. Lightwave Technol., 2000, 18(1): 50-56.

[43] T. P. White, B. T. Kuhlmey, R. C. McPhedran, D. Maystre, G. Renversez, C. Martijn de Sterke and L. C. Botten, Multipole method for microstructured optical fibers. Ⅰ. Formulation [J]. J. Opt. Soc. Am. B. 2002, 19(10): 2322-2330.

[44] Boris T. Kuhlmey, T. P. White, G. Renversez, Daniel Maystre, L. C. Botten, C. Martijn de Sterke, Ross C. McPhedran, Multipole method for microstructured optical fibers. Ⅱ. Implementation and results [J]. J. Opt. Soc. Am. B., 2002, 19(10): 2331-2340.

[45] Zhaoming Zhu and Thomas G. Brown. Full-vectorial finite-difference analysis of microstructured optical fibers [J]. Opt. Express., 2002, 10(17): 853-864.

[46] Shangping Guo, Feng Wu, Sacharia Albin, Hsiang Tai, and Robert Rogowski. Loss and dispersion analysis of microstructured fibers by finite-difference method [J]. Opt. Express., 2004, 12(15): 3341-3352.

[47] P. Kowalczyk, M. Wiktor, and M. Mrozowski. Efficient finite difference analysis of microstructured optical fibers [J]. Opt. Express., 2005, 13(25): 10349-10359.

[48] Kunimasa Saitoh and Masanori Koshiba. Empirical relations for simple design of photonic crystal fibers [J]. Opt. Express., 2004, 13(1): 267-274.

[49] M. Koshiba and K. Saitoh. Structural dependence of effective area and mode field diameter for holey fibers [J]. Opt. Express., 2003, 11(15): 1746-1756.

[50] D. Ferrarini, Luca Vincetti, M. Zoboli, A. Cucinotta, and S. Selleri. Leakage properties of photonic crystal fibers [J]. Opt. Express., 2002, 10(23): 1314-1319.

[51] Emmanuel Kerrinckx, Laurent Bigot, Marc Douay, and Yves Quiquempois. Photonic crystal fiber design by means of a genetic algorithm [J]. Opt. Express., 2004, 12(9): 1990-1995.

[52] 苑金辉. 光子晶体光纤特性及其应用的研究[D]. 北京:北京邮电大学,2011,16.

[53] V. V. R. K. Kumar, A. K. George, W. H. Reeves, et al. Extruded soft glass photonic crystal fiber for ultrabroad supercontinuum generation [J]. Opt. Express, 2002, 110(25): 1520-1525.

[54] M. A. van Eijkelenborg, M. C. J. Largel, A. Argyros, et al. Microstructured polymer optical fiber [J]. Opt. Express, 2001, 9(7): 319-327.

[55] X. Feng, A. K. Mairaj, D. W. Hewak, et al. Nonsilica Glasses for holey fibers [J]. J. Lightw. Technol., 2005, 23(6): 2046-2054.

[56] 季家镕,冯莹. 高等光学教程:非线性光学与导波光学[M]. 北京:科学出版社,2008:5-8.

[57] T. M. Monro, P. J. Bennett, N. G. R. Broderick et al. Holey fibers with random cladding distributions [J]. Opt. Lett. 2000, 25(4): 206-208.

[58] B. Temelkuran, S. D. Hart, G. Benoit et al. Wavelength-scalable hollow optical fibres with large photonic bandgaps for CO_2 laser transmission [J]. Nature, 2002, 420(6916): 650-653.

[59] A. Argyros, I. M. Bassett, M. A. van Eijkelenborg et al. Analysis of ring-structured Bragg fibres for single TE mode guidance [J]. Opt. Exrpress. , 2004, 12(12): 2688-2698.

[60] F. Benabid, J. C. Knight, G. Antonopoulos et al. Stimulated Raman scattering in hydrogen-filled hollow-core photonic crystal fiber [J]. Science, 2002, 298(5592): 399-402.

[61] 彭杨. 表面等离子体共振技术及其在光子晶体光纤传感中的应用研究[D]. 长沙:国防科技大学,2012,12.

[62] 阿戈沃(G. P. Agrawal). 非线性光纤光学原理及应用(第二版)[M]. 贾东方,余震虹,等译. 北京:电子工业出版社,2010:6.

[63] D. Marcuse. Light transmission optics [M]. New York: Van Nostrand Reinhold. 1982: 8-12.

[64] M. J. Adams. An Introduction to Optical Waveguides [M]. New York: Wiley, 1981.

[65] L. G. Cohen. Comparison of single-mode fiber dispersion measurement techniques [J]. IEEE J. Lightwave. Technol. , 1985, 3: 958-966.

[66] I. H. Malitson. Interspecimen comparison of the refractive index of fused silica [J]. J. Opt. Soc. Am. , 1965, 55: 1205-1208.

[67] G. P. Agrawal and M. J. Potasek. Nonlinear pulse distortion in single-mode optical fibers at the zero-dispersion wavelength [J]. Phys. Rev. A. , 1986, 33: 1765-1776.

[68] B. J. Ainslie and C. R. Day. A review of single-mode fibers with modified dispersion characteristics [J]. J. Lightwave Technol. , 1986, 4: 967-979.

[69] J. K. Ranka, R. S. Windeler and A. J. Stentz. Visible continuum generation in air-silica microstructure optical fibers with anomalous dispersion at 800 nm [J]. Opt. Lett. , 2000, 25: 25-27.

[70] T. A. Birks, W. J. Wadsworth and P. St. J. Russell. Supercontinuum generation in tapered fibers [J]. Opt. Lett. , 2000, 25: 1415-1417.

[71] 陈子伦,侯静,姜宗福. 光子晶体光纤的后处理技术[J]. 激光与光电子学进展. 2010,47(020602):1-7.

[72] 王彦斌,陈子伦,侯静,陆启生,梁冬明,张斌,彭杨,刘晓明. 光子晶体光纤模场直径增加方法[J]. 强激光与粒子束,2010,7:1491-1494.

[73] A. Fellegara, M. Artiglia, S. B. Andereasen, et al. COST 241 intercomparison of nonlinear refractive index measurements in dispersion shifted optical fibres at λ=1 550 nm [J]. Electron.

Lett.，1997，33(13)：1168-1170.

[74] V. Finazzi，T. M. Monro and D. J. Richardson. The Role of Confinement Loss in Highly Nonlinear Silica Holey Fibers [J]. IEEE Photon. Technol. Lett.，2003，15：1246-1248.

[75] M. A. Newhouse，D. L. Weidman，and D. W. Hall. Enhanced-nonlinearity single-mode lead silicate optical fiber [J]. Opt. Lett.，1990，15：1185-1187.

[76] Dong-Il Yeom，Eric C. M? gi，Michael R. E. Lamont，Benjamin J. Eggleton. Low-threshold supercontinuum generation in highly nonlinear chalcogenide nanowires [J]. Opt. Lett.，2008，33：660-662.

[77] M. R. E. Lamont，B. Luther-Davies，D. Y. Choi，S. Madden，and B. J. Eggleton. Supercontinuum generation in dispersion engineered highly nonlinear ($\gamma = 10/W/m$) As2S3 chalcogenide planar waveguide [J]. Opt. Express.，2008，16：14938-14944.

[78] A. Kudlinski，G. Bouwmans，O. Vanvincq，et al. White-light cw-pumped supercontinuum generation in highly GeO2-doped-core photonic crystal fibers [J]. Opt. Lett.，2009，34(23)：3631-3633.

[79] X. Feng，A. K. Mairaj，D. W. Hewak，and T. M. Monro. Nonsilica Glasses for Holey Fibers [J]. IEEE J. Lightwave Technol.，2005，23：2046-2054.

[80] R. B. Dyott. Elliptical Fiber Waveguides [M]. Boston：Artec House，1995，80.

[81] I. P. Kaminow. Polarization in optical fibers [J]. IEEE J. Quantum Electronics.，1981，17：15-22.

[82] D. N. Payne，A. J. Barlow，and J. J. R. Hansen. Development of low- and high-birefringence optical fibers [J]. IEEE J. Quantum Electron.，1982，18：477-488.

[83] K. Tajima，M. Ohashi，and Y. Sasaki. A new single-polarization optical fiber [J]. IEEE J. Lightwave Technology，1989，7：1499-1503.

[84] M. J. Messerly，J. R. Onstott，and R. C. Mikkelson. A broad-band single polarization optical fiber [J]. J. Lightwave Technol.，1991，9：817-820.

[85] M. Lehtonen，G. Genty，and H. Ludvigsen，M. Kaivola. Supercontinuum generation in a highly birefringent microstructured fiber [J]. Appl. Phys. Lett.，2003，82(14)：2197-2199.

[86] A. Ortigosa-Blanch，J. C. Knight，W. J. Wadsworth，J. Arriaga，B. J. Man-gan，T. A. Birks，and P. St. J. Russell. Highly birefringent photonic crystal fibers [J]. Opt. Lett.，2000，25：1325-1327.

[87] K. Suzuki，H. Kubota，S. Kawanishi，M. Tanaka and M. Fujita. Optical properties of a low-loss polarization-maintaining photonic crystal fiber [J]. Opt. Express.，2001，9(13)：676-680.

[88] T. A. Birks，G. Kakarantzas，P. SU. Russell et al. Photonic crystal fibre devices [C]. SPIE，2002，4943：142-151.

[89] K. Lai, S. G. Leon-Saval, A. Witkowska et al. Wavelength independent all-fiber mode converters [J]. Opt. Lett., 2007, 32(4): 328-330.

[90] A. Witkowskal, S. G. Leon-Savall, A. Pham1 et al. All-fibre LP11 mode convertors [J]. Opt. Lett., 2008, 33(4): 306-308.

[91] Wadsworth W J, Witkowska A, Leon-Saval S G, et al. Hole inflation and tapering of stock photonic crystal fibres [J]. Optics Express. 2005, 13(17): 6541-6549.

[92] Roy S, Mondal K, Roy Chaudhuri P. Modeling the tapering effects of fabricated photonic crystal fibers and tailoring birefringence, dispersion, and supercontinuum generation properties [J]. Applied Optics. 2009, 48(31): G106-G113.

[93] 陈海寰.拉锥与级联光子晶体光纤的超连续谱产生[D].长沙:国防科技大学,2012,11.

[94] 陈子伦.光纤激光器的相互注入锁定和光子晶体光纤的后处理技术研究[D].湖南长沙:国防科学技术大学,2009.

[95] G. Kakarantzas, B. J. Mangan, T. A. Birks, J. C. Knight and P. St. J. Russell, Directional coupling in a twin-core photonic crystal fiber using heat treatment [C]. Proc. of Conference on Lasers & Electro-Optics (CLEO'01, Baltimore, Maryland), 2001, 599-600.

[96] G. Kakarantzas, T. A. Birks and P. St. J. Russell, Structural long-period gratings in photonic crystal fibers [J]. Opt. Lett. 2002, 27: 1013-1015.

[97] D. Tabor. Gases, Liquids and Solids [M]. Harmondsworth UK: Penguin Books, 1969, 28.

[98] W. D. Kingery. Surface tension of some liquid oxides and their temperature coefficients [J]. J. Am. Ceramic Soc. 1959, 42(1): 6-10.

[99] Love J D. Spot size, adiabaticity and diffraction in tapered fibres [J]. Electronics Letters. 1987, 23(19): 993-994.

[100] A. Witkowska, K. Lai, S. G. Leon-Saval, W. J. Wadsworth, and T. A. Birks. All-fiber anamorphic core-shape transitions [J]. Opt. Lett. 2006, 31(18): 2672-2674.

[101] P. Russell. Photonic-crystal fibers [J]. J. Lightw. Technol., 2006, 24(12): 4729-4749.

[102] Stéphane Coen, Alvin Hing Lun Chau, Rainer Leonhardt and John D. Harvey. White-light supercontinuum generation with 60-ps pump pulses in a photonic crystal fiber [J]. Opt. Lett., 2001, 26: 1356-1358.

[103] 苑金辉.光子晶体光纤特性及其应用的研究[D].北京:北京邮电大学,2011.

[104] J. Limpert, A. Liem, M. Reich, et al. Low-nonlinearity single-transverse-mode ytterbium-doped photonic crystal fiber amplifier [J]. Opt. Express., 2004, 12(7): 1313-1319.

[105] J. Limpert, O. Schmidt, J. Rothhardt, et al. Extended single-mode photonic crystal fiber lasers [J]. Opt. Express., 2006, 14(7): 2715-2720.

[106] T. Südmeyer, F. Brunner, E. Innerhofer, et al. Nonlinear femtosecond pulse compression at

high average power levels by use of a large-mode-area holey fiber [J]. Opt. Lett., 2003, 28(20): 1951-1953.

[107] K. S. Abedin and F. Kubota. 10 GHz, 1Ps Regeneratively modelocked fiber laser incorporating highly nonlinear and dispersive photonic crystal fiber for intracavity nonlinear pulse compression [J]. Electron. Lett., 2004, 40(1): 58-59.

[108] 王伟. 色散平坦微结构光纤理论设计及四波混频特性的研究[D]. 秦皇岛:燕山大学博士论文,2010.

[109] 王秋国. 光子晶体光纤参量放大器与超连续光源理论与实验研究[D]. 北京:北京邮电大学,2009.

[110] W. H. Reeves, D. V. Skryabin, F. Biancalana, et al. Transformation and control of ultra-short pulses in dispersion-engineered photonic crystal fibers [J]. Nature, 2003, 424(6948): 511-515.

[111] J. D. Harvey, R. Leonhardt, K. G. L. Wong, et al. Scalar modulational instability in the normal dispersion regime using a PCF [J]. Opt. Lett., 2003, 28(22): 2225-2227.

[112] Y. Deng, Q. Lin, F. Lu, et al. Broadly tuable femtosecond parametric oscillator using a photonic crystal fiber [J]. Opt. Lett., 2005, 30(10): 1234-1236.

[113] P. Dainese, G. S. Wiederhecker, A. A. Rieznik, et al. Designing fiber dispersion for broadband parametric amplifiers [C]. International Microwave and Optoelectronics Conference (IMOC'05), 2005.

[114] J. Y. Wang, M. Y. Gao, C. Jiang, et al. Design and parametric amplification analysis of dispersion-flatted photonic crystal fibers [J]. Chin. Opt. Lett., 2005, 3(7): 380-382.

[115] A. Y. H. Chen, G. K. L. Wong, S. G. Murdoch, et al. Widely tunable optical parametric generation in a photonic crystal fiber [J]. Opt. Lett., 2005, 30(7): 762-764.

[116] Joo Hin Chong and M. K. Rao Development of a system for laser splicing photonic crystal fiber [J]. Opt. Express 2003, 11(12): 1366-1371.

[117] A. D. Yablon and R. T. Bise, Low-loss high-strength microstructured fiber fusion splices using GRIN fiber lenses [J]. IEEE Photon. Technol. Lett., 2005, 17(1): 118-120.

[118] J. H. Chong, M. K. Rao, Y. Zhu, and P. Shum, An effective splicing method on photonic crystal fiber using CO_2 laser [J]. IEEE Photon. Technol. Lett., 2003, 15(7): 942-944.

[119] O. Frazão, J. P. Carvalho, and H. M. Salgado, Low-Loss Splice in a Microstructured Fibre Using a Conventional Fusion Splicer [J]. Microwave and optical technoligy letters, 2005, 46(2): 105-109.

[120] L. Xiao, W. Jin, and M. S. Demokan, Fusion splicing small-core photonic crystal fibers and single-mode fibers by repeated arc discharges [J]. Opt. Lett. 2007, 32: 115-117.

第 3 章　超连续谱产生的理论基础

脉冲光或者连续光在光纤中的传输满足广义非线性薛定谔方程，因此理论研究光子晶体光纤中超连续谱的形成过程，就需要对该方程进行详细求解。本章首先从最原始的光纤中麦克斯韦方程组出发，推导广义非线性薛定谔方程；其次，介绍该方程的常用求解方法——分步傅立叶法，主要包括该方法的实现原理和时域步长的设置；然后概括超连续谱产生涉及的一些非线性效应，主要包括自相位调制、交叉相位调制、调制不稳定性、受激拉曼散射、高阶孤子分解，最后是本章研究内容的梳理和小结。

3.1　广义非线性薛定谔方程

广义非线性薛定谔方程是一个包含色散效应、非线性效应和材料损耗的关于电场复振幅的偏微分方程[1]。通过求解该方程，可以观察脉冲光或者连续光在时域或频域中演化的过程，为模拟超连续谱的产生提供理论基础。因此，本节从光纤中的麦克斯韦方程组出发来推导广义非线性薛定谔方程。

3.1.1　理论出发点——光纤中的麦克斯韦方程组

与所有的电磁现象一样，光波在光纤中的传输同样服从麦克斯韦方程组：

$$\nabla \times \boldsymbol{E} = \frac{-\partial \boldsymbol{B}}{\partial t} \tag{3.1}$$

$$\nabla \times \boldsymbol{H} = \frac{\partial \boldsymbol{D}}{\partial t} \tag{3.2}$$

$$\nabla \cdot \boldsymbol{D} = 0 \tag{3.3}$$

$$\nabla \cdot \boldsymbol{B} = 0 \tag{3.4}$$

式中，$\boldsymbol{E}$、$\boldsymbol{D}$、$\boldsymbol{H}$、$\boldsymbol{B}$ 分别为光纤中的电场强度、电位移矢量、磁场强度和磁感应强度。而 $\boldsymbol{D}$ 与 $\boldsymbol{E}$ 的关系以及 $\boldsymbol{B}$ 与 $\boldsymbol{H}$ 的关系可以通过下列物质关系来表达：

$$\boldsymbol{D} = \varepsilon_0 \boldsymbol{E} + \boldsymbol{P} \tag{3.5}$$

$$\boldsymbol{B} = \mu_0 \boldsymbol{H} + \boldsymbol{M} \tag{3.6}$$

式中，ε_0 是真空中的介电常数，μ_0 是真空中的磁导率，$\boldsymbol{P}$ 和 $\boldsymbol{M}$ 分别是电极化强度(electric polarization intensity，EPI)和磁极化强度。因为光纤是非磁介质，所以 $\boldsymbol{M}=0$。式(3.1)～(3.6)给出了 $\boldsymbol{E}$、$\boldsymbol{D}$、$\boldsymbol{H}$、$\boldsymbol{B}$ 之间的相互关系，但是要求出光波在光纤中的传播规律，需要给出 $\boldsymbol{E}$ 或 $\boldsymbol{H}$ 随时间和空间的变化关系。为此，对式(3.1)求旋度并化简得：

$$\nabla \times \nabla \times \boldsymbol{E} = -\frac{1}{c^2}\frac{\partial^2(\boldsymbol{E})}{\partial t^2} - \mu_0 \frac{\partial^2 \boldsymbol{P}}{\partial t^2} \tag{3.7}$$

要求解此方程还需要知道 $\boldsymbol{P}$ 和 $\boldsymbol{E}$ 之间的关系。而它们之间的关系可以分两种情况来考虑：当光频率与介质共振频率接近时，$\boldsymbol{P}$ 的计算需要采用量子力学的方法；当远离介质的共振频率时，比如本书关注的 0.4～2 μm 波段，$\boldsymbol{P}$ 和 $\boldsymbol{E}$ 的唯象关系为：

$$\boldsymbol{P} = \varepsilon_0(\chi^{(1)} \cdot \boldsymbol{E} + \chi^{(2)} \cdot \boldsymbol{EE} + \chi^{(3)} \cdot \boldsymbol{EEE} + \cdots) \tag{3.8}$$

基于 SiO_2 的材料是反演对称，因此偶次极化率引起的非线性效应可以略去，一般考虑非线性极化率到 $\chi^{(3)}$，则极化强度 $\boldsymbol{P}$ 可改写为：

$$\begin{aligned}\boldsymbol{P}(\boldsymbol{r},t) &= \varepsilon_0(\chi^{(1)} \cdot \boldsymbol{E} + \chi^{(3)} \cdot \boldsymbol{EEE}) \\ &= \boldsymbol{P}_{\mathrm{L}}(\boldsymbol{r},t) + \boldsymbol{P}_{\mathrm{NL}}(\boldsymbol{r},t)\end{aligned} \tag{3.9}$$

式中，$\boldsymbol{P}_{\mathrm{L}}(\boldsymbol{r},t)$ 和 $\boldsymbol{P}_{\mathrm{NL}}(\boldsymbol{r},t)$ 分别为电极化强度的线性部分和非线性部分，它们与 $\boldsymbol{E}$ 的普适关系是：

$$\boldsymbol{P}_{\mathrm{L}}(\boldsymbol{r},t) = \varepsilon_0 \int_{-\infty}^{t} \chi^{(1)}(t-t') \cdot \boldsymbol{E}(\boldsymbol{r},t')\mathrm{d}t' \tag{3.10}$$

$$\begin{aligned}\boldsymbol{P}_{\mathrm{NL}}(\boldsymbol{r},t) = {}&\varepsilon_0 \int_{-\infty}^{t}\mathrm{d}t_1 \int_{-\infty}^{t_1}\mathrm{d}t_2 \int_{-\infty}^{t_2}\mathrm{d}t_3 \times \chi^{(3)}(t-t_1, t-t_2, t-t_3) \vdots \\ &\boldsymbol{E}(\boldsymbol{r},t_1)\boldsymbol{E}(\boldsymbol{r},t_2)\boldsymbol{E}(\boldsymbol{r},t_3)\end{aligned} \tag{3.11}$$

这样，方程(3.7)和(3.9)就给出了处理光纤中三阶非线性效应的一般公式。

3.1.2　亥姆霍兹方程

由于式(3.7)的直接求解极其复杂，需要进行如下简化处理：

(1) 因为石英光纤中的非线性效应非常弱，因而可以把式(3.9)中的 $\boldsymbol{P}_{\mathrm{NL}}(\boldsymbol{r},t)$ 处理成 $\boldsymbol{P}_{\mathrm{L}}(\boldsymbol{r},t)$ 的微扰。

(2) 假定光场沿光纤纵向偏振态不变，虽然事实稍有偏差，但是这种近似是可以接受的。

(3) 假定光场是准单色的，即对于中心频率为 ω_0 的频谱，其谱宽为 $\Delta\omega$，且满足

$\Delta\omega/\omega_0 \ll 1$，因为 ω_0 约为 10^{15} Hz，所以严格说这个假定只有脉宽 $\tau_0 \geqslant 0.1$ ps 才是成立的。

以上三个假设条件成立的情况下，电场满足慢变包络近似。在慢变包络近似下电场的快变部分与慢变部分可分开写为

$$\boldsymbol{E}(\boldsymbol{r},t) = \frac{1}{2}\hat{x}\left[E(\boldsymbol{r},t)\exp(-i\omega_0 t) + c.c.\right] \tag{3.12}$$

式中，$\hat{x}$ 是假定沿 x 方向偏振光的单位偏振矢量，$E(\boldsymbol{r},t)$ 为时间的慢变函数（相对于光周期）。类似地

$$\boldsymbol{P}_{\mathrm{L}}(\boldsymbol{r},t) = \frac{1}{2}\hat{x}\left[P_{\mathrm{L}}(\boldsymbol{r},t)\exp(-i\omega_0 t) + c.c.\right] \tag{3.13}$$

$$\boldsymbol{P}_{\mathrm{NL}}(\boldsymbol{r},t) = \frac{1}{2}\hat{x}\left[P_{\mathrm{NL}}(\boldsymbol{r},t)\exp(-i\omega_0 t) + c.c.\right] \tag{3.14}$$

线性极化分量 $P_{\mathrm{L}}(\boldsymbol{r},t)$ 可以通过将式(3.12)、(3.13)代入式(3.10)得到：

$$P_{\mathrm{L}}(\boldsymbol{r},t) = \varepsilon_0\int_{-\infty}^{\infty}\chi_{xx}^{(1)}(t-t')\cdot E(\boldsymbol{r},t')\exp(i\omega_0(t-t'))]\mathrm{d}t' \tag{3.15}$$

将式(3.12)、(3.14)代入式(3.11)可以得到非线性极化分量 $P_{\mathrm{NL}}(\boldsymbol{r},t)$，假定非线性效应是瞬时的，式(3.11)中 $\chi^{(3)}$ 的时间关系可由三个 $\delta(t)$ 函数的乘积表示，则式(3.11)改为：

$$P_{\mathrm{NL}}(\boldsymbol{r},t) = \varepsilon_0\chi^{(3)} \vdots \boldsymbol{E}(\boldsymbol{r},t)\boldsymbol{E}(\boldsymbol{r},t)\boldsymbol{E}(\boldsymbol{r},t) \tag{3.16}$$

瞬时非线性效应的假定，相当于忽略了分子振动对 $\chi^{(3)}$ 的影响（比如拉曼效应），实际上电子和原子核对光场的响应都是有驰豫时间的。对于石英光纤来说，振动和拉曼响应在 60～70 fs 时间量级，因此式(3.16)对于脉宽大于 1 ps 的脉冲是有效的，而对于脉宽小于 1 ps 的脉冲需要考虑延时拉曼等非线性效应，以后会看到。

将式(3.12)代入式(3.16)可得

$$P_{\mathrm{NL}}(\boldsymbol{r},t) \approx \varepsilon_0\varepsilon_{\mathrm{NL}}E(\boldsymbol{r},t) \tag{3.17}$$

式中，$\varepsilon_{\mathrm{NL}}$ 为介电常数的非线性部分，有

$$\varepsilon_{\mathrm{NL}} = \frac{3}{4}\chi_{xxxx}^{(3)} \mid E(\boldsymbol{r},t) \mid^2 \tag{3.18}$$

这样就得到了 $P_{\mathrm{L}}(\boldsymbol{r},t)$ 和 $P_{\mathrm{NL}}(\boldsymbol{r},t)$ 关于 $E(\boldsymbol{r},t)$ 的函数，代入式(3.7)得

$$\begin{aligned}\nabla\times\nabla\times E &= -\frac{1}{c^2}(1+\chi^{(1)}(t)+\varepsilon_{\mathrm{NL}})\frac{\partial^2(E)}{\partial t^2}\\ &= -\frac{\varepsilon(t)}{c^2}\frac{\partial^2(E)}{\partial t^2}\end{aligned} \tag{3.19}$$

变换到频域中为

$$\nabla\times\nabla\times E(\boldsymbol{r},\omega) = \frac{\omega^2\varepsilon(\omega)}{c^2}E(r,\omega)$$

$$=\varepsilon(\omega)k_0^2E(\boldsymbol{r},\omega) \tag{3.20}$$

其中，$\varepsilon(\omega)$是与频率有关的介电常数，定义为

$$\varepsilon(\omega)=1+\chi^{(1)}(\omega)+\varepsilon_{NL} \tag{3.21}$$

因为 $\chi^{(1)}(t)$的傅立叶变换 $\chi^{(1)}(\omega)$是复数，所以 $\varepsilon(\omega)$也是复数，并且它的实部和虚部分别与折射率 $n(\omega)$和吸收系数 $\alpha(\omega)$有关，且定义为

$$\varepsilon(w)=(n+i\alpha c/2\omega)^2 \tag{3.22}$$

可见由于 ε_{NL}的作用，$n(\omega)$和 $\alpha(\omega)$都变成与光强有关的函数，分别定义为

$$\begin{aligned} n &= n_1+n_2\mid E\mid^2 \\ \alpha &= \alpha_1+\alpha_2\mid E\mid^2 \end{aligned} \tag{3.23}$$

联立式(3.21)、(3.22)和式(3.23)可得线性折射率 n_1、非线性折射率系数 n_2、线性吸收系数 α_1 和双光子吸收系数 α_2：

$$\begin{aligned} n_1 &= 1+\frac{1}{2}\mathrm{Re}[\chi^{(1)}] \\ n_2 &= \frac{3}{8n}\mathrm{Re}[\chi^{(3)}_{xxxx}] \end{aligned} \tag{3.24}$$

$$\begin{aligned} \alpha_1 &= \frac{w}{nc}Im[\chi^{(1)}] \\ \alpha_2 &= \frac{3w_0}{4nc}Im[\chi^{(3)}_{xxxx}] \end{aligned} \tag{3.25}$$

在各向同性均匀介质中，$\varepsilon(\omega)$与空间坐标无关，因此$\nabla\cdot D=\varepsilon\nabla\cdot E=0$，故

$$\begin{aligned} \nabla\times\nabla\times E &= \nabla(\nabla\cdot E)-\nabla^2E \\ &= -\nabla^2E \end{aligned} \tag{3.26}$$

所以式(3.20)可以转换为亥姆霍兹方程：

$$\nabla^2E+\frac{\omega^2\varepsilon(\omega)}{c^2}E(r,\omega)=0 \tag{3.27}$$

该方程可以用来求解光纤模式。

3.1.3　分离变量法

亥姆霍兹方程可通过分离变量法(separation of variable method，SVM)来求解，假设解的形式为

$$E(r,\omega-\omega_0)=F(x,y)A(z,\omega-\omega_0)\exp(i\beta_0z) \tag{3.28}$$

代入式(3.27)可得下面两个方程：

$$\frac{\partial^2 F}{\partial x^2}+\frac{\partial^2 F}{\partial y^2}+[\varepsilon(\omega)k_0^2-\tilde{\beta}^2]F=0 \tag{3.29}$$

$$2i\beta_0\frac{\partial A}{\partial z}+(\tilde{\beta}^2-\beta_0^2)A=0 \tag{3.30}$$

在推导过程中，由于采用了慢变振幅近似，二阶导数$\frac{\partial^2 A}{\partial z^2}$可以忽略。波数 $\tilde{\beta}$ 可以通过求解模式本征值方程来得到，式中的介电常数 $\varepsilon(\omega)$ 可由下式近似：

$$\begin{aligned}\varepsilon(\omega)&=(n+\Delta n)^2\\&\approx n^2+2n\Delta n\end{aligned} \tag{3.31}$$

式中，Δn 是个小微扰，由下式给出：

$$\Delta n=n_2\mid E\mid^2+\frac{i\alpha}{2k_0} \tag{3.32}$$

模式分布 $F(x,y)$ 可以采用一阶微扰理论求解式(3.29)来获得。在一阶微扰理论中，Δn 不影响模式分布，但是会影响本征值 $\tilde{\beta}$：

$$\tilde{\beta}=\beta(\omega)+\Delta\beta(\omega) \tag{3.33}$$

式中，

$$\Delta\beta(\omega)=\frac{\omega^2 n(\omega)}{c^2\beta(\omega)}\frac{\iint_{-\infty}^{\infty}\Delta n(\omega)\mid F(x,y)\mid^2\mathrm{d}x\mathrm{d}y}{\iint_{-\infty}^{\infty}\mid F(x,y)\mid^2\mathrm{d}x\mathrm{d}y} \tag{3.34}$$

利用式(3.12)和(3.28)电场的形式可以完整写为

$$\boldsymbol{E}(\boldsymbol{r},t)=\frac{1}{2}\hat{x}\{F(x,y)A(z,t)\exp[i(\beta_0 z-\omega_0 t)]+c.c\} \tag{3.35}$$

其中，$A(z,t)$ 的傅立叶变换 $A(z,\omega-\omega_0)$ 满足式(3.30)，式(3.30)可近似为：

$$\frac{\partial A}{\partial z}=i[\beta(\omega)+\Delta\beta(\omega)-\beta_0]A \tag{3.36}$$

由于 $\beta(\omega)$ 的准确形式难以求解，一般采取在 ω_0 处展开成泰勒级数的方法：

$$\beta(\omega)=\beta_0+\beta_1(\omega-\omega_0)+\frac{1}{2}\beta_2(\omega-\omega_0)^2+\frac{1}{6}\beta_3(\omega-\omega_0)^3+\cdots \tag{3.37}$$

式中，各阶系数为

$$\beta_n=\left[\frac{d^n\beta}{d\omega^n}\right]_{\omega=\omega_0}\quad(n=1,2\cdots) \tag{3.38}$$

对于 $\Delta\beta(\omega)$ 有相似的展开：

$$\Delta\beta(\omega)=\Delta\beta_0+(\omega-\omega_0)\Delta\beta_1+\frac{1}{2}(\omega-\omega_0)^2\Delta\beta_2+\cdots \tag{3.39}$$

由于推导中采用了准单色近似 $\Delta\omega \ll \omega_0$，所以展开式中三阶以上的项可以忽略。将式(3.37)代入式(3.36)中得

$$\frac{\partial A}{\partial z}=i\left[\beta_1(\omega-\omega_0)+\frac{1}{2}\beta_2(\omega-\omega_0)^2\right]A+i\Delta\beta A \tag{3.40}$$

利用逆傅立叶变换：

$$A(z,t)=\frac{1}{2\pi}\int_{-\infty}^{\infty}A(z,\omega-\omega_0)\exp[-i(\omega-\omega_0)t]d\omega \tag{3.41}$$

采用 $i(\partial/\partial t)$ 替代 $\omega-\omega_0$，式(3.40)可变为

$$\frac{\partial A}{\partial z}+\beta_1\frac{\partial A}{\partial t}+\frac{i\beta_2}{2}\frac{\partial^2 A}{\partial t^2}=i\Delta\beta A \tag{3.42}$$

式中，$\Delta\beta$ 由式(3.32)和式(3.34)解出，它包含了光纤损耗和非线性效应，代入 $\Delta\beta$ 得：

$$\frac{\partial A}{\partial z}+\beta_1\frac{\partial A}{\partial t}+\frac{i\beta_2}{2}\frac{\partial^2 A}{\partial t^2}+\frac{\alpha}{2}A=i\gamma\mid A\mid^2 A \tag{3.43}$$

该方程称为非线性薛定谔方程(nonlinear Schrödinger equation，NLSE)，它是在脉宽大于 1 ps 认为非线性效应是瞬时的情形下推导出来的，因而适用于皮秒量级以上脉冲的非线性传输。

3.1.4　广义非线性薛定谔方程

式(3.43)适用于脉宽大于 1 ps 脉冲的非线性传输，对于小于 1 ps 的脉冲传输，就要考虑非线性的响应过程，$\chi^{(3)}$ 的时间关系就不能单纯由三个 $\delta(t)$ 函数的乘积来表示，应修改为

$$\chi^{(3)}(t-t_1,t-t_2,t-t_3)=\chi^{(3)}R(t-t_1)\delta(t-t_2)\delta(t-t_3) \tag{3.44}$$

式中，$R(t)$是非线性响应函数，按 $\delta(t)$函数相似的方式 $\int_{-\infty}^{\infty}R(t)dt=1$ 归一化，代入(3.11)得到非线性极化强度为

$$P_{\mathrm{NL}}(r,t)=\varepsilon_0\chi^{(3)}E(r,t)\int_{-\infty}^{t}R(t-t_1)\mid E(r,t)\mid^2 dt_1 \tag{3.45}$$

采用上述相似分析，加上高阶色散项，并且转换到延时(移动)坐标系 $T=t-\beta_1 z$ 中，可得频域中的广义非线性薛定谔方程(the generalized nonlinear Schrödinger equation，GNLSE)：

$$\begin{aligned}\frac{\partial A}{\partial z}=&i\sum_{m\geqslant 2}\frac{\beta_m}{m!}(\omega-\omega_0)^m A-\frac{\alpha(\omega)}{2}A+i\gamma(\omega)\left(1+\frac{\omega-\omega_0}{\omega_0}\right)\cdot\\&F\left\{A(z,T)\int_{-\infty}^{\infty}R(T')\mid A(z,T-T')\mid^2 dT'\right\}\end{aligned} \tag{3.46}$$

其中，F 表示傅立叶变换，上式傅立叶变换后得时域中的广义非线性薛定谔方程：

$$\frac{\partial A}{\partial z}=i\sum_{m\geqslant 2}\frac{i^m\beta_m}{m!}\frac{\partial^m A}{\partial T^m}-\frac{\alpha}{2}A+i\gamma\left(1+\frac{i}{\omega_0}\frac{\partial}{\partial T}\right)\cdot \left[A(z,T)\int_{-\infty}^{\infty}R(T')\mid A(z,T-T')\mid^2 dT'\right] \tag{3.47}$$

方程右端出现了时间导数项，说明该项与脉冲边缘的自陡和冲击有关。响应函数 $R(t)$ 包含电学的和振动的（拉曼）影响，因为电学的响应时间小于 1 fs，所以可以假设电学影响是瞬时的，因此 $R(t)$ 可写为

$$R(t)=(1-f_{\mathrm{R}})\delta(t)+f_{\mathrm{R}}h_{\mathrm{R}}(t) \tag{3.48}$$

式中，f_{R} 表示延时拉曼响应对非线性极化 P_{NL} 的贡献，拉曼响应函数 $h_{\mathrm{R}}(t)$ 的一个近似形式是

$$h_{\mathrm{R}}(t)=\frac{\tau_1^2+\tau_2^2}{\tau_1\tau_2^2}\exp(-t/\tau_2)\sin(t/\tau_1) \tag{3.49}$$

对于石英光纤来说，参数 $\tau_1=12.2$ fs，$\tau_2=32$ fs，而 f_{R} 估算为 0.18。需要指出的是，方程(3.47)没有考虑受激布里渊散射（stimulated Brilliouin scattering，SBS）的影响，是因为 SBS 的增益谱（约为 10 GHz）相对于受激拉曼散射（stimulated Raman scattering，SRS，增益谱约为 40 THz）非常窄，这就导致 SBS 的斯托克斯频移比 SRS 小三个数量级，因此它引起的光谱加宽相比 SRS 可以忽略。

3.2 分步傅立叶法

非线性薛定谔方程(3.43)或者广义非线性薛定谔方程(3.47)是偏微分方程，在一般情况下没有解析解，除非某些特殊情况下能使用逆散射法[2]求得解析解。为了理解光纤中的非线性效应，通常可采用许多模拟方法[3-6]比如有限差分法、伪谱法[7]等等，去数值求解非线性薛定谔方程。目前最常用的研究脉冲在非线性色散介质中传输的方法是分步傅立叶法（split-step Fourier method，SSFM）[8-11]，因为该方法采用了有限傅立叶变换（finite-Fourier transform，FFT）算法[12-13]，因此相对于有限差分法有更快的运算速度，本节详细介绍该方法的原理和实现。

3.2.1 分步傅立叶法的原理

为了理解分步傅立叶法的基本原理，频域中的广义非线性薛定谔方程(3.47)可改写为

$$\frac{\partial A}{\partial z} = [\hat{D}(\omega) + \hat{N}(z,\omega)]A \tag{3.50}$$

其中，$\hat{D}(\omega)$是微分算符，表示介质的色散和吸收；$\hat{N}(z,\omega)$是非线性算符，表示脉冲传输时光纤中的非线性效应，这两算符分别由下式给出：

$$\hat{D}(\omega) = i\sum_{m\geqslant 2}^{\infty}\frac{\beta_m}{m!}(\omega-\omega_0)^m - \frac{\alpha(\omega)}{2} \tag{3.51}$$

$$\begin{aligned}\hat{N}(z,\omega)A = & i\gamma(\omega)\left(1+\frac{\omega-\omega_0}{\omega_0}\right)\cdot \\ & F\left\{A(z,T)\int_{-\infty}^{\infty}R(T')\mid A(z,T-T')\mid^2 \mathrm{d}T'\right\}\end{aligned} \tag{3.52}$$

利用卷积定理$\int A(\tau)B(t-\tau)\mathrm{d}\tau = F^{-1}\{A(\omega)B(\omega)\}$，可以化简非线性算符为

$$\begin{aligned}\hat{N}(z,\omega)A = & i\gamma(\omega)\left(1+\frac{\omega-\omega_0}{\omega_0}\right)\cdot \\ & F\{A(z,T)F^{-1}\{R(\omega)F\{\mid A(z,T)\mid^2\}\}\}\end{aligned} \tag{3.53}$$

式中，F^{-1}是逆傅立叶变换。正常情况下，沿光纤的长度方向，色散和非线性效应是共同作用的。分步傅立叶法是假定在传输过程中，光场每通过一小段步长 h，h 足够小以致于色散和非线性效应可以认为是分别作用的，然后综合一起得到一个结果，用这个结果来近似色散和非线性效应共同作用下传输 h 后的光场，如图 3.1 所示。显然，步长 h 越小，最后的计算结果越精确。

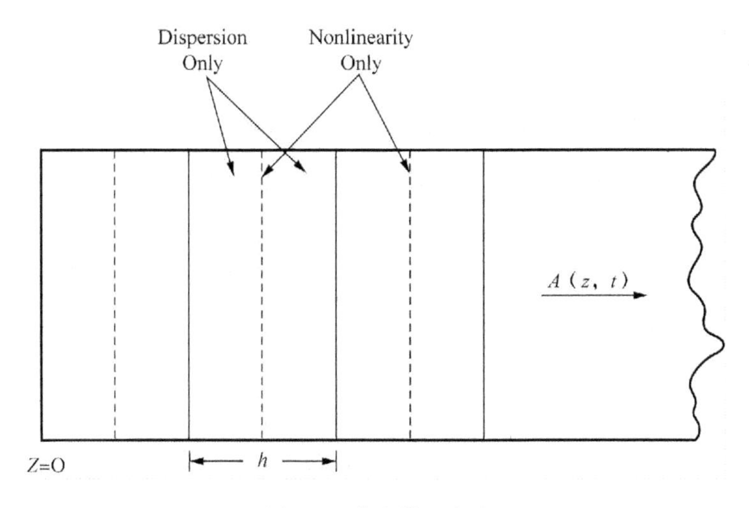

图 3.1　分步傅立叶法

更准确地说,从 z 到 $z+h$ 的传输过程可以分两步进行:第一步,仅有非线性作用,式(3.50)中的 $\hat{D}=0$;第二步,仅有色散作用,式(3.50)中的 $\hat{N}=0$。该过程用数学形式表示为

$$A(z+h,T)=\exp(h\hat{D})\exp(h\hat{N})A(z,T) \tag{3.54}$$

一般指数算符 $\exp(h\hat{D})$ 在频域里计算比较方便,可以写为:

$$\exp(h\hat{D})B(z,T)=F_{\mathrm{T}}^{-1}\exp[h\hat{D}(-i\omega)]F_{\mathrm{T}}B(z,T) \tag{3.55}$$

式中,F_{T} 表示傅立叶变换,频域中 $\hat{D}(-i\omega)$ 可用 $-i\omega$ 代替算符 $\partial/\partial T$。因为 $\hat{D}(-i\omega)$ 恰好是频域中的一个数,故可直接计算式(3.55)。FFT 算法使得式(3.55)的数值计算相当快,这就是分步傅立叶法相对其他方法快的主要原因。

以上分步方案虽然简单,但是由算符是否对易的性质可知,它只能精确到分步步长 h 的二阶项,精确度不高。为了提高计算精确度,将非线性效应包含在图 3.1 小区间的中间而不是边界,如虚线所示,此时的数学表达为

$$A(z+h,T)=\exp\left[\frac{h}{2}\hat{D}\right]\exp\left(\int_{z}^{z+h}N(z')\mathrm{d}z'\right)\exp\left[\frac{h}{2}\hat{D}\right]A(z',T) \tag{3.56}$$

由于式(3.56)中指数算符的对称形式,该方法称为对称分步傅立叶法[13]。它的优点在于主要误差来源于步长的三阶项,提高了数值解的计算精度。以后的数值模拟就是在对称分步傅立叶法的基础上进行改进,以求解广义非线性薛定谔方程的,为了叙述简单,本书将对称分步傅立叶法称为分步傅立叶法。

3.2.2 时域步长的选取

采用分步傅立叶法模拟光场的传输,由傅立叶时域频域之间的变换,必须慎重选择时域步长 $\mathrm{d}t$,使其不仅满足 Nyquist 取样法则,而且保证在合适的时间/光谱窗口内进行运算,同时还要在有限的时间内获得较高精度的模拟结果。

首先,来看 Nyquist 取样法则。它要求最小采样频率为有效振幅正弦成分的最高频率的两倍。例如对于高斯脉冲 $E(t)$ 而言,假设其半极大全脉宽(the full width at half maximum,FWHM)为 100 fs,即 $T_{\mathrm{FWHM}}=100\,\mathrm{fs}$,可以估算谱宽 $\Delta\nu$ 为 4.14 THz,那么估计有效振幅的最高频率成分为 $4\times\Delta\nu$。根据 Nyquist 取样法则,光强 $I(t)=|E(t)|^2$ 的 Nyquist 取样频率必须达到 $0.5\times4\times\Delta\nu$ 即。典型的采样频率为 4 倍的 Nyquist 取样频率即 $8\times\Delta\nu$ 或者时域中 $\mathrm{d}t=2.3\,\mathrm{fs}$。如果时域步长 $\mathrm{d}t$ 大于要求的采样时间步长,或者采样频率小于典型的采样频率,那么在频域就会出现频率成分混淆现象,超过窗口的频率成分会叠加在窗口内的频率成分上,形成不正确光谱。因此时域步长 $\mathrm{d}t$ 的选择必须小

于要求的采样时间步长，对于 $T_{\mathrm{FWHM}}=100\ \mathrm{fs}$ 的高斯脉冲来说，应满足 $\mathrm{d}t\leqslant 2.3\ \mathrm{fs}$。

其次，来看时间/光谱窗口。时间窗口是采样点数和时域步长的乘积，即 $T_{\mathrm{window}}=N\mathrm{d}t$，其中 N 为采样点。快速傅立叶变换（FFT）要求电场的采样点 N 为偶数序列 2^n，在采样点一定的情况下，时域步长越大越能够获得较大的时间窗口；但是光谱窗口是采样点和频域步长的乘积，并且由傅立叶时域与频域的变换，即

$$F_{\mathrm{window}}=N\mathrm{d}\nu=\frac{1}{\mathrm{d}t} \tag{3.57}$$

因此，时域步长过大引起光谱窗口的减小，而不能很好地呈现整个超连续谱。另外，时域步长的选取也不能过小，因为此时要获得较大的时间窗口，必须增加采样点数，进而会导致模拟时间的成倍增加。综上所述，需要根据 Nyquist 取样法则、时间/光谱窗口的要求和有效的模拟时间内，合理地选择时域步长。

3.3　产生超连续谱的非线性效应

绪论中已提到，超连续谱的产生是多种非线性效应共同作用的结果，这些非线性效应主要包括自相位调制（SPM）、交叉相位调制（XPM）、调制不稳定性（MI）、受激拉曼散射（SRS）、高阶孤子分解等等。本节对这些效应做简单介绍。

3.3.1　自相位调制与交叉相位调制

自相位调制[1]和交叉相位调制[1]都是由于介质的折射率与入射光强有关引起的。不同在于：自相位调制是由于一束光自身产生的非线性相移，而交叉相位调制是由于两束或多束光共同传输时产生的非线性相移。这个非线性相移会导致新频率的产生，从而致使光谱展宽。

首先来看自相位调制现象，忽略色散项 β_m、自陡效应（self-steepening effect，SSE）$(i/\omega_0)\partial/\partial T$ 和拉曼效应（$f_{\mathrm{R}}=0$），式（3.47）可简化为 $\frac{\partial A}{\partial z}=i\gamma A|A|^2$，引入归一化振幅 $U(z,T)$：

$$A(z,T)=\sqrt{P_0}e^{-\alpha z/2}U(z,T) \tag{3.58}$$

可得

$$\frac{\partial U}{\partial z}=\frac{ie^{-\alpha z}}{L_{\mathrm{NL}}}|U|^2U \tag{3.59}$$

式中，L_{NL}是非线性长度，定义为

$$L_{NL}=\frac{1}{\gamma P_0} \tag{3.60}$$

式中，P_0 是峰值功率，γ 是非线性系数，具体公式见(2.8)。用 $U=V\exp(i\phi_{NL})$代入式(3.59)进行代换，然后方程两边实部和虚部相等，对相位方程进行解析积分，可以得到式(3.59)的通解为

$$U(L,T)=U(0,T)\exp[i\phi_{NL}(L,T)] \tag{3.61}$$

该式表明自相位调制产生了与光强有关的非线性相移 $\phi_{NL}(L,T)$，可表达为

$$\begin{aligned}\phi_{NL}(L,T)&=|U(0,T)|^2(L_{\mathrm{eff}}/L_{NL})\\&=\gamma P_0|U(0,T)|^2L_{\mathrm{eff}}\\&=n_2k_0L_{\mathrm{eff}}|E|^2\end{aligned} \tag{3.62}$$

其中，L_{eff}为长为 L 光纤的有效长度，写为

$$L_{\mathrm{eff}}=[1-\exp(-\alpha L)]/\alpha \tag{3.63}$$

可见，由于光纤损耗的存在，有效长度 L_{eff}比实际光纤长度 L 小一些。因为 U 是归一化的，$|U(0,0)|=1$，因而最大非线性相移 $\phi_{\max}$出现在脉冲中心，即

$$\begin{aligned}\phi_{max}&=L_{\mathrm{eff}}/L_{NL}\\&=\gamma P_0L_{\mathrm{eff}}\end{aligned} \tag{3.64}$$

从该式可知非线性长度 L_{NL}的物理意义：它是 $\phi_{\max}=1$ 时的有效传输距离。

自相位调制产生的频谱变化是 $\phi_{NL}(L,T)$的时间相关性的直接结果。因此，非线性相移导致频率啁啾(新产生频率与脉冲中心频率的差值)的产生，可写为

$$\begin{aligned}\delta\omega(T)&=-\frac{\partial\phi_{NL}}{\partial T}\\&=-\left(\frac{L_{\mathrm{eff}}}{L_{NL}}\right)\frac{\partial}{\partial T}|U(0,T)|^2\end{aligned} \tag{3.65}$$

该式表明新频率的产生与斜率$\frac{\partial}{\partial T}|U(0,T)|^2$ 有关，因此自相位调制只适用于超短脉冲，对于长脉冲或者连续光来说，引起的光谱展宽不明显。$\delta\omega(t)$的时间相关性称为频率啁啾(frequency chirping，FC)。自相位调制产生的频率啁啾随传输距离的增大而增大，即当脉冲沿光纤传输时，新的频率分量不断产生。

自相位调制产生的频率啁啾 $\delta\omega(T)$有以下几个特点：①$\delta\omega(T)$在脉冲前沿附近是负的(红移)，而在脉冲后沿附近则变为正的(蓝移)；②在高斯脉冲一个较大的中央区域内，啁啾是线性的且是正的(上啁啾)；③对于有较陡前后沿的脉冲，其啁啾显著增大；

④与高斯脉冲不同，超高斯脉冲的啁啾仅发生在脉冲沿附近并且不是线性变化的，啁啾沿光脉冲的变化在很大程度上取决于脉冲的确切形状。

交叉相位调制指的是不同波长、不同传输方向或者不同偏振态的脉冲共同传输时，一种光场引起的另一个光场的非线性相移。交叉相位调制的产生是因为光波的有效折射率不仅与该波的强度有关，还与另外传输的光波强度有关。当 m 个线偏振的光场共同在单模光纤中传输时，频率为 ω_i，在准单色近似的条件下，电场可以表示为

$$E(\mathrm{r},\mathrm{t}) = \frac{1}{2}\hat{x}\sum E_i\exp(-i\omega_i t) + c.c \tag{3.66}$$

将式(3.66)代入式(3.16)，可得来自自相位调制和交叉相位调制的联合作用，引起的第 i 个光场的非线性相移为

$$\phi_i = \gamma L_{\mathrm{eff}}(\mathrm{P}_i + 2\sum_{m\neq i} P_m) \tag{3.67}$$

其中，第一项为自相位调制项，第二项为交叉相位调制项。从该方程可以看出，在发生交叉相位调制时，总是伴随着自相位调制效应，当各个电场传输的功率相同时，交叉相位调制对非线性相移的贡献最大。例如，当 2 个光场共同传输时，产生的非线性相移为

$$\phi_i = \gamma L_{\mathrm{eff}}(\mathrm{P}_i + 2P_{3-i}) \tag{3.68}$$

系数 2 表明交叉相位调制对非线性相移的影响是自相位调制的两倍。正如式(3.65)所示，非线性相移的存在必然导致新频率的产生，从而引起光谱的展宽。另外，对式(3.67)两边时间求导，会出现 $\mathrm{d}I/\mathrm{d}t$，所以自相位调制和交叉相位调制对短脉冲的频谱展宽更为有效。

3.3.2　调制不稳定性

为研究调制不稳定性，忽略高阶色散和自陡、拉曼效应，方程(3.47)简化为

$$i\frac{\partial A}{\partial z} = \frac{\beta_2}{2}\frac{\partial^2 A}{\partial T^2} - \gamma |A|^2 A \tag{3.69}$$

假设入射光为准连续光，且角频率为 ω_0，并带有小的扰动 $a(z,T)$，其形式为

$$A(z,T) = [\sqrt{P_0} + a(z,T)]\exp(i\gamma P_0 z) \tag{3.70}$$

代入式(3.69)，并使 a 线性化可得

$$i\frac{\partial a}{\partial z} = \frac{\beta_2}{2}\frac{\partial^2 a}{\partial T^2} - \gamma P_0(a + a^*) \tag{3.71}$$

由于 a^* 的存在，因此式(3.71)的解有如下形式

$$a(z,T) = a_1\exp[i(Kz - \Omega T)] + a_2\exp[-i(Kz - \Omega T)] \tag{3.72}$$

式中，K 和 Ω 分别是微扰的波数和频率，式(3.71)和式(3.72)为 a_1 和 a_2 的齐次方程组，当且仅当 K 和 Ω 满足色散关系：

$$K = \pm \frac{1}{2} \mid \beta_2 \Omega \mid [\Omega^2 + \mathrm{sgn}(\beta_2)\Omega_c^2]^{1/2} \tag{3.73}$$

时才具有非零解，其中，符号函数 $\mathrm{sgn}(\beta_2) = \pm 1$，具体符号取决于 β_2。式中：

$$\begin{aligned} \Omega_c^2 &= \frac{4\gamma P_0}{\mid \beta_2 \mid} \\ &= \frac{4}{\mid \beta_2 L_{NL} \mid} \end{aligned} \tag{3.74}$$

由于式(3.72)中因子 $\exp[i(\beta_0 z - \omega_0 t)]$已经提出，因此实际微扰的波数和频率分别是 $\beta_0 \pm K$ 和 $\omega_0 \pm \Omega$。式(3.73)表明状态的稳定性取决于的 β_2 符号，在正常色散区($\beta_2 > 0$)波数 K 对所有的 Ω 都是实数，即系统是稳定的；在反常色散区($\beta_2 < 0$) K 在 $|\Omega| < \Omega_c$ 时为虚数，微扰 $a(z, T)$随 z 指数增长。因此只有在反常色散区，且波数 K 满足 $|\Omega| < \Omega_c$ 时，系统才会表现出固有的不稳定性，即调制不稳定性。

令 $\mathrm{sgn}(\beta_2) = 1$，功率的增益可写为

$$\begin{aligned} g(\Omega) &= 2\mathrm{Im}(K) \\ &= \mid \beta_2 \Omega \mid (\Omega_c^2 - \Omega^2)^{1/2} \end{aligned} \tag{3.75}$$

通过对 Ω 求导等于零，可得最大增益发生在：

$$\begin{aligned} \Omega_{\max} &= \pm \frac{\Omega_c}{\sqrt{2}} \\ &= \pm \left(\frac{2\gamma P_0}{\mid \beta_2 \mid} \right)^{1/2} \end{aligned} \tag{3.76}$$

且最大的增益为

$$\begin{aligned} g_{\max} &= g(\Omega_{\max}) \\ &= 2\gamma P_0 \end{aligned} \tag{3.77}$$

3.3.3 受激拉曼散射

在分子介质中，拉曼散射会将泵浦光的一部分功率转移到另一频率下移的光束中(斯托克斯光)，频率下移量由介质的振动模式决定。当强激光入射时，产生的斯托克斯光会呈现一定的方向性，称为受激拉曼散射。初始斯托克斯光的增长可描述为

$$\frac{\mathrm{d}I_s}{\mathrm{d}z} = g_R I_P I_S \tag{3.78}$$

式中，I_s 是斯托克斯光，I_P 是泵浦光，g_R 是拉曼增益系数，它取决于纤芯成分，不同的掺

杂物有很大的变化。[14-15]图 3.2 是熔石英的拉曼增益谱 $g_R(\nu)$，其中 ν 表示泵浦光与斯托克斯光的频率差。如图 3.2，石英光纤有一个很宽的拉曼增益谱(达 40 THz)，并且最大增益出现在由泵浦频率下移 13.2 THz 处，这一特征是由石英玻璃的非晶体特性所致。[16]

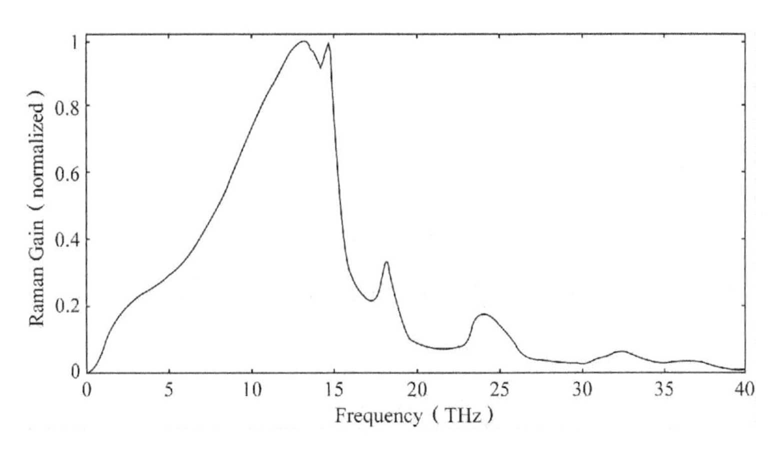

图 3.2　熔石英的拉曼增益谱

对于持续时间小于 1 ps 的超短脉冲，因为它具有极宽的频谱，脉冲自身的高频成分就可能作为泵浦光，来放大其低频成分，称为脉冲内拉曼散射(Intrapulse Raman scattering，IRS)，从而产生所谓的孤子自频移(soliton self-frequency shift，SSFS)。孤子自频移最早是在 1986 年观察到的[17]，并用拉曼效应的延迟特性进行了解释[18]，IRS 导致的孤子自频移随传输距离近似线性增长，描述为

$$\begin{aligned}\Omega(z) &= -\frac{8T_R\gamma P_0}{15T_0^2}z \\ &= -\frac{8T_R|\beta_2|}{15T_0^4}z\end{aligned} \tag{3.79}$$

负号表明孤子移向长波长一侧，即孤子红移。$\Omega(z)$正比于 T_0^{-4} 的关系是在 1986 年利用孤子微扰理论发现的[18]，这一关系也解释了脉冲内拉曼散射仅对脉宽等于或者小于 1 ps 的超短脉冲才比较重要。

3.3.4　高阶孤子分解

孤子效应是群速度色散与自相位调制相互作用的结果，因此，本小节从式(3.69)出发研究光纤中的孤子效应。首先代入归一化振幅 U，并且无量纲化 $\xi=\frac{z}{L_D}$，$\tau=\frac{T}{T_0}$，可得

$$i\frac{\partial U}{\partial \xi}=\operatorname{sgn}(\beta_2)\frac{1}{2}\frac{\partial^2 U}{\partial \tau^2}-N^2|U|^2U \tag{3.80}$$

其中,参数 N 即为孤子的阶数,满足:

$$\begin{aligned}N^2&=\frac{L_{\mathrm{D}}}{L_{\mathrm{NL}}}\\&=\frac{\gamma P_0 T_0^2}{|\beta_2|}\end{aligned} \tag{3.81}$$

式中,L_{D} 为色散长度:

$$L_{\mathrm{D}}=\frac{T_0^2}{|\beta_2|} \tag{3.82}$$

当 $N\sim1$ 时,色散和自相位调制作用达到平衡,形成基孤子,对应式(3.77)存在一个解 $U(z,T)$,再由式(3.58)可得

$$A(z,T)=\sqrt{P_0}\operatorname{sech}\left(\frac{T}{T_0}\right)\exp\left(\frac{i|\beta_2|}{2T_0^2}z\right) \tag{3.83}$$

由此解可知,基孤子在传输中,既不改变时域波形,又不改变频谱。当 $N>1$ 时,形成高阶孤子,它在传输中波形沿光纤发生周期性变化。在高阶色散和非线性效应(自陡效应、脉冲内拉曼散射)的微扰下,高阶孤子会分解成许多红移的基孤子,同时由于孤子谱比较宽,与正常色散区重叠的部分在高阶色散的作用下,会辐射出色散波。色散波的波长由相位匹配条件决定[19]:

$$\sum_{n\geqslant2}\frac{\beta_n(\omega_{\mathrm{S}})}{n!}(\omega_{\mathrm{DW}}-\omega_{\mathrm{S}})^n=\frac{\gamma(\omega_{\mathrm{S}})p_{\mathrm{S}}}{2} \tag{3.84}$$

其中,ω_{S} 是孤子中心频率,ω_{DW}是产生色散波的频率,p_{S} 是孤子的峰值功率。

3.4 本章小结

本章是研究超连续谱产生的理论基础,主要内容包括:

(1) 从光纤中的麦克斯韦方程组出发,在一系列的简化近似下推导出了关于电场函数的亥姆霍兹方程,采用分离变量法对该方程进行求解,在一阶微扰理论的近似下得到了关于电场复振幅的非线性薛定谔方程,考虑到非线性的响应过程进而得到广义非线性薛定谔方程。

(2) 介绍该方程的求解方法——分步傅立叶法,包括这个方法的实现原理和选取时域步长的注意事项。

(3) 简单介绍涉及超连续谱产生的一些非线性效应，主要包括有自相位调制和交叉相位调制、调制不稳定性、受激拉曼散射和高阶孤子分解。

参考文献

[1] 阿戈沃(G. P. Agrawal). 非线性光纤光学原理及应用(第二版)[M]. 贾东方，余震虹，等译. 北京：电子工业出版社，2010：6.

[2] V. E. Zakharov and A. B. Shabat. Interaction between solitons in a stable medium [J]. Sov. Phys. JETP., 1972, 34(1): 62-69.

[3] L. R. Watkins and Y. R. Zhou. Modeling propagation in optical fibers using wavelets [J]. J. Lightwave Technol., 1994, 12(9): 1536-1542.

[4] M. S. Ismail. Finite difference method with cubic spline for solving nonlinear Schrödinger equation [J]. Int. J. Comput. Math., 1996, 62: 101-112.

[5] W. P. Zeng. A leap frog finite difference scheme for a class of nonlinear Schrödinger equations of high order [J]. J. Comput. Math., 1999, 17: 133-138.

[6] K. V. Peddanarappagari and M. Brandt-Pearce. Volterra series transfer function of single-mode fibers [J]. J. Lightwave Technol., 1997, 15(12): 2232-2241.

[7] T. R. Taha and M. J. Ablowitz. Analytical and numerical aspects of certain nonlinear evolution equations [J]. J. Comput. Phys., 1984, 55: 203-230.

[8] R. H. Hardin and F. D. Tappert. Application of the split-step Fourier method to the numerical wave equations [J]. SIAM Rev. Chronicle., 1973, 15: 423-423.

[9] R. A. Fisher and W. K. Bischel. The role of linear dispersion in plane-wave self-phase modulation [J]. Appl. Phys. Lett., 1973, 23(12): 661-663.

[10] R. A. Fisher and W. K. Bischel. Numerical studies of the interplay between self-phase modulation and dispersion for intense plane-wave laser pulses [J]. J. Appl. Phys., 1975, 46(11): 4921-4935.

[11] O. V. Sinkin, R. Holzlöhner, J. Zweck, and C. R. Menyuk. Optimization of the split-step Fourier method in modeling optical-fiber communications systems [J]. J. Lightwave Technol., 2003, 21(1): 61-68.

[12] J. W. Cooley and J. W. Tukey. An algorithm for machine calculation of complex Fourier series [J]. Math. Comput., 1965, 19: 297-301.

[13] J. A. Fleck, J. R. Morris, and M. D. Feit. Time-dependent propagation of high energy laser beams through the atmosphere [J]. Appl. Phys., 1976, 10: 129-160.

[14] R. H. Stolen, J. P. Gordon, W. J. Tomlinson, and H. A. Haus. Raman response function of

silica-core fibers [J]. J. Opt. Soc. Am. B. , 1989, 6(6): 1159-1166.

[15] D. J. Dougherty, F. X. Kärtner, H. A. Haus, and E. P. Ippen. Waveguides formed by quasi-steady-state photorefractive spatial solitons [J]. Opt. Lett. , 1995 20(20): 31-33.

[16] R. Shuker and R. W. Gammon. Raman-Scattering Selection-Rule Breaking and the Density of States in Amorphous Materials [J]. Phys. Rev. Lett. , 1970, 25(4): 222-225.

[17] F. M. Mitschke and L. F. Mollenauer. Discovery of the soliton self-frequency shift [J]. Opt. Lett. , 1986, 11(10): 659-661.

[18] J. P. Gordon. Theory of the soliton self-frequency shift [J]. Opt. Lett. , 1986, 11(10): 662-664.

[19] Dane R. Austin, C. Martijn de Sterke, and Benjamin J. Eggleton. Dispersive wave blue-shift in supercontinuum generation [J]. Opt. Express. , 2006, 14: 11997-12007.

第4章　单波长泵浦超连续谱产生的理论研究

在研究超连续谱产生的初期，许多学者通过数值求解广义非线性薛定谔方程(3.47)有效模拟了飞秒、几皮秒脉冲泵浦超连续谱的产生[1-3]；但是更宽脉冲(几十皮秒量级以上)以及连续光泵浦超连续谱产生的模拟研究却并不多见。本章首先简单介绍超短脉冲泵浦产生超连续谱的数值模拟，在此基础上，分析长脉冲和连续光泵浦机制在模拟中出现的一些困难及解决方法；其次，与已有实验结果作对比，采用自适应分步傅立叶法求解广义非线性薛定谔方程(3.47)，模拟研究长脉冲泵浦 PCF 超连续谱的形成过程；然后，采用类似的方法模拟研究连续光泵浦 PCF 超连续谱的产生；最后是本章小结。

4.1　超短脉冲泵浦产生超连续谱的数值模拟

在超连续谱产生的数值模拟方面，许多学者已经通过采用分步傅立叶法求解广义非线性薛定谔方程(3.47)，有效模拟了飞秒、几皮秒脉冲泵浦超连续谱的产生[1-3]。本节简单介绍超短脉冲泵浦产生超连续谱的数值模拟，目的是引出以后模拟研究长脉冲和连续光泵浦超连续谱的产生。

4.1.1　超短脉冲模拟的初始设置

为了与实验结果进行比较，本书采用文献[4]所用的产生超连续谱的 PCF 进行模拟。PCF 的结构参数为：纤芯直径 $d_{core}=1.7\ \mu m$，空气孔直径 $d=1.3\ \mu m$。文献中已给出其零色散点在 767 nm 附近，因此，泵浦光 770 nm 处于 PCF 的反常色散区。要准确地模拟 PCF 中超连续谱的产生过程，由广义非线性薛定谔方程(3.47)，还必须精确地计算泵浦波长 770 nm 处的各阶色散系数。为此，首先采用经验公式[51]计算其二阶色散系数

β_2 随波长的变化曲线 $\beta_2(\lambda)$，再转换成角频率的变化曲线，然后采用 matlab 拟合选项中六阶拟合得出二阶色散系数随角频率的函数 $\beta_2(\omega)$，最后采用式(2.6)依次求导，可以求得 PCF 中基模在泵浦波长 770 nm 处的各阶色散系数如表 4.1 所示，为保证模拟的精确度，本书精确到六阶色散。

表 4.1　PCF 在波长 770 nm 处的色散系数

色散系数	计算值	单位
二阶色散系数 β_2	-2.52×10^{-27}	s^2/m
三阶色散系数 β_3	6.71×10^{-41}	s^3/m
四阶色散系数 β_4	5.47×10^{-57}	s^4/m
五阶色散系数 β_5	-3.89×10^{-70}	s^5/m
六阶色散系数 β_6	1.20×10^{-84}	s^6/m

文献[4]所用飞秒激光器的脉冲宽度约为 100 fs，因此模拟中采用中心波长为 770 nm、$T_{FWHM}=166$ fs 的无啁啾高斯脉冲，其时域形状和对应的频谱如图 4.1 所示，去近似实验中激光器的输出脉冲。选取的采样点数 $N=2^{12}$ 和时域步长 $dt=1.2$ fs，不仅满足 Nyquist 取样法则，而且时间窗口可达 4.92 ps，远远大于高斯脉冲的脉宽，即满足模拟的时域要求。此外，由于傅立叶时域和频域变换关系，光谱窗口的最大波长和最小波长由下式决定：

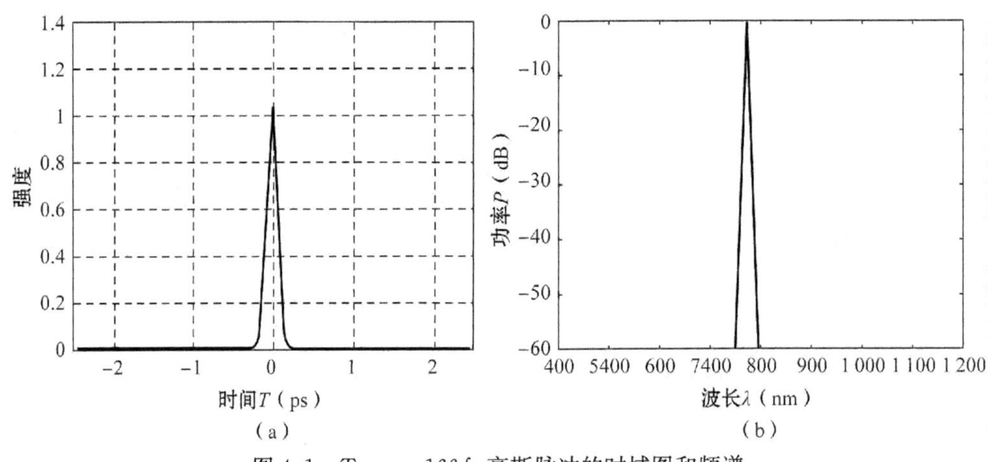

图 4.1　$T_{FWHM}=166$ fs 高斯脉冲的时域图和频谱
(a) 时域图　(b) 频谱图

$$
\begin{aligned}
\lambda_{\min} &= \frac{\lambda_c}{1+\frac{\lambda_c}{2c\mathrm{d}t}} \\
\lambda_{\max} &= \frac{\lambda_c}{1-\frac{\lambda_c}{2c\mathrm{d}t}}
\end{aligned}
\tag{4.1}
$$

式中，λ_c 是中心波长，c 为真空光速。选取中心波长即为泵浦波长 $\lambda_c=770$ nm，可以计算光谱窗口的最小波长可以达到 372 nm，最大波长几千纳米，因此可以很好地呈现产生的超连续谱，这样，本书的参数选取也满足频域要求。采用空间步长固定（$\mathrm{d}z=0.0001$ m）的对称分步傅立叶法，如式(3.56)所示，求解广义非线性薛定谔方程(3.47)，来模拟超连续谱的产生。

4.1.2　超连续谱的产生过程

与文献[4]产生超连续谱的过程一样，本书保持 PCF 的长度为 10 cm 不变，逐渐增加入射脉冲的峰值功率 P_{in}，观察超连续谱的形成过程。如图 4.2 所示，可以清晰地看到了超短脉冲泵浦机制下的自相位调制现象(SPM)[5]。SPM 的最显著特征是，频谱展宽在整个频率范围内伴随着振荡结构，通常由许多个峰组成，并且最外面的峰强度最大，峰的个数随着式(2.64)所示的非线性相移 $\phi_{NL}(L,T)$ 增加而增加，与本书的模拟结果非常一致。图 4.2(a)(b)对应峰值功率为 $P_{in}=150$ W，此时频谱中出现了两个对称的峰；当 $P_{in}=180$ W 时，有三个峰存在；当 $P_{in}=200$ W 时，频谱中增加到五个峰，确实是最外面峰的强度最大。时域中表现为，脉冲强度迅速增加，脉冲宽度不断被压缩。

随着峰值功率的进一步增加，脉冲宽度进一步被压缩；正如 3.3.4 节中介绍，入射脉冲就在负群速度色散和自相位调制的共同作用下，演化成高阶孤子。高阶孤子由于其时域脉宽 $\Delta\tau$ 非常窄，因此经过傅立叶变换(Fourier transform，FT)后的谱宽 $\Delta\nu$ 就非常宽，如图 4.3 所示，当谱宽 $\Delta\nu$ 超过了石英光纤拉曼增益谱中最大增益的下移频率 13.2 THz 时，这就使得孤子的蓝移谱分量(高频成分)可作为泵浦光，通过拉曼增益有效地放大其红移谱分量(低频成分)，即所谓的脉冲内拉曼散射效应(Intrapulse Raman Scattering，IRS)。在 IRS 和高阶色散的作用下，高阶孤子会分解成红移的基孤子和蓝移的色散波(dispersive wave，DW)[3,6-7]，表现为孤子向长波方向的自频移[5,8]和短波区色散波的出现[4]，如图 4.4 所示，(a)(b)对应 $P_{in}=1000$ W，(c)(d)对应 $P_{in}=1200$ W，(e)(f)对应 $P_{in}=1600$ W。无论是比较时域图 4.4(a)、(c)和(e)，较高功率的拉曼孤子都

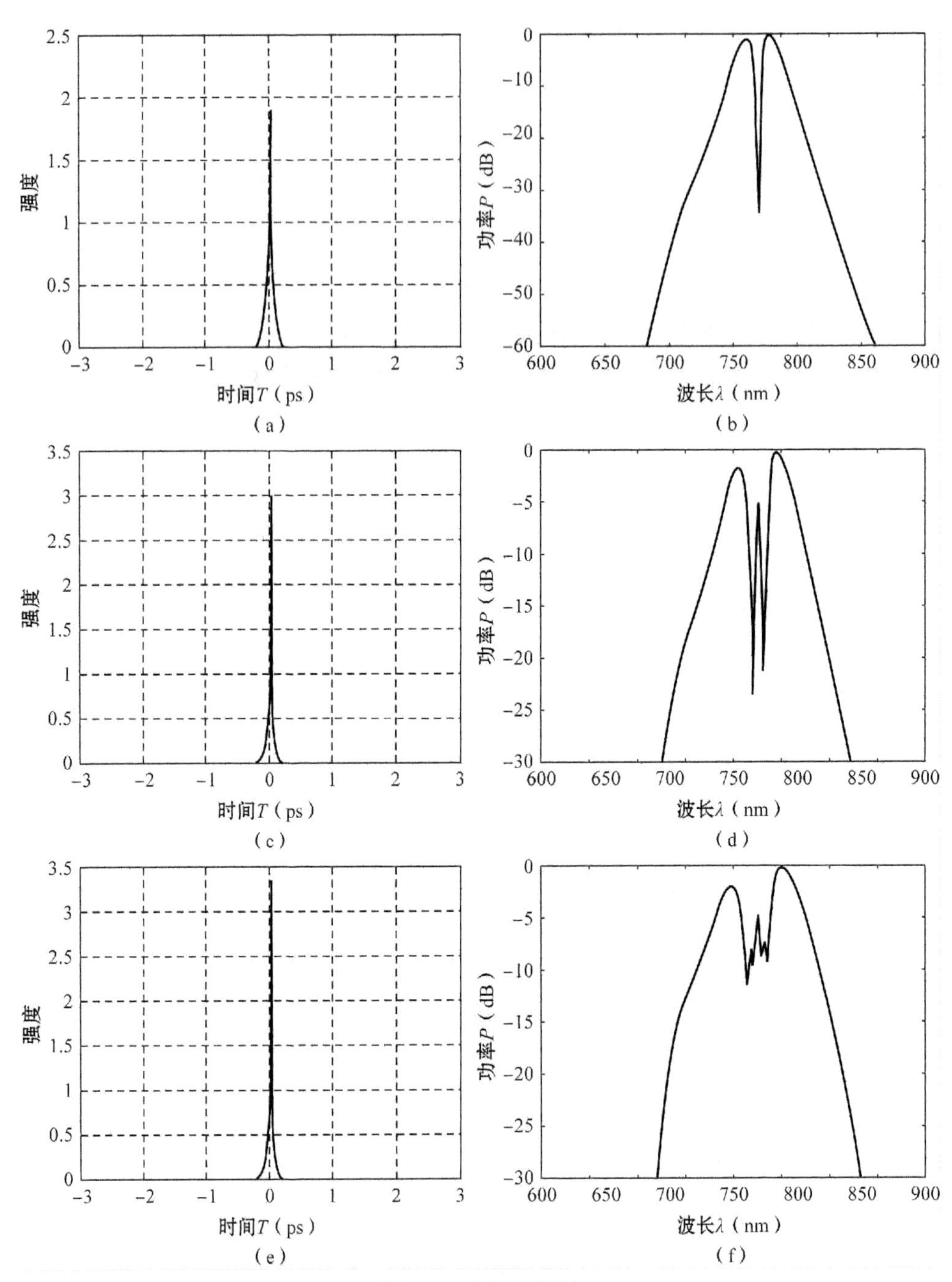

图 4.2 自相位调制

(a) P_{in}=150 W 的时域脉冲 (b) P_{in}=150 W 的对应光谱 (c) P_{in}=180 W 的时域脉冲 (d) P_{in}=180 W 的对应光谱 (e) P_{in}=200 W 的时域脉冲 (f) P_{in}=200 W 的对应光谱

在向脉冲后沿移动，还是比较频谱图 4.4(b)、(d)和(f)，许多小尖峰向长波方向移动，都可以证实孤子自频移现象的存在。

图 4.4(f)模拟产生的超连续谱与文献[4]中实验测得的光谱非常一致。结果表明，在超短脉冲泵浦机制下，自相位调制在光谱展宽的初期发挥着重要的作用；高阶孤子形成以后，在 IRS 和高阶色散的作用下，可以分解成红移的基孤子和蓝移的色散波[3,6-7]，分别导致了光谱向长波和短波方向的展宽。

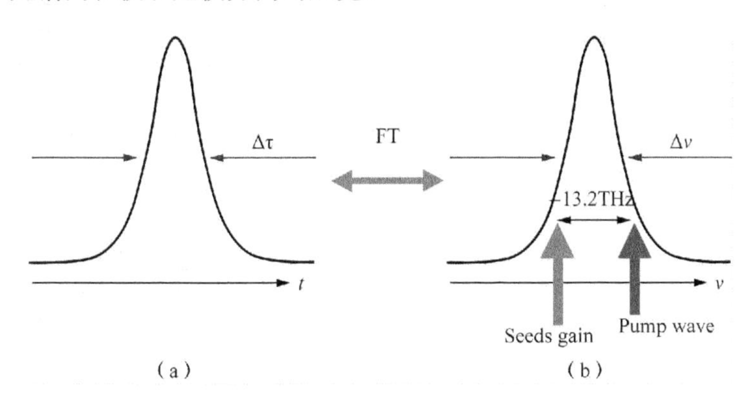

图 4.3　脉冲内受激拉曼散射示意图
(a) 时域图　(b) 频谱图

4.2　长脉冲和连续光泵浦机制在数值模拟中的困难

相比于超短脉冲泵浦机制，长脉冲和连续光泵浦超连续谱产生的模拟研究并不多见，主要是由于存在以下几个困难：第一，如何设置时域步长，以同时满足时间和光谱窗口的需要；第二，长脉冲和连续光的脉宽，需要近似处理；第三，由于随机噪声在长脉冲和连续光泵浦机制中的重要作用，如何对其进行有效模拟；第四，空间步长固定的分步傅立叶法在长脉冲和连续光泵浦机制中存在不足，如何实现空间步长的自适应变化，以提高模拟精度。

4.2.1　时域步长的设置

要实现对长脉冲泵浦机制的有效模拟，选取的时间窗口必须足够的大，以覆盖整个脉冲的有效信息。而时间窗口 T_{window} 是采样点数 N 和时域步长 $\mathrm{d}t$ 的乘积，即 $T_{window}=N\cdot\mathrm{d}t$，因此要获得足够大的时间窗口，要么增加采样点数 N，而快速傅立叶变换(FFT)要求电场的采样点 N 为偶数序列 2^n，因此增加采样点 N，就意味着偶数序列成倍的增加，

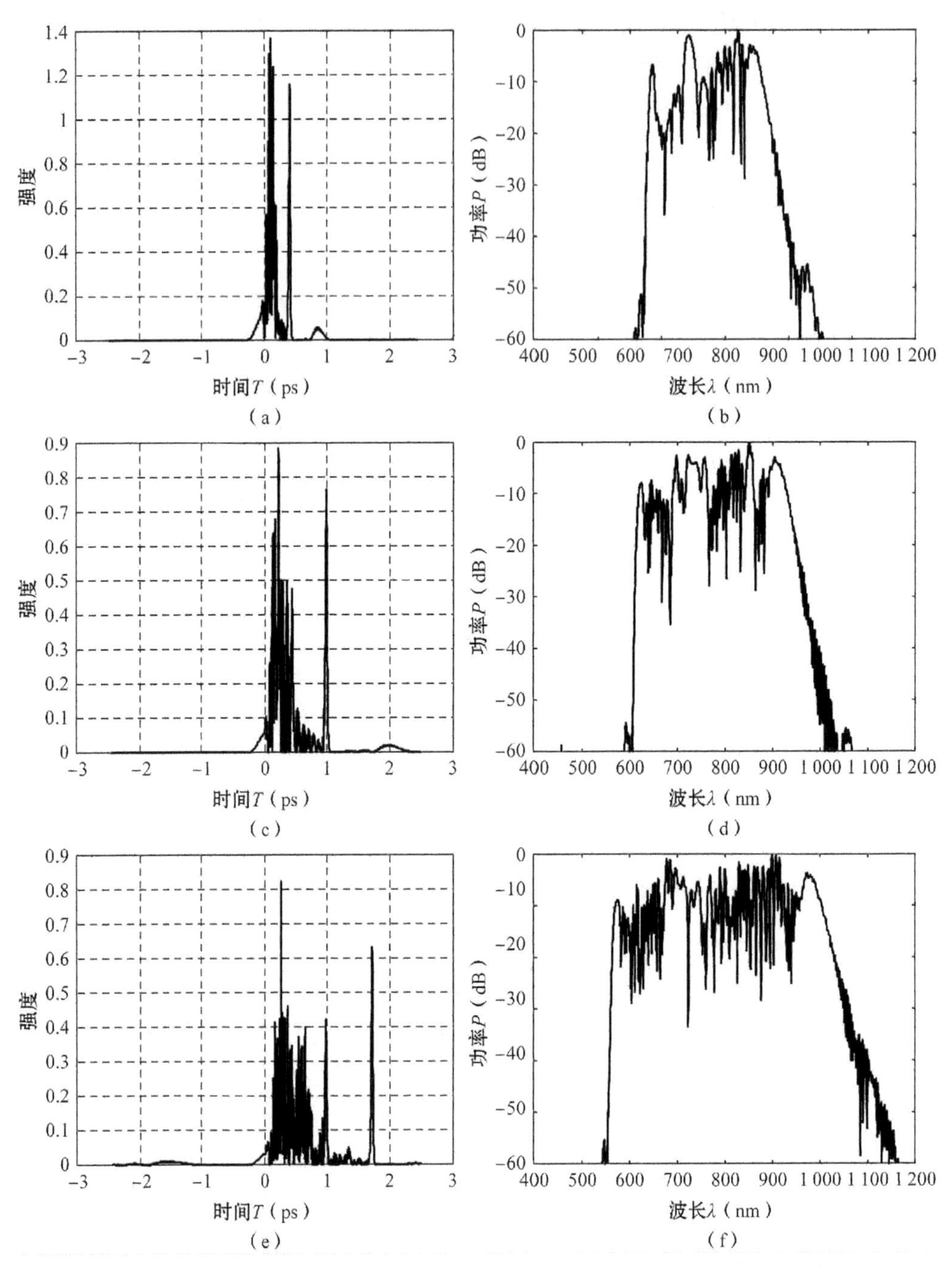

图 4.4　超连续谱的产生

(a) P_{in}=1 000 W 的时域脉冲　(b) P_{in}=1 000 W 的对应光谱　(c) P_{in}=1 200 W 的时域脉冲
(d) P_{in}=1 200 W 的对应光谱　(e) P_{in}=1 600 W 的时域脉冲　(f) P_{in}=1 600 W 的对应光谱

模拟时间必将成倍的增加；要么在采样点数 N 一定的情况下，增大时域步长 dt，但是 dt 增加的范围非常有限，一方面，由于 Nyquist 取样法则的要求，时域步长 dt 不能过大，需要保证采样频率(与时域步长的倒数成正比)大于典型的采样频率；另一方面，由傅立叶时域频域变换关系，产生一个相对于中心频率的频率序列$(f_0+\Delta f)$，式中 $\Delta f=[(-N/2):1:(N/21-1)]/T_{window}$，对应波长序列 $\lambda=c/(f_0+\Delta f)$，式中 c 是真空中光速。这个波长序列由两段组成，一段在负数区间，另一段在正数区间。显然波长不可能为负数，所以正数区间才对应模拟所需要的光谱窗口。这个光谱窗口的最大波长 λ_{max} 可通过求解正数区间的最大值得到，而最小波长 λ_{min} 可通过求解正数区间的最小值得到，也可由式(4.1)计算得到。由式(4.1)可知，时域步长的增大会增大 λ_{max}，引起光谱窗口$(\lambda_{min}, \lambda_{max})$减小，从而不能完全地呈现产生的超连续谱。因此，时域步长的设置是长脉冲泵浦机制的一个难题。

表 4.2 是选取中心波长为 1 064 nm，真空光速 $c=299\,792\,458$ m/s，采样点数 $N=2^{16}$，由式(4.1)计算的时间窗口和光谱窗口的最小波长随着时域步长增加的变化情况。可以看到，随着时域步长的增加，时间窗口逐渐增大，可以包含长脉冲或者连续光更多的有效信息；但是光谱窗口的最小波长也在逐渐增大，这就造成最小波长以下的光谱成分不能有效地显示出来。因此，需要结合要模拟长脉冲的脉宽和产生超连续谱的光谱范围，慎重地选择时域步长。由 4.1 节的讨论，这个问题在超短脉冲泵浦机制的模拟中几乎是不存在的，因为超短脉冲持续时间短，时间窗口的选取和频域要求很容易同时满足。

表 4.2　傅立叶变换的时域与频域对应参数

时域步长(fs)	时间窗口(ps)	最小波长(nm)
0.8	52.4	330.6
1.0	65.5	383.5
1.2	78.6	429.2
1.4	91.8	469.2
1.6	104.9	504.5
1.8	118.0	535.8
2.0	131.1	563.8

4.2.2　脉宽的近似处理

上文提到，增加采样点数 N 是获得较大时间窗口的一个途径，但是由于目前个人计算机配置(内存 2.00 GB)的限制,可以运算的最大采样点数为 $N=2^{20}$。因此,对于半极大全脉宽 T_{FWHM}小于 100 ps 的长脉冲,结合上述讨论的时域和频域要求,通过选择合适的采样点数 N 和时域步长 $\mathrm{d}t$,能够有效地模拟其演化形成超连续谱。但是对于更宽的长脉冲来说,采样点数 N 和时域步长 $\mathrm{d}t$ 都已经达到频域所要求的极限,此时还是不能满足时间窗口的要求,那么只能对其脉宽采取近似处理。具体地说,要模拟 $T_{\mathrm{FWHM}}=600$ ps 的长脉冲,并且产生的超连续谱最小波长可延伸到 400 nm,那么要求时域步长 $\mathrm{d}t$ 最大不能超过 1.0 fs,而采样点数至少为 2^{22},这样个人计算机是运行不了的。对于连续光泵浦机制来说,其脉宽理论上认为是无穷大,因此,时域的要求根本满足不了,也就不可能实现连续光泵浦超连续谱产生的有效模拟。

为了解决这个问题,一些学者就提出采用合适脉宽的脉冲去近似极宽的长脉冲或者连续光。在长脉冲泵浦机制方面,2006 年,E. Räikkönen 等人[9]采用脉宽为 125 ps 的高斯脉冲去近似实验中的 3 ns 脉冲,模拟结果与实验观察吻合非常好;2008 年,Malay Kumar 等人[10]甚至采用脉宽为 20 ps 的超高斯脉冲去近似实验中的 2 ns 脉冲,也取得了不错的结果。在连续光泵浦机制方面,2005 年,Serguei M. Kobtsev 等人[11]比较研究了采用 30 ps 到 4 ns 的时间窗口去截取连续光上的一个片段,然后用这个片段去近似连续光,模拟结果与实验数据也非常一致。2007 年 Arnaud Mussot[12]以及 2008 年 J. C. Travers[13]分别采用 130 ps 和 256 ps 的时间窗口截取连续光片段去模拟超连续谱的产生,最终都取得了不错的模拟效果。他们的研究工作为实现长脉冲和连续光泵浦超连续谱产生的有效模拟,提供了一个思路,本书综合他们的研究成果,对长脉冲的模拟一般是采用半极大全脉宽为几十皮秒量级的高斯脉冲去近似;而对连续光的模拟是采用几百皮秒的时间窗口截取连续光的一个片段来近似。

4.2.3 随机噪声的模拟

事实上,任何真实激光器发射出来的激光场都伴随有振幅和相位上的微小起伏,这些微小起伏就是随机噪声。正是由于随机噪声的存在,长脉冲或者连续光才能在非线性色散介质的传输中发生分裂,进而产生四波混频效应和超连续谱。为此将激光器的输出电场记为[14]:

$$E(z,t)=[A+\delta A(z,t)]\exp\{i[\phi+\delta\phi(z,t)]\} \tag{4.2}$$

其中,A,ϕ 分别是稳态时的振幅和相位,$\delta A(z,t)$,$\delta\phi(z,t)$是振幅和相位的随机噪声,满足 $\delta A(z,t)\ll A(z,t)$,$\delta\phi(z,t)\ll\phi(z,t)$,且$\langle\delta A(z,t)\rangle=0$,$\langle\delta\phi(z,t)\rangle=0$,$\langle\rangle$表示在整个持续时间上求平均。

因为随机噪声在产生超连续谱中的重要性，所以需要对其进行有效模拟。目前为止，对随机噪声的模拟主要有 One photon per mode 模型[11]、基于相位散射的模型[15-16]、多纵向模的集合模型[17-18]等。因为 Serguei M. Kobtsev 等人[11]采用 One photon per mode 模型模拟超连续谱的产生与实验结果取得了精确的一致。本论文也尝试采用该模型来模拟随机噪声，并与实验结果作对比，检验噪声模拟的合理性。这个模型是指注入一个带有随机相位的光子，到入射光场的每个频率(即每个模式)，其中带有随机相位的光子即为随机噪声，写为：

$$A_{\text{noise}}(\nu_{\text{m}}) = \sqrt{E_{\text{photon}}} \times \exp[i\phi(\nu_{\text{m}})] \tag{4.3}$$

式中，E_{photon}是一个光子的能量，$\phi(\nu_{\text{m}})$是光子的随机相位，它在区间$[0, 2\pi]$内随机选取。然后对式(4.3)进行傅立叶逆变换，可得时域中的随机噪声形式 $A_{\text{noise}}(t_{\text{m}})$。最后将随机噪声加到入射脉冲上，假设入射脉冲是高斯型的，可得长脉冲的入射场为：

$$A(T) = \sqrt{P_0}\exp\left(-\frac{T^2}{2T_0^2}\right) + A_{\text{noise}}(t_{\text{m}}) \tag{4.4}$$

如果将随机噪声加到连续光的片段上，由于连续光的脉宽被认为是无穷大，因此，指数项简化为 1，可得连续光的入射场为：

$$A(T) = \sqrt{P_0} + A_{\text{noise}}(t_{\text{m}}) \tag{4.5}$$

4.2.4　步长自适应变化的实现

对于空间步长固定的分步傅立叶法来说，光纤长度是演化步数和空间步长的乘积，因此步长越小，演化步数越多，计算结果越精确，但是模拟时间越长。对于长脉冲或者连续光泵浦机制来说，在演化的初期阶段，即长脉冲或者连续光片段分裂之前，由于脉宽较宽，涉及的非线性效应较少，且高阶色散还没有发挥作用，此时演化步长可以大一些以减少演化时间；随着长脉冲或者连续光分裂成峰值功率较高的多重超短脉冲，涉及的非线性效应开始增多，高阶色散也开始影响这些超短脉冲时域和频域的变化，演化步长需要减小一些以保证最终结果的精度。因此，步长固定的分步傅立叶法在长脉冲或者连续光泵浦机制存在不足，需要采用步长自适应变化的分步傅立叶法[19]进行模拟。

一般步长的自适应变化是通过计算相对局域误差来实现的，即计算不同路径下粗略解和精确解之间的局域误差。图 4.5 显示了空间步长自适应变化的实现过程，从光纤 z 处演化到$(z+2h)$处可由以下两个路径来实现：第一，设置空间步长为 $2h$，直接从处演化到$(z+2h)$处，计算求得粗略解 $A_{\text{coarse}}(z+2h, w)$；第二，设置步长 h，先从 z 处演化到$(z+h)$处，再从$(z+h)$处演化到$(z+2h)$，显然此时计算的结果要比第一路径精确，因

此称为精确解 $A_{\text{fine}}(z+2h,w)$。然后将两个解比较，计算相对局域误差 δ：

$$\delta=\frac{\| A_{\text{fine}}-A_{\text{coarse}} \|}{\| A_{\text{fine}} \|} \tag{4.6}$$

式中 $\|\cdot\|$ 的含义为 $\| A(z,w) \| = \left(\int |A(z,w)|^2 \mathrm{d}w\right)^{1/2}$。

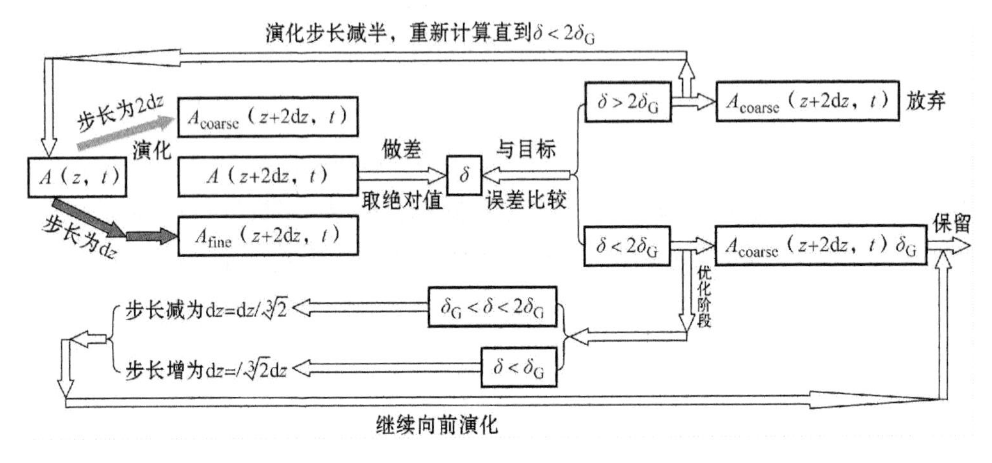

图 4.5　实现步长自适应变化的流程图

相对局域误差 δ 与事先设置的局域目标误差 δ_G[150] 的比较分为两种情况：第一，如果 δ 远大于 δ_G，即 $\delta>2\delta_G$，说明计算结果严重偏离精确值，将计算的 $A_{\text{coarse}}(z+2h,w)$ 舍弃，同时，步长 h 减半，重新演化直到 $\delta<2\delta_G$；第二，如果 $2\delta_G>\delta$，说明计算结果的精度符合要求，计算的 $A_{\text{coarse}}(z+2h,w)$ 保留，同时进入程序的优化阶段。优化阶段又分为两种情况：一种情况是 δ 满足 $2\delta_G>\delta>\delta_G$，那么计算结果保留同时，步长缩小为 $h/\sqrt[3]{2}$，以求下一步的计算结果更加精确，然后在上步结果 $A_{\text{coarse}}(z+2h,w)$ 的基础上继续向前演化；另一种情况是 δ 满足 $\delta_G>\delta$，那么计算结果保留的同时，步长扩大为 $\sqrt[3]{2}h$，这样可以减少模拟时间，继续向前演化，直至光纤的输出端。

由于方案流程中计算了粗略解和精确解，因此这种实现步长自适应变化的方法还有一个优点就是，可以将粗略解和精确解的线性组合作为下一步演化的初始值，即表达为：

$$A(z+2h,w)=\frac{4}{3}A_{\text{fine}}(z+2h,w)-\frac{1}{3}A_{\text{coarse}}(z+2h,w) \tag{4.7}$$

这样主要误差就来源于计算步长的四阶项，在对称分步傅立叶法的基础上进一步提高了计算精度。需要指出的是该方案也有一个缺点，就是从光纤 z 处演化到 $(z+2h)$ 处，计算了三个传播区间($1\times 2h$ 和 $2\times h$)，相比步长固定的分步傅立叶法的两个传播区间($2\times h$)，运算量增加了 50%。

4.3　长脉冲泵浦超连续谱产生的理论研究

解决了 4.2 节中提到的四个数值模拟问题以后，就可以理论研究长脉冲泵浦机制超连续谱的形成过程了。本节采用自适应分步傅立叶法求解广义非线性薛定谔方程(3.47)，模拟研究长脉冲泵浦 PCF 超连续谱的产生。同时为了检验本书模拟方法的正确性，将数值模拟结果与实验观察(W. J. Wadsworth，OE. 12. 299)[20]进行对比。

4.3.1　长脉冲模拟的初始设置

为了与实验比较，本书采用文献[20]所用的产生超连续谱的 PCF P 进行模拟。PCF P 的结构参数为：孔间距 $\Lambda=3.0\ \mu m$，比值 $d/\Lambda=0.39$。利用经验公式[21]计算其色散曲线，如图 4.6 所示，零色散点在 1 041nm 附近，与文献[20]中实验测量 1 039 nm 非常接近，因此，泵浦光 1 064 nm 处于 PCF P 的反常色散区。另外，这里采用 4.1.1 节中介绍的计算色散系数的方法，可以求得 PCF P 中基模在泵浦波长 1 064 nm 处的各阶色散系数如表 4.3 所示，为保证模拟的精确度，仍然精确到六阶色散。

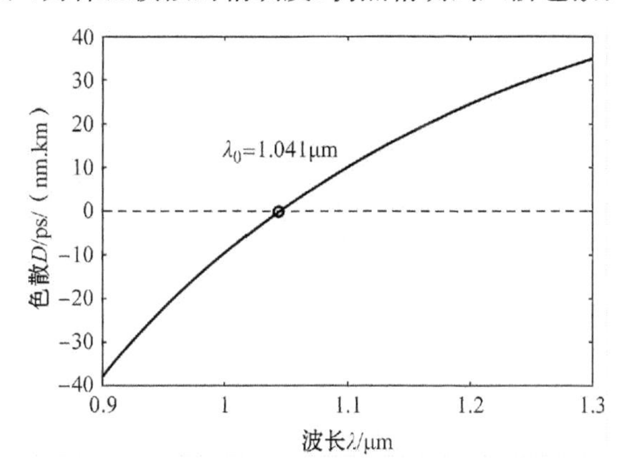

图 4.6　PCF P 的色散曲线

表 4.3　PCF P 在波长 1064nm 处的色散系数

色散系数	计算值	单位
二阶色散系数 β_2	-1.04×10^{-26}	s^2/m
三阶色散系数 β_3	2.82×10^{-40}	s^3/m
四阶色散系数 β_4	-6.18×10^{-55}	s^4/m
五阶色散系数 β_5	8.81×10^{-70}	s^5/m
六阶色散系数 β_6	-5.83×10^{-85}	s^6/m

文献[20]所用激光器的输出脉冲半极大全宽 $T_{\mathrm{FWHM}}=600\ \mathrm{ps}$，在 4.2.2 节中已经分析了由于计算机内存的限制，很难模拟 $T_{\mathrm{FWHM}}=600\ \mathrm{ps}$ 脉冲的演化，必须对脉宽进行近似处理。这里采用带有随机噪声的、中心波长为 1 064 nm、$T_{\mathrm{FWHM}}=30\ \mathrm{ps}$ 的无啁啾高斯脉冲，如图 4.7 所示，去近似实验中激光器的输出脉冲。选取的采样点数 $N=2^{18}$ 和时域步长 $\mathrm{d}t=1.5\mathrm{fs}$，这样时间窗口可达 393.2 ps，远远大于高斯脉冲的脉宽；而且光谱窗口的最小波长可以到 487.4 nm。因此，参数的选取满足 Nyquist 取样法则以及傅立叶变换的时域和频域要求。图 4.7 是本书给出的 $T_{\mathrm{FWHM}}=30\ \mathrm{ps}$ 高斯脉冲的时域形状和对应的频谱。

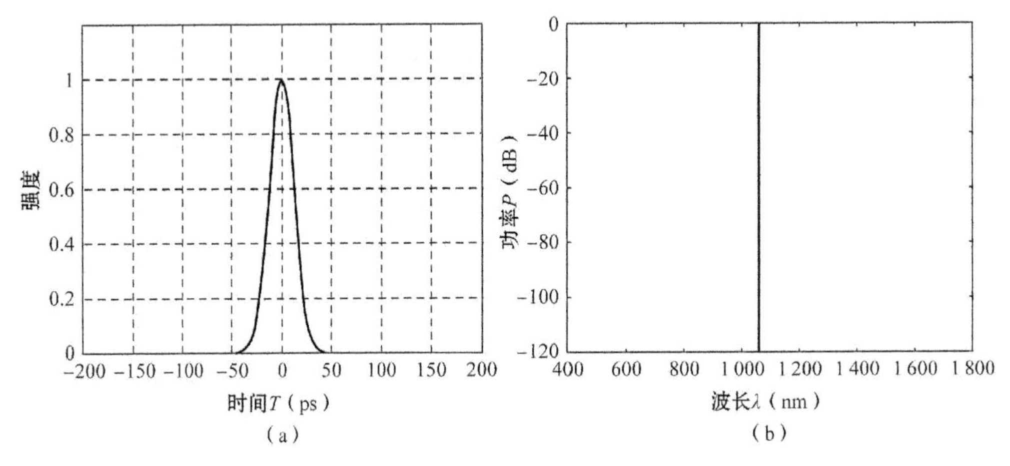

图 4.7　$T_{\mathrm{FWHM}}=30\ \mathrm{ps}$ 高斯脉冲的时域图和频谱
(a) 时域　(b) 频谱

4.3.2　调制不稳定性与脉冲分裂

保持光纤 PCF P 的长度 1 m 不变，逐渐增大泵浦进 PCF P 脉冲的峰值功率 P_0，数值模拟超连续谱的形成过程。图 4.8 是观察到的调制不稳定性，图(a)和图(b)是峰值功率 $P_0=800\ \mathrm{W}$ 时的时域形状和频谱。图 4.8(a)中的嵌套图是对时域区间[−2，2]ps 内波形的放大，可以看到随机噪声在 PCF P 传输的过程中被放大，并对初始波形发生了调制，调制周期可由下式进行近似：

$$T_{\mathrm{m}}=2\pi/\Omega_{\max} \tag{4.8}$$

式中，$\Omega_{\max}$是调制不稳定性产生最大增益处相对于中心频率的频移，由式(3.73)可以计算频移 $\Omega_{\max}=4.43\times10^{13}\ \mathrm{Hz}$，正好对应图 4.8(b)中，分别在波长 1 038 nm 和 1 091 nm 附近产生的关于中心频率对称的两个旁瓣。同时由式(4.8)计算调制不稳定性产生的调制

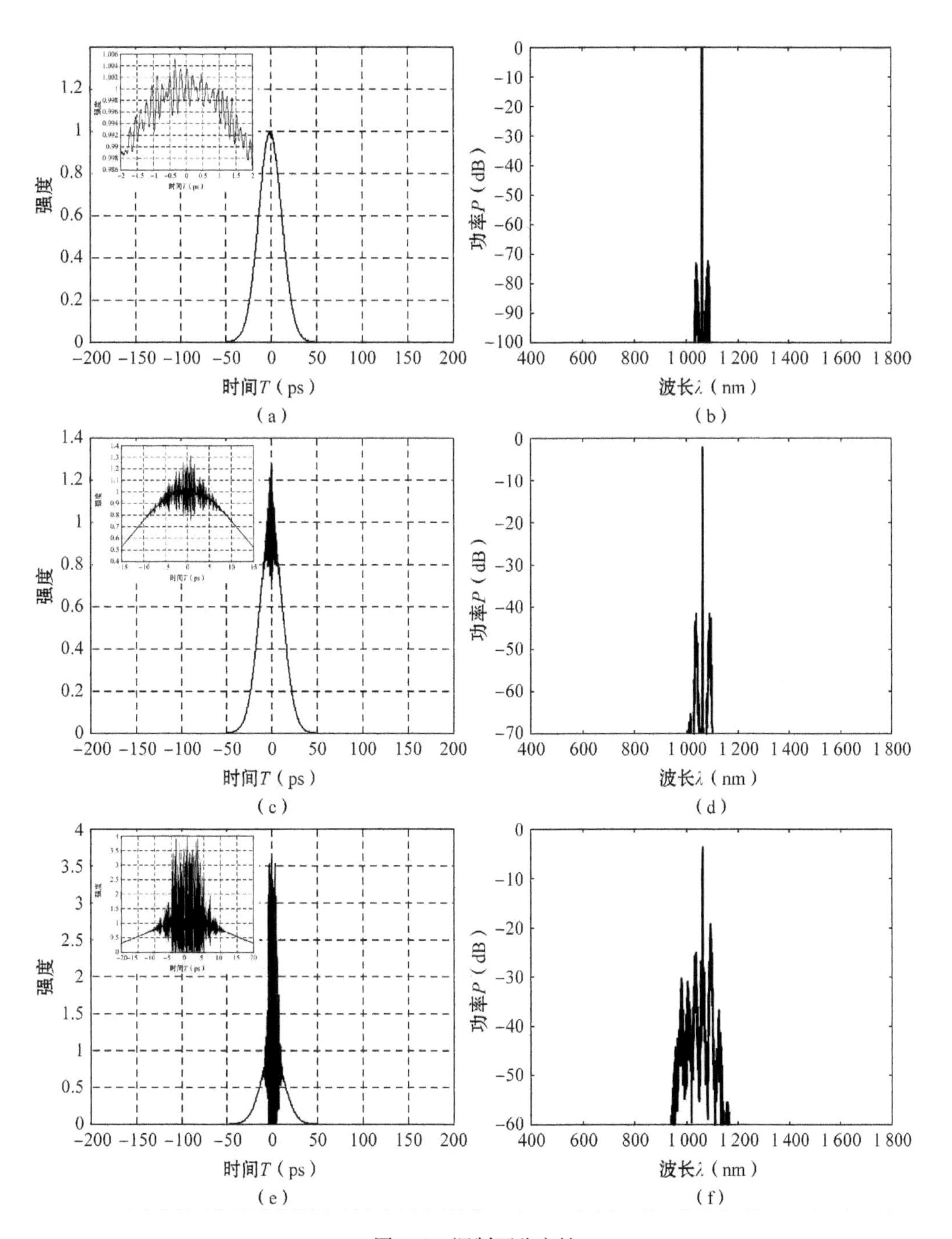

图 4.8　调制不稳定性

(a)(b) $P_0=800\,\mathrm{W}$　(c)(d) $P_0=1\,200\,\mathrm{W}$　(e)(f) $P_0=1\,500\,\mathrm{W}$

周期大约为 140 fs，与图 4.8(a)中放大的波形调制周期相一致。这一方面说明了本书设置随机噪声和选取模拟方法（自适应分步傅立叶法求解广义非线性薛定谔方程）的正确性；另一方面也证实了长脉冲在光纤反常色散区泵浦的机制中，调制不稳定性在脉冲分裂过程中发挥了重要作用。

当峰值功率 P_0=1 200 W 时，如图 4.8(c)(d)所示，脉宽中心的调制强度进一步放大，在时域区间[−10，10]ps 内出现剧烈振荡；频谱上表现为两个对称的旁瓣随着峰值功率的增加而增加，与式(3.74)表达的调制不稳定性增益相一致。图 4.8(e)(f)显示了峰值功率 P_0=1 500 W 时的时域形状和频谱，脉宽中心[−5，5]ps 的调制振荡已经演化成了超短脉冲，频谱上表现为出现了两对高阶旁瓣，分别位于波长 982 nm 和 1 164 nm、1 006 nm 和 1 127nm 处。从文献[20]的图中也清晰地看到了高阶旁瓣的出现，本书的模拟结果与实验观察相一致。这是由于一阶旁瓣（波长 1 038 nm 和 1 091 nm）的功率增益，如式(3.74)所示，随着入射脉冲的峰值功率增加而增加，当增加至一定程度时它们就可以充当泵浦光而产生新的调制不稳定性。

4.3.3 脉冲内拉曼散射与超连续谱的产生

继续增加峰值功率 P_0，如图 4.9 所示，依次显示了峰值功率为 2 800 W、5 000 W 和 6 500 W 的时域波形和频谱。由图(a)(c)(e)时域波形可以看到，初始长脉冲的分解区间由中间向两边逐渐增大，直至最后整个长脉冲完全分裂为多重的超短脉冲。分裂后的超短脉冲在负的群速度色散和自相位调制的共同作用下，迅速演化成基孤子或者高阶孤子。图 4.9(d)和(f)中长波区的一些小尖峰就是孤子出现的标志，另外在时域图中也可以得到证实，因为在光纤的反常色散区长波成分传输得慢，因此它们落到了脉冲的后沿，如图 4.9(c)(e)所示，在脉冲后沿有许多峰值功率较高的超短脉冲，它们就对应频谱中出现的孤子。

这些孤子由于它们的时域脉宽 $\Delta\tau$ 非常窄，正如 4.1.2 节中分析的那样，同样在 IRS 和高阶色散的作用下，这些高阶孤子会分解成红移的基孤子和蓝移的色散波[3,6-7]，表现为孤子向长波方向的自频移[5,8]和短波区色散波的出现，如图 4.9(f)所示。无论是比较时域图 4.9(c)和(e)，许多较高功率的拉曼孤子都在向脉冲后沿移动，还是比较频谱图 4.9(d)和(f)，许多小尖峰向长波方向移动，本书的模拟结果都不仅证实了长脉冲泵浦机制下孤子自频移现象的存在，而且也说明了该机制下超连续谱向长波方向的延伸同样是由于孤子的自频移。

随着孤子在长波方向发生自频移，同时在 IRS 和高阶色散的作用下发生孤子分解，

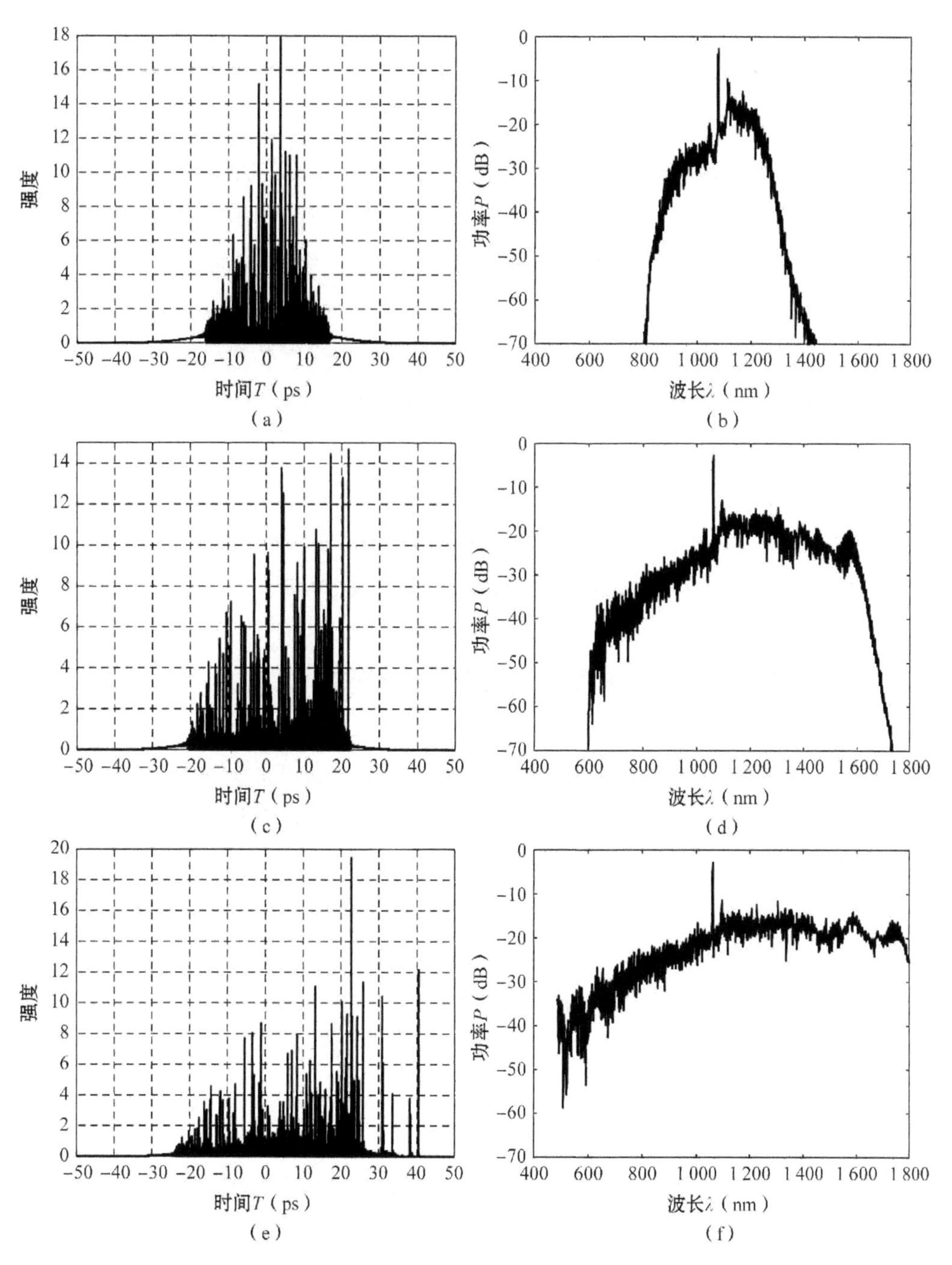

图 4.9　超连续谱的产生

(a)(b) P_0=2 800 W　(c)(d) P_0=5 000 W　(e)(f) P_0=6 500 W

并且在短波方向产生色散波。如图 4. 9(f)所示，在波长 730 nm、702 nm、570 nm、550 nm、500 nm 处还观察到了蓝移的色散波。这些色散波产生的位置可以由共振条件(2. 81)来确定。当峰值功率 P_0 = 6 500 W 时，如图 4. 9(e)(f)所示，原来的长脉冲在整个持续时间上已经完全分解成了短脉冲、超短脉冲，红移的孤子和蓝移的色散波进一步展宽了整个光谱，40 dB 的带宽从 487 nm 一直延伸到 1 800 nm，与文献[20]图 9 中蓝线非常吻合。细微上的差别，比如短波长边界的准确位置以及图 9 中蓝线在 1. 38 μm 处有一个凹陷而模拟结果没有，主要原因有两个：第一，PCF P 的横截面参数(孔直径和孔间距)在微米量级，是不可能精确测量的，它们一般是通过测量许多空气孔然后取平均，得到结果与实际值肯定有误差，这细小的误差就会导致在计算传播常数和高阶色散系数时，产生较大的偏差，而色散参数直接影响着超连续谱的范围；第二，本书在模拟中忽略了光纤损耗，虽然石英光纤在波长窗口(0. 4～2 μm)的损耗很小，但是在 1. 38 μm 处的水峰损耗却影响很大，这就是实验中在该处出现小凹陷的原因，同时水峰损耗会影响孤子向长波方向的自频移[22]，进而影响短波区色散波的产生，也就影响了产生超连续谱的范围。

4. 4 连续光泵浦超连续谱产生的理论研究

连续光泵浦机制产生的超连续谱相比于脉冲泵浦产生的超连续谱，展现出两个突出的优点：较高的功率谱密度和相对平滑的光谱[22-27]。2008 年，J. C. Travers 等人[13]报道了他们采用工业量级输出功率可达 400 W 的、单模掺镱连续光光纤激光器泵浦 PCF 产生了可以延伸到可见波段的超连续谱，最短波长可以延伸到 600 nm。虽然他们也数值模拟了超连续谱的产生，但是没有将数值模拟结果与实验结果进行比较，而且模拟的光谱不够平滑，与实验结果相比还有一些定性和定量的差别。因此，本节模拟研究连续光泵浦 PCF 超连续谱的形成过程，并与长脉冲机制进行比较。

4. 4. 1 连续光模拟的初始设置

在 4. 1 节分析连续光泵浦机制的模拟困难里面，已经指出：连续光的脉宽理论上认为是无限大的，因此，只能够采用一定宽度的时间窗口在连续光的整个持续时间上截取一个小片段(snapshot)，在这个片段加上随机噪声作为本书模拟的初始条件。时间窗口的选取需要慎重，不仅需要尽可能多地包含真实连续光的有效信息，而且也要考虑个人计算机的配置，保证计算时间在合理的范围内。文献[12]和[13]已经表明几百皮秒的时间窗口结合分步傅立叶法固有的周期性边界条件是足够可以模拟连续光的。因此，在本书的模拟中，设置采样点数为 $N=2^{18}$ 和时间步长 $dt=1.0$ fs，这样获得的时间窗口可以达到 262 ps。文献[13]中的泵浦波长为 1 064 nm，由公式(4.1)计算设置产生的光谱窗口可以从 384 nm 延伸到 2 000 nm，图 4.10 显示了初始连续光片段的时域图和对应频谱。

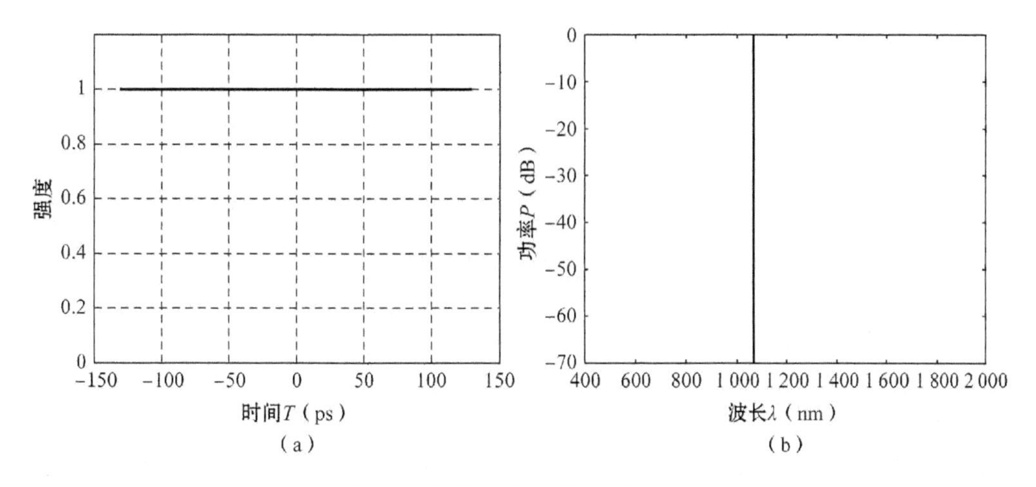

图 4.10　初始连续光的时域图和频谱
(a) 时域图　(b) 频谱图

文献[13]中产生可见超连续谱采用的 PCF 记为 HF1050，其结构参数为：孔间距 $\Lambda=3.4\,\mu m$，孔直径与孔间距比值为 0.47，纤芯大约为 5.2 μm。采用 4.1.1 节中介绍的计算色散系数的方法，求得 HF1050 中基模在波长 1 064 nm 处的各阶色散系数如表 4.4 所示。图 4.11 显示了 HF1050 的色散曲线，曲线的形状和零色散点的位置与文献[13]给出的结果非常一致，这就说明本书计算 PCF 色散参数方法的准确性。与文献[13]中采用四阶龙格—库塔算法求解非线性薛定谔方程不同，这里采用步长自适应变化的分步傅立叶法进行求解，为保证计算结果的精度，设置局域目标误差 $\delta_G=10^{-5}$。

表 4.4　在波长 1 064 *nm* 处的色散系数

色 散 系 数	计 算 值	单　　位
二阶色散系数 β_2	-1.31×10^{-27}	s^2/m
三阶色散系数 β_3	7.26×10^{-41}	s^3/m
四阶色散系数 β_4	-1.14×10^{-55}	s^4/m
五阶色散系数 β_5	2.73×10^{-70}	s^5/m
六阶色散系数 β_6	-9.80×10^{-85}	s^6/m

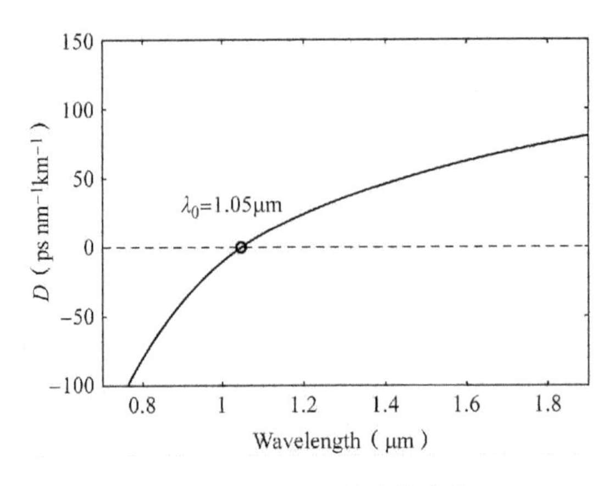

图 4.11 HF1050 的色散曲线

4.4.2 连续光泵浦机制下的调制不稳定性

为了与实验结果进行比较，这里设置初始连续光的平均功率为 230 W，观察初始连续光在时域和频域中随着光纤 HF1050 长度增加的演化。这一点连续光泵浦机制与脉冲光不同，因为连续光的平均输出功率（一般可以达到几十瓦或者几百量级）相对于脉冲光的峰值功率（一般可达到几千瓦、几十千瓦甚至更高）要低得多，因此需要增加光纤的长度来实现非线性效应的积累。光纤 HF1050 的零色散点在 1 050 nm 附近，即泵浦波长 1 064 nm 处于 HF1050 的反常色散区，因此同样可以观察到调制不稳定性的产生。

因为选取的时间窗口非常宽，如果全部呈现整个时间窗口就不能清楚地看到连续光时域发生的调制和以后超短脉冲的形成，所以只是截取时域图的一小段来显示，比如图 4.12 中的时域图只是显示了时域区间[−2，2]ps 内的波形。图 4.12(a)(b)是入射连续光在 4 m 光纤 HF1050 中演化后输出的波形和频谱，可以看到：随机噪声在光纤传输中被放大，初始的连续光已经发生了类周期的调制，调制周期同样可由式(4.8)进行估计；由式(3.73)可以计算调制不稳定性产生最大增益处的位置相对于泵浦光的频移 $\Omega_{\max}=4.64\times10^{13}$ Hz，转换到波长空间即在 1 036 nm 和 1 093 nm 处出现两个对称旁瓣；进而可以估算调制周期 T_{m} 为～135 fs。当光纤长度增加到 $L=5$ m 时，如图 4.12(c)(d)所示，时域波形的调制振幅在增大，对应于两个旁瓣的功率也在增大；继续增大光纤长度到 $L=6$ m 时，如图 4.12(e)(f)所示，调制不稳定性更加剧烈，随着一阶旁瓣功率的逐渐增大，激发出了高阶旁瓣，如图 4.12(f)所示，分别在 1 008 nm 和 1 125 nm 处出现了小尖峰。

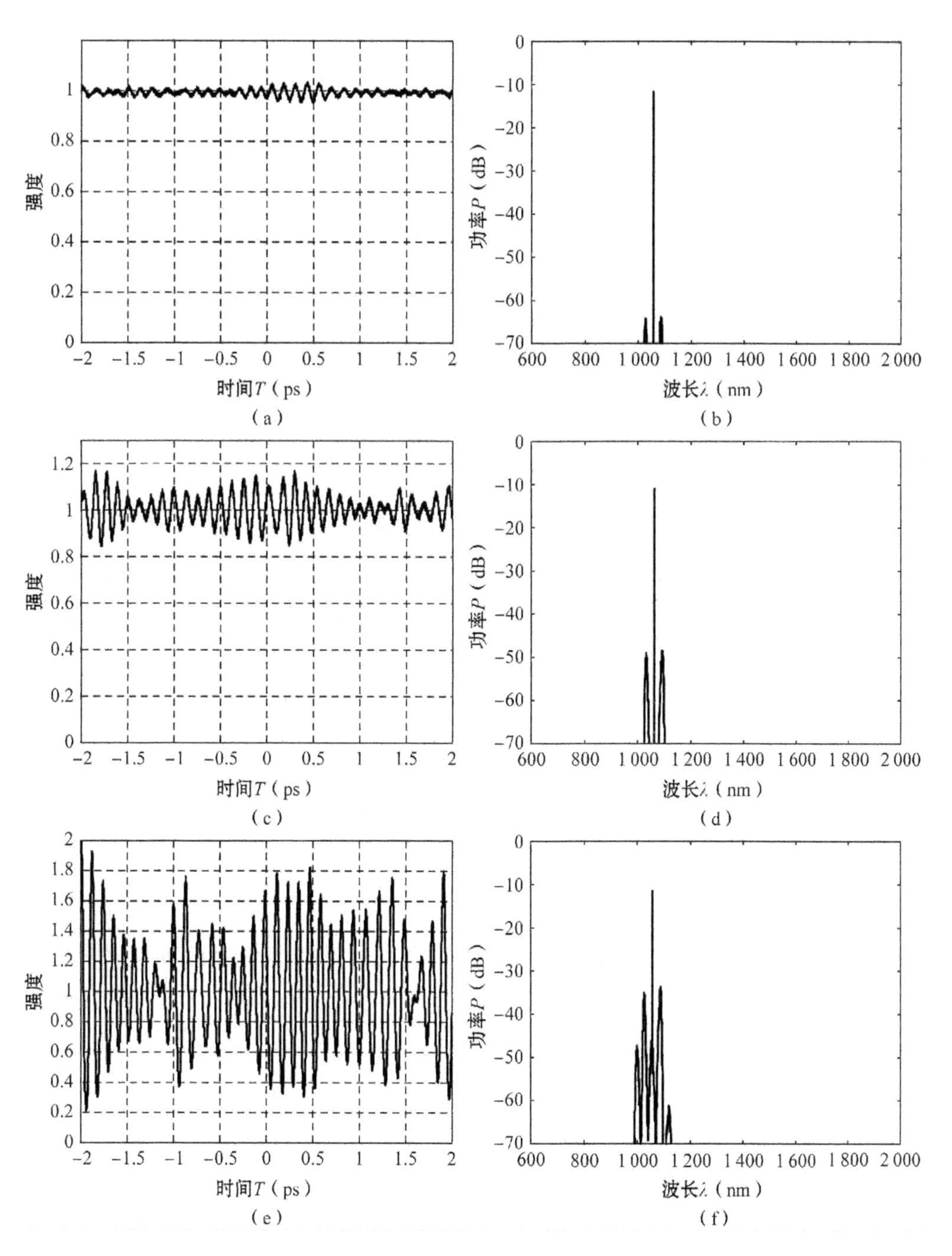

图 4.12　连续光泵浦机制下的调制不稳定性

(a)(b) $L=4$m　(c)(d) $L=5$m　(e)(f) $L=6$m

可见，连续光泵浦机制产生的调制不稳定性与长脉冲相比，相同点在于：第一，都是在光纤的反常色散区产生，都导致了长脉冲或者初始连续光场的分裂；第二，两种泵浦机制产生的调制不稳定性在频谱中的表现较为一致，都是经历了两个旁瓣的出现、旁瓣不断增大到高阶旁瓣的出现。不同之处在于：第一，长脉冲机制是依赖较高的脉冲峰值功率来产生调制不稳定性，而连续光机制只能借助于增加光纤长度来实现非线性效应的积累；第二，二者分裂的过程略有不同，长脉冲因为脉宽中心附近的强度较高，因此在非线性介质中传输时，随机噪声更容易被放大，所以长脉冲的分解过程是从脉宽中心向两边逐渐展开的，而连续光时间窗口内各处的强度基本相等，随机噪声几乎同时被放大，只是有的地方噪声起伏大引起的振荡剧烈，而有些地方噪声起伏小引起的振荡微弱。

4.4.3 超连续谱的产生

当光纤 HF1050 的长度 $L=6.5\,\mathrm{m}$ 时，输出的时域波形如图 4.13(a)所示，可以看到连续光已经分裂成了多重的超短脉冲；为了清晰地研究这些超短脉冲，在图 4.13(a)中用虚线框选取一个超短脉冲，并在图 4.13(b)中放大显示。可以看到波形近似为高斯型的，后沿较前沿陡峭，从图 4.13(b)还可以粗略地判断该超短脉冲的半极大全宽为～70 fs，脉宽 τ_0 在～50 fs。因此，自陡效应和脉冲内拉曼效应参数可以分别通过下面两个式子进行估计[5]：

$$
\begin{aligned}
S &= \frac{1}{\omega_0 \tau_0} = 0.0113, \\
\tau_R &= \frac{T_R}{\tau_0} = 0.06
\end{aligned}
\tag{4.9}
$$

其中，参数 $T_R=3\,\mathrm{fs}$。两参量的数值与文献[5]中给出的量级相比，不能忽略，因此，超短脉冲形成后，自陡效应和脉冲内拉曼效应就开始影响它们的时域波形和光谱了。

图 4.14(a)(b)显示了当光纤 HF1050 的长度 $L=7\,\mathrm{m}$ 时，观察到的自陡效应。仔细比较图 4.14(a)中呈现的这些超短脉冲，发现它们有一个共同的特征：几乎每一个超短脉冲的后沿都相比前沿陡峭。这是由于脉冲峰值的功率高，移动速度比两翼慢，所以峰值被延迟，表现出来就是后沿陡峭，即自陡效应。其实从图 4.13(b)放大的超短脉冲，也可以看到这种现象。另外，由于自相位调制在超短脉冲的前沿附近产生红移分量，而在脉冲后沿附近产生蓝移分量，因此，自陡效应导致较陡的脉冲后沿，就意味着产生较多的蓝移成分；表现在频谱上，即短波段的加宽要宽于长波段，这种现象在图 4.14(b)中也可以观察到。

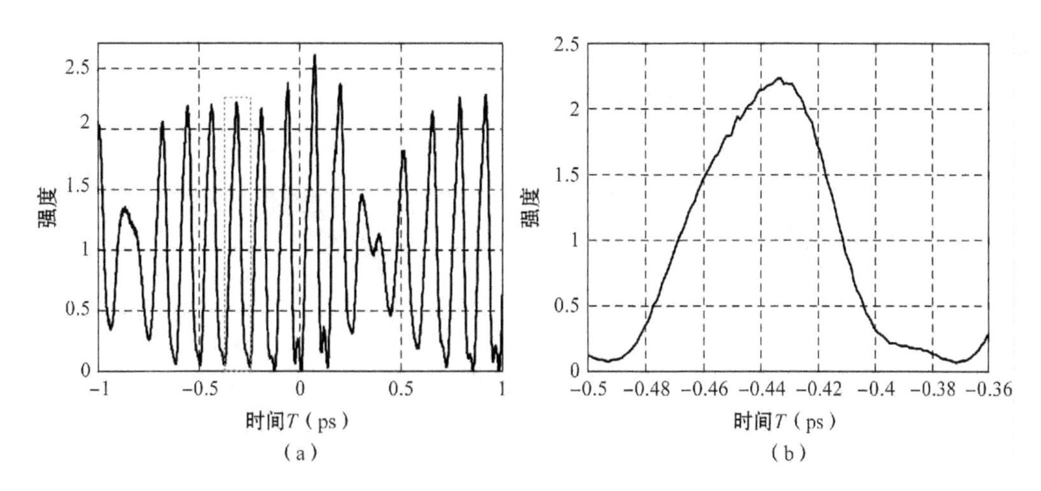

图 4.13　当 $L=6.5\,\text{m}$ 时超短脉冲的形成

(a) 超短脉冲串　(b) 选定脉冲的放大显示

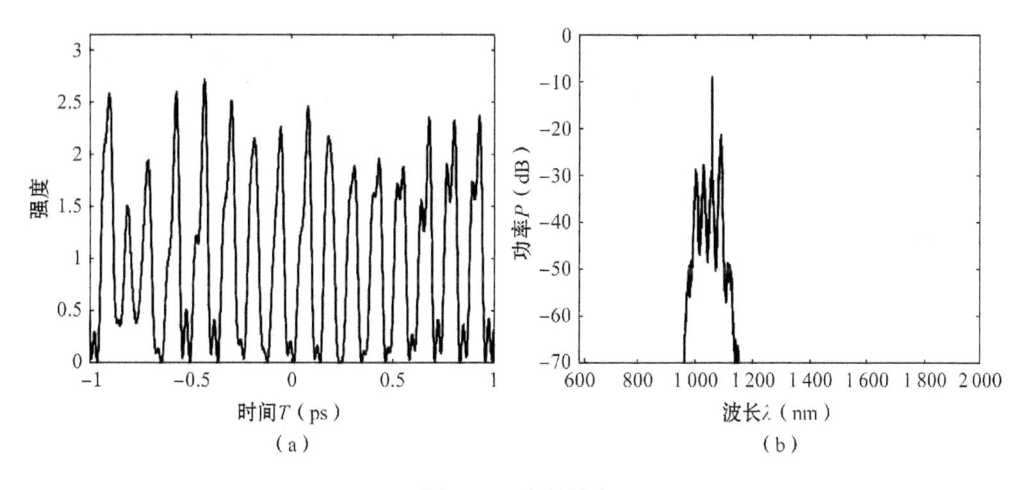

图 4.14　自陡效应

(a) 超短脉冲串　(b) 频谱图

随着光纤 HF1050 长度的进一步增加，分解后形成的超短脉冲的峰值功率也在迅速增大。当它们的峰值功率超过了孤子形成的阈值时，在负的群速度色散和自相位调制的共同作用下会演化成基孤子或者高阶孤子。图 4.15 显示了光纤 HF1050 长度增加时超连续谱的形成过程。在 4.3.3 节中已经分析讨论，这些孤子由于时域脉宽较小而谱宽非常宽，因而在高阶色散和脉冲内受激拉曼散射效应的扰动下，会发生高阶孤子分解，分解成红移的基孤子和蓝移的色散波。相比于图 4.8(f)所示的长脉冲泵浦机制下，孤子和色散波聚集在一起不是很明显；而图 4.15(c)和(d)所示，可以看到连续光泵浦机制下长波区的孤子和短波区的色散波更加清晰可见，这是由于连续光的模拟只是

截取一个片段，产生的孤子和色散波不是足够多，所以才会显得清晰可见，这就为本书仔细研究孤子和色散波的对应关系提供一个很好的渠道。

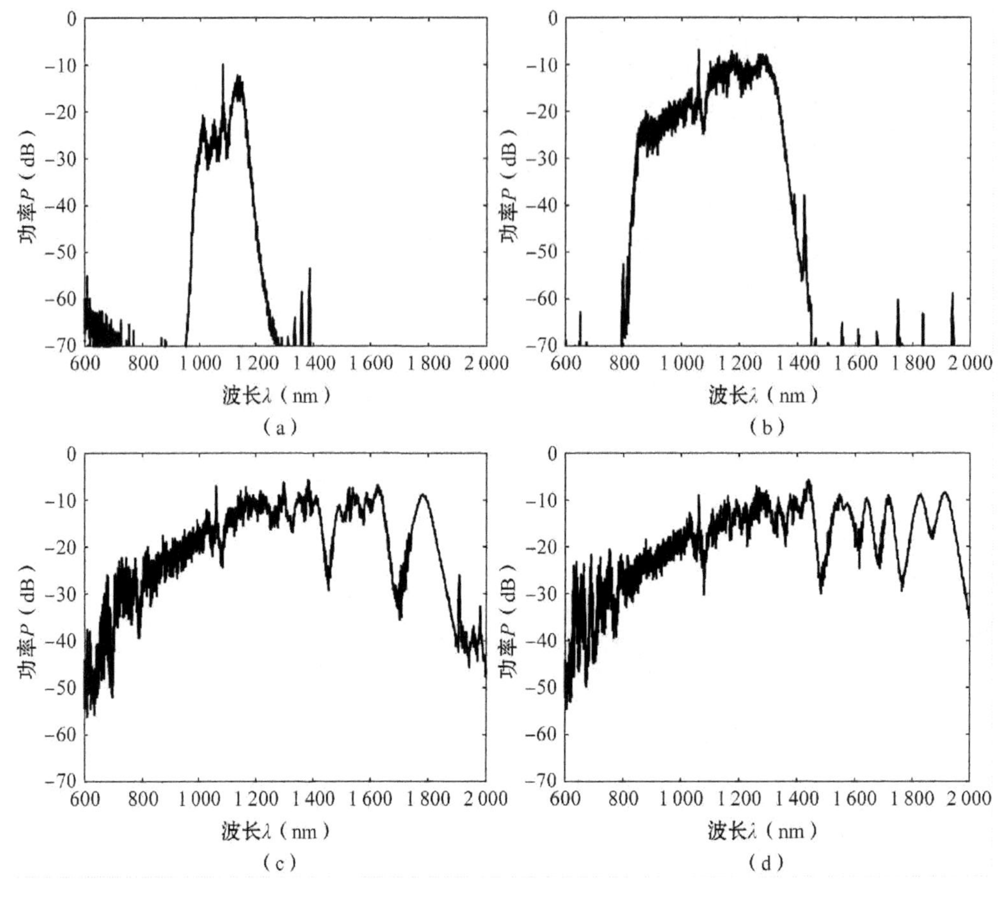

图 4.15　超连续谱的产生

(a) L=10m　(b) L=15m　(c) L=25m　(d) L=30m

在本书 3.3.4 节中已经提到，由于孤子频谱比较宽，与正常色散区重叠的部分在高阶色散的作用下，发生孤子分解时会辐射出蓝移的色散波。色散波出现的位置由孤子和色散波之间的相位匹配条件式(3.84)给出[28]。但是这些色散波产生以后是不是就不发生变化了呢？为此，这里做出了光子晶体光纤 HF1050 的群速度匹配曲线(group-velocity-matched，GVM)和相位匹配曲线(phase-matched，PM)，如图 4.16 所示。同时记录下图 4.15(d)中长波区的孤子分别出现在波长 1 910 nm、1 830 nm、1 725 nm、1 644 nm、1 580 nm、1 443 nm、1 390 nm，对应的色散波分别出现在 610 nm、629 nm、638 nm、688 nm、718 nm、755 nm、790 nm。这些孤子和对应的色散波分别在图 4.16 中用小圆圈标出，可以看出它们的大体走势反而与群速度匹配曲线相同。相对于色散波产生的位置都有不同程度的下移，即色散波的位置向短波方向移动了。

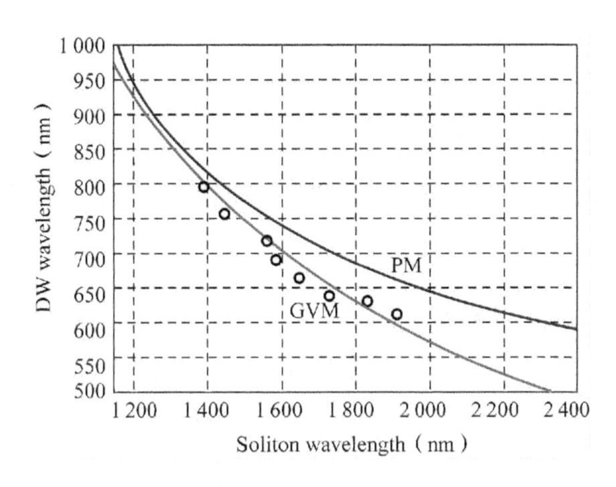

图 4.16　HF1050 的 PM 曲线(上面)和 GVM 曲线(下面)，孤子和对应色散波由小圆圈标出

分析原因就在于，由于泵浦波长 1 064 nm 比较接近光纤 HF1050 零色散点 1 050 nm，因此，孤子传输得快，而色散波传输得慢，就落到孤子的后沿。随着孤子经历自频移，其能量转移到较长的波长，长波区逐渐增加的群速度折射率导致其群速度逐渐减小而被色散波赶上；当孤子与色散波群速度相等时，它们时域重叠而发生相互作用，这种相互作用可能产生两种物理现象：第一，由于色散波位于孤子的后沿，高峰值功率的孤子通过交叉相位调制[5]在色散波处施加一个非线性相位，导致色散波的蓝移[29-30]；第二，色散波和孤子之间的四波混频效应，会产生短于色散波的波长成分[31]。这两种物理现象都会导致色散波的蓝移，使得它们的群速度减小而再次落后于孤子；孤子继续自频移，群速度又会减小而再次被色散波赶上，因此它们之间的相互作用将再次发生。只要孤子继续自频移，群速度就会减小，色散波就会和孤子满足群速度匹配而相互作用，上述过程就会反复发生，这就是所谓的孤子诱捕效应[32-33](Soliton trapping，ST)。正是这种诱捕效应的存在，促使色散波的位置向短波方向延伸，即超连续谱向短波方向展宽。

4.4.4　平均化处理

实验测得光谱，如图 4.17(d)所示，是许许多多的孤子谱和色散波的叠加，由于这些孤子和色散波的能量和频率是随机参数，并且光谱仪的响应关系，因此实验测得的光谱经常是非常平滑的。但是，数值模拟结果图 4.15(d)所示的光谱显然不够平滑，长波区的孤子和短波区的色散波清晰可见。原因在于本书模拟连续光的泵浦，仅仅是选取了它的一个小片段(时间窗口 262 ps)来模拟,与实际中无限大脉宽的连续光有相当大的差异。为了尽可能地接近实验光谱,这里进行平均化处理,一共做了 30 次的数值模拟,每次都是不同的随机噪声;然后对前 10 次、前 20 次、前 30 次的模拟结果求平均,分别对应于图 4.17(a)、(b)、(c)。很显然,模拟的次数越多,累积的时间窗口越大,光谱越平滑,与实验结果越接近,30 次模拟结果的平均图 4.17(c)与实验光谱图 4.17(d)大致趋势非常一致,这也就证明本书模拟连续光泵浦超连续谱产生的方法是正确的。

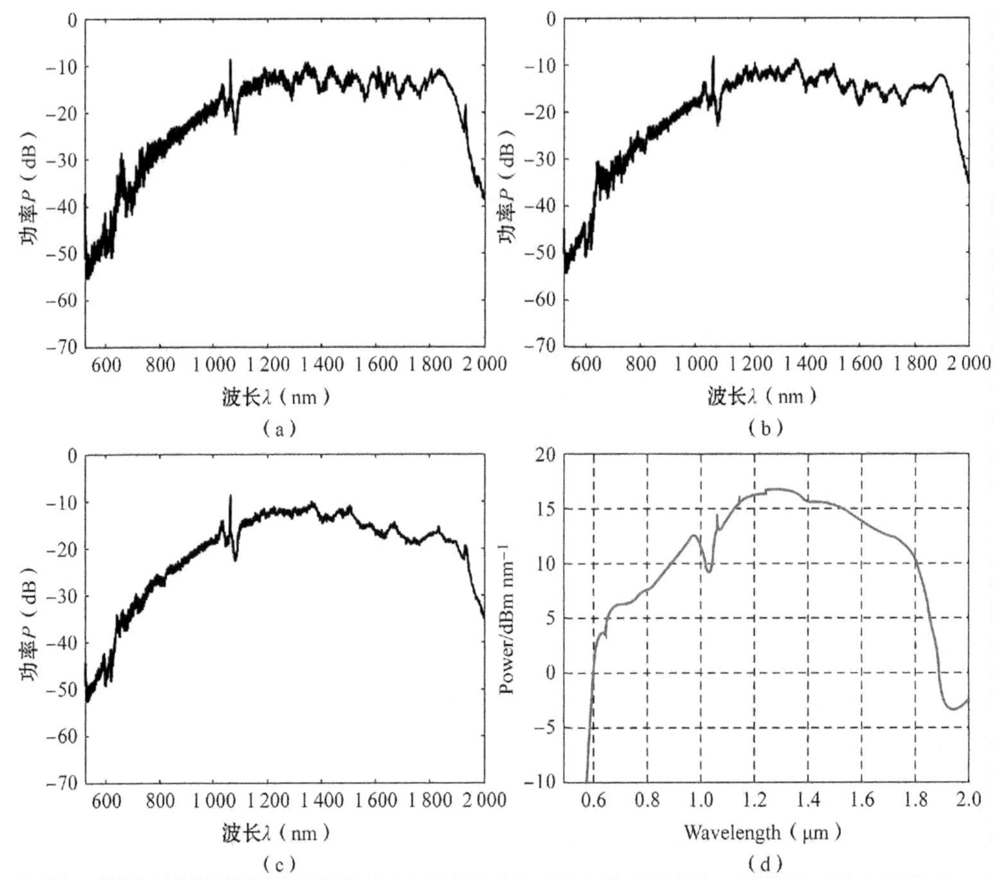

图 4.17 平均化处理

(a) 前 10 次模拟结果的平均 (b) 前 20 次模拟结果的平均

(c) 前 30 次模拟结果的平均 (d) 实验测得光谱

尽管模拟结果与实验大致趋势相一致,但是细节方面还有一些差异,主要存在两个方面:第一,泵浦光的损耗程度不一致,实验结果泵浦光 1 064 nm 几乎完全淹没在光谱之中,而模拟中还有不少的残余,原因在于文献[13]没有给出光纤 HF1050 的损耗谱,因此模拟中没有考虑光纤的损耗;第二,长短波长的边界存在略微的差异,这与光纤

HF1050的色散和损耗有关系，在4.3.3节中已经分析了色散参数很难精确地计算，模拟所用的色散系数与实际中有误差，以及损耗影响孤子自频移进而影响孤子诱捕效应等因素，因此，模拟光谱的长短波长边界与实验观察有偏差。

4.5　长脉冲和连续光产生超连续谱的对比

在4.3节和4.4节分别理论研究长脉冲和连续光机制产生超连续谱的基础上，这里对二者的异同点进行详细对比。

二者相同之处在于：①超连续谱的形成过程类似，都是首先分解成超短脉冲，由于超短脉冲具有较高的峰值功率和极宽的谱宽，涉及更多的非线性效应而形成超连续谱；②二者都有较宽的时域宽度，使得在模拟中真实地再现非常困难，而不得不进行近似处理。

二者不同之处在于：①脉宽近似处理的方式不同，长脉冲是采用几十皮秒脉宽的高斯脉冲进行近似，而连续光是通过几百皮秒的时间窗口截取一个片段去近似；②二者实现非线性效应的积累方式不同，长脉冲依靠增大入射脉冲的峰值功率，而连续光通过增加光纤的长度；③分解的过程不同，长脉冲由于脉宽中心强度较高，因此分解过程是从脉宽中心向两边逐渐展开，而连续光在整个片段上发生调制分解；④由于连续光是截取一个片段，使得产生的孤子和色散波清晰可见，而在长脉冲机制中它们重叠在一起，这就使得我们可以细致分析它们之间的产生关系，从而可以研究超连续谱向长短波方向延伸的物理机制。

4.6　本章小结

本章理论研究单波长泵浦超连续谱的产生，主要包括：

(1) 简单介绍超短脉冲泵浦产生超连续谱的数值模拟，在此基础上，分析了长脉冲和连续光泵浦机制在数值模拟中，存在的四个主要难题：第一，时域步长的设置；第二，脉宽过宽的处理；第三，随机噪声的模拟；第四，步长固定分步傅立叶法在模拟中的不足，并给出了有效地解决方法。

(2) 采用自适应分步傅立叶法求解广义非线性薛定谔方程，理论研究了长脉冲泵浦PCF超连续谱的产生。为了检验随机噪声设置的合理性和模拟方法的正确性，与实验数据(W. J. Wadsworth, OE. 12. 299)进行对比，逐渐增加泵浦脉冲的峰值功率观察时域波形和光谱的演化，结果发现：调制不稳定性首先将长脉冲分裂成多重的超短脉冲，很快这些超短脉冲就在负的群速度色散和自相位调制的共同作用下演化成高阶孤子，高阶孤子在高阶色散和脉冲内拉曼散射的作用下发生分解，分解成长波区的红移孤子和短波区的色散波，最终形成了与实验结果较为一致的超连续谱。

(3) 鉴于连续光泵浦机制的优势和模拟中出现的问题，理论研究了连续光泵浦PCF超连续谱的产生，与长脉冲泵浦机制相比，连续光机制非线性效应的积累主要依靠增加光纤长度来实现，模拟中观察到了与超短脉冲有关的自陡效应的产生以及清晰可见的红移孤子和蓝移色散波，促使进一步研究了导致超连续谱向可见波段延伸的孤子诱捕效应，并且采用多次模拟求平均的方法，获得了与文献[13]中实验结果较为一致的超连续谱。

(4) 对比了长脉冲和连续光机制产生超连续谱的异同点。

参考文献

[1] 成纯富，王晓方，鲁波. 飞秒光脉冲在光子晶体光纤的非线性传输和超连续谱产生[J]. 物理学报，2004，53(6)：1826-1830.

[2] 刘卫华，王屹山，刘红军，赵卫，李永放，彭钦军，许祖彦. 初始啁啾对飞秒脉冲在光子晶体光纤中超连续谱产生的影响[J]. 物理学报，2006，55(4)：1815-1820.

[3] A. V. Husakou and J. Herrmann. Supercontinuum generation of higher-order solitons by fission in photonic crystal fibers [J]. Phys. Rev. Lett., 2001, 87: 203901-203904.

[4] J. K. Ranka, R. S. Windeler and A. J. Stentz. Visible continuum generation in air-silica microstructure optical fibers with anomalous dispersion at 800 nm [J]. Opt. Lett., 2000, 25: 25-27.

[5] 阿戈沃(G. P. Agrawal). 非线性光纤光学原理及应用(第二版)[M]. 贾东方，余震虹，等译. 北京：电子工业出版社，2010：6.

[6] J. Herrmann, U. Griebner and N. Zhavoronkov. Experimental evidence for supercontinuum generation by fission of higher-order solitons in photonic crystal fibers [J]. Phys. Rev. Lett., 2002, 88: 173901-173904.

[7] K. Ohkuma, Y. H. Ichikawa, and Y. Abe. Soliton propagation along optical fibers [J]. Opt. Lett., 1987 12(68): 516-518.

[8] F. M. Mitschke and L. F. Mollenauer. Discovery of the soliton self-frequency shift[J]. Opt. Lett., 1986, 11(10): 659-661.

[9] E. Räikkönen, G. Genty, O. Kimmelma, and M. Kaivola. Supercontinuum generation by nanosecond dual-wavelength pumping in microstructured optical fibers [J]. Opt. Express.,

2006, 14: 7914-7923.

[10] Malay Kumar, Chenan Xia, Xiuquan Ma, et al. Power adjustable visible supercontinuum generation using amplified nanosecond gainswitched laser diode [J]. Opt. Express., 2008, 16 (9): 6194-6201.

[11] Serguei M. Kobtsev and Serguei V. Smirnov. Modelling of high-power supercontinuum generation in highly nonlinear, dispersion shifted fibers at CW pump [J]. Opt. Express., 2005, 13(18): 6912-6918.

[12] Arnaud Mussot, Maxime Beaugeois, Mohamed Bouazaoui and Thibaut Sylvestre. Tailoring CW supercontinuum generation in microstructured fibers with two-zero dispersion wavelengths [J]. Opt. Express., 2007, 15(18): 11553-11563.

[13] J. C. Travers, A. B. Rulkov, B. A. Cumberland, S. V. Popov and J. R. Taylor. Visible supercontinuum generation in photonic crystal fibers with a 400W continuous wave fiber laser [J]. Opt. Express., 2008, 16: 14435-14447.

[14] Solange B C, Agrawal G P. Noise amplification in dispersive nonlinear media [J]. Phys. Rev. A., 1995, 51: 4086-4092.

[15] A. Mussot, E. Lantz, H. Maillotte, T. Sylvestre, C. Finot, and S. Pitois, Spectral broadening of a partially coherent CW laser beam in single-mode optical fibers [J]. Opt. Express., 2004, 12: 2838-2843.

[16] M. H. Frosz, O. Bang, and A. Bjarklev. Soliton collision and Raman gain regimes in continuous-wave pumped supercontinuum generation [J]. Opt. Express., 2006, 14: 9391-9407.

[17] F. Vanholsbeeck, S. Martin-Lopez, M. González-Herráez, and S. Coen. The role of pump incoherence in continuous-wave supercontinuum generation [J]. Opt. Express., 2005, 13: 6615-6625.

[18] B. Barviau, S. Randoux, and P. Suret. Spectral broadening of a multimode continuous-wave optical field propagating in the normal dispersion regime of a fiber[J]. Opt. Lett., 2006, 31: 1696-1698.

[19] O. V. Sinkin, R. Holzlöhner, J. Zweck, and C. R. Menyuk. Optimization of the split-step Fourier method in modeling optical-fiber communications systems [J]. J. Lightwave Technol., 2003, 21(1): 61-68.

[20] W. J. Wadsworth, N. Joly, J. C. Knight, T. A. Birks, F. Biancalana and P. St. J. Russell. Supercontinuum and four-wave mixing with Q-switched pulses in endlessly single-mode photonic crystal fibres [J]. Opt. Express., 2004,12: 299-309.

[21] Kunimasa Saitoh and Masanori Koshiba. Empirical relations for simple design of photonic crystal fibers [J]. Opt. Express., 2004, 13(1): 267-274.

[22] J. C. Travers, R. E. Kennedy, S. V. Popov and J. R. Taylor. Extended continuous-wave supercontinuum generation in a low-water-loss holey fiber [J]. Opt. Lett. , 2005, 30: 1938-1940.

[23] A. V. Avdokhin, S. V. Popov and J. R. Taylor. Continuous-wave, high-power, Raman continuum generation in holey fibers [J]. Opt. Lett. , 2003, 28: 1353-1355.

[24] B. A. Cumberland, J. C. Travers, S. V. Popov and J. R. Taylor. 29 W High power CW supercontinuum source [J]. Opt. Express. , 2008, 16: 5954-5962.

[25] B. A. Cumberland, J. C. Travers, S. V. Popov and J. R. Taylor. Toward visible cw-pumped supercontinua [J]. Opt. Lett. , 2008, 33: 2122-2124.

[26] J. W. Nicholson, A. K. Abeeluck, C. Headley, M. F. Yan, and C. G. Jorgensen. Pulsed and continuous-wave supercontinuum generation in highly nonlinear, dispersion-shifted fibers [J]. Appl. Phys. B. , 2003, 77: 211-218.

[27] Thibaut Sylvestre, Armand Vedadi, Hervé Maillotte, Frédérique Vanholsbeeck, and Stéphane Coen. Supercontinuum generation using continuous-wave multiwavelength pumping and dispersion management [J]. Opt. Lett. , 2006, 31: 2036-2038.

[28] Dane R. Austin, C. Martijn de Sterke, and Benjamin J. Eggleton. Dispersive wave blue-shift in supercontinuum generation [J]. Opt. Express. , 2006,14: 11997-12007.

[29] G. Genty, M. Lehtonen, H. Ludvigsen. Effect of cross-phase modulation on supercontinuum generated in microstructured fibers with sub-30 fs pulses [J]. Opt. Express. , 2004, 12(19): 4614-4624.

[30] G. Genty, M. Lehtonen, H. Ludvigsen. Route to broadband blue-light generation in microstructured fibers [J]. Opt. Lett. , 2005, 30(7): 756-758.

[31] A. V. Gorbach, D. V. Skryabin, J. M. Stone, et al. Four-wave mixing of solitons with radiation and quasi-nondispersive wave packets at the short-wavelength edge of a supercontinuum [J]. Opt. Express. , 2006, 14(21): 9854-9863.

[32] A. V. Gorbach and D. V. Skryabin. Light trapping in gravity-like potentials and expansion of supercontinuum spectra in photonic-crystal fibres [J]. Nat. Photon. , 2007, 1: 653-657.

[33] N. Nishizawa and T. Goto. Characteristics of pulse trapping by ultrashort soliton pulses in optical fibers across the zero-dispersion wavelength [J]. Opt. Express. , 2002, 10(21): 1151-1160.

第5章 光子晶体光纤中四波混频效应的产生

光纤中的四波混频效应[1-5]，是一种三阶的非线性效应，其产生条件与光纤的非线性系数、色散特性和长度有关。研究光纤中的四波混频效应，一方面是由于它在波长转换方面[6-9]有重要的应用价值，另一方面还可以为第五章研究双波长泵浦超连续谱的产生，提供双波长泵浦源。产生四波混频效应的一个最主要的条件就是要满足相位匹配条件[10-12]，光子晶体光纤(PCF)因其灵活可调的色散特性和极高的非线性，更容易实现相位匹配，因而是最理想的四波混频介质[13-14]，另外，PCF 作为四波混频介质，还具有响应快、转换码率高等优点，也是波长转换器(wavelength convertor，WC)的首选材料[15-17]。本章首先介绍光纤中四波混频效应产生的理论基础；其次，采用自适应分步傅立叶法数值模拟长脉冲和连续光在 PCF 正常色散区泵浦四波混频效应的产生；然后，实验研究四波混频效应的产生及其在波长转换器方面的应用，最后是本章小结。

5.1 四波混频效应的理论基础

在 1.1.3 节中已经提到，石英材料的光纤具有对称中心，因而不存在二阶的非线性极化效应，最低阶的非线性光学效应就是三阶的非线性极化效应，四波混频效应(four-wave mixing，FWM)就是三阶非线性极化效应的一种。本节首先介绍四波混频效应产生的根源，然后阐述四波混频效应产生的理论，由振幅耦合方程组推导信号光(signal wave，SW)和闲频光(idler wave，SW)满足的演化方程和参量增益式，最后分析影响四波混频效应增益的因素。

5.1.1 四波混频效应产生的根源

四波混频效应(FWM)产生的根源可以通过考虑式(1.1)中的三阶极化项来理

解，即：

$$P_{NL}=\varepsilon_0\chi^{(3)}\vdots EEE \tag{5.1}$$

严格地说，FWM是偏振相关的，需要一套完整的矢量理论来描述它。这里只考虑四个光场 ω_1、ω_2、ω_3、ω_4 均沿双折射光纤的某个主轴（假设 x 轴）线偏振的情形，在这种保偏的近似下可以采用标量理论，总电场可以写为：

$$\boldsymbol{E}=\frac{1}{2}\hat{x}\sum_{j=1}^{4}E_j\exp[i(\beta_j z-\omega_j t)]+c.c. \tag{5.2}$$

类似地，非线性电极化强度可以写为：

$$\boldsymbol{P}_{NL}=\frac{1}{2}\hat{x}\sum_{j=1}^{4}P_j\exp[i(\beta_j z-\omega_j t)]+c.c. \tag{5.3}$$

将式(5.2)代入式(5.1)，然后与式(5.3)进行对比，发现 P_j 是($j=1\sim4$)由许多包含三个电场积的项组成，例如 P_4 可以表示为：

$$\begin{aligned}P_4=&\frac{3\varepsilon_0}{4}\chi_{xxxx}^{(3)}[|E_4|^2E_4+2(|E_1|^2+|E_2|^2+|E_3|^2)E_4+\\&2E_1E_2E_3\exp(i\theta_+)+2E_1E_2E_3^*\exp(i\theta_-)+\cdots]\end{aligned} \tag{5.4}$$

其中，θ_+ 和 θ_- 分别定义为：

$$\theta_+=(\beta_1+\beta_2+\beta_3-\beta_4)z-(\omega_1+\omega_2+\omega_3-\omega_4)t \tag{5.5}$$

$$\theta_-=(\beta_1+\beta_2-\beta_3-\beta_4)z-(\omega_1+\omega_2-\omega_3-\omega_4)t \tag{5.6}$$

式(5.4)中，含 E_4 的前四项是造成SPM和XPM的原因，其余项源于所有4个波的频率组合（和频或差频）。在这四个波混频的过程中究竟有多少项是有效的，取决于由 θ_+ 和 θ_- 支配的 E_4 和 P_4 之间的波失失配和频率失配。只有当波失失配和频率失配几乎为零时，才会发生显著的四波混频效应。这里提到的波失及频率的匹配，前者称为相位匹配，后者称为能量守恒。

四波混频效应用量子力学术语描述为：一个或者几个光子被湮灭，同时产生几个不同频率的新光子，在此过程中，能量和动量是守恒的。式(5.4)中有两类FWM项，含 θ_+ 的项对应三个光子将能量转移到频率为 $\omega_4=\omega_1+\omega_2+\omega_3$ 的一个新光子的情形，这一项是造成三次谐波($\omega_1=\omega_2=\omega_3$)的原因，通常是非常难满足的。含 θ_- 的项对应频率为 ω_1 和 ω_2 的两个光子湮灭，产生频率为 ω_3 和 ω_4 的两个新光子的情形，满足能量守恒：

$$\omega_3+\omega_4=\omega_1+\omega_2 \tag{5.7}$$

相位匹配条件要求 $\Delta k=0$，即：

$$\Delta k=\beta(\omega_3)+\beta(\omega_4)-\beta(\omega_1)-\beta(\omega_2)$$

$$
\begin{aligned}
&= \Delta\beta \\
&= (\tilde{n}_3\omega_3 + \tilde{n}_4\omega_4 - \tilde{n}_1\omega_1 - \tilde{n}_2\omega_2)/c
\end{aligned} \tag{5.8}
$$

其中，$\tilde{n}_j$ 是频率为 ω_j 时的有效模式折射率。

当 $\omega_1 \neq \omega_2$ 时，即入射的是两束不同的泵浦光，产生的 FWM，称为非简并的四波混频效应；当 $\omega_1 = \omega_2$ 时，只需要一束泵浦光，称为简并的四波混频效应，光纤中的 FWM 通常就是简并的，因此人们对这种情形非常感兴趣。从物理意义讲，它类似于 SRS 的表示方法，频率为 ω_1 的强泵浦光产生两对称的边带 ω_3 和 ω_4，其频移为：

$$
\begin{aligned}
\Omega &= \omega_1 - \omega_4 \\
&= \omega_3 - \omega_1
\end{aligned} \tag{5.9}
$$

式中假定 $\omega_3 > \omega_4$。ω_3 处的高频边带和 ω_4 处的低频边带分别称为反斯托克斯带和斯托克斯带，在微波领域，它们又分别称为信号光和闲频光。

5.1.2　四波混频效应产生的理论

由以上分析，泵浦光入射到光纤中，在满足能量守恒(energy conservation，EC)和相位匹配(phase match，PM)条件下，则频率为 ω_3 和 ω_4 的反斯托克斯光和斯托克斯光就能从噪声中产生并被泵浦光放大。另外，如果频率为 ω_3 的弱信号也同泵浦光一起入射到光纤中，则此信号将被放大，同时产生频率为 ω_4 的闲频光，引起这种放大的增益称为参量增益(parametric gain，PG)。分析参量增益，需要知道耦合振幅方程。

推导耦合振幅方程的出发点就是波动方程(3.7)[18]。将总电场(5.2)、非线性极化强度(5.3)和线性极化强度代入(3.7)，若假定满足准连续条件，可忽略场分量 E_j 对时间的依赖关系；再利用分离变量法：

$$
E_j(r) = F_j(x, y)A_j(z) \tag{5.10}
$$

可将空间依赖关系包括在内[19]。其中 $F_j(x, y)$ 为第 j 个场在光纤中传输时光纤模式的空间分布。对 $F_j(x, y)$ 进行积分，可得振幅 $A_j(z)$ 在光纤中的演化所满足的耦合振幅方程组：

$$
\frac{\mathrm{d}A_1}{\mathrm{d}z} = \frac{in_2\omega_1}{c}\left[\left(f_{11} \mid A_1 \mid^2 + 2\sum_{k\neq 1} f_{1k} \mid A_k \mid^2\right)A_1 + 2f_{1234}A_2^*A_3A_4e^{i\Delta kz}\right] \tag{5.11}
$$

$$
\frac{\mathrm{d}A_2}{\mathrm{d}z} = \frac{in_2\omega_2}{c}\left[\left(f_{22} \mid A_2 \mid^2 + 2\sum_{k\neq 2} f_{2k} \mid A_k \mid^2\right)A_2 + 2f_{2134}A_1^*A_2A_4e^{i\Delta kz}\right] \tag{5.12}
$$

$$
\frac{\mathrm{d}A_3}{\mathrm{d}z} = \frac{in_2\omega_3}{c}\left[\left(f_{33} \mid A_3 \mid^2 + 2\sum_{k\neq 3} f_{3k} \mid A_k \mid^2\right)A_3 + 2f_{3412}A_1A_3A_4^*e^{-i\Delta kz}\right] \tag{5.13}
$$

$$\frac{dA_4}{dz}=\frac{in_2\omega_4}{c}\Big[\Big(f_{44}\mid A_4\mid^2+2\sum_{k\neq 4}f_{4k}\mid A_k\mid^2\Big)A_4+2f_{4312}A_1A_2A_3^*e^{-i\Delta kz}\Big] \tag{5.14}$$

式中，波失匹配 Δk 由式(5.8)给出，交叠积分 f_{ijkl} 为[19]：

$$f_{ijkl}=\frac{\langle F_i^*F_j^*F_kF_l\rangle}{[\langle\mid F_i\mid^2\rangle\langle\mid F_j\mid^2\rangle\langle\mid F_k\mid^2\rangle\langle\mid F_l\mid^2\rangle]^{1/2}} \tag{5.15}$$

其中，角括号〈〉表示对横向坐标 x 和 y 的积分。耦合方程组(5.11)至(5.14)，因为包含了 SPM 和 XPM 及泵浦光的损耗效应，而具有普遍性，所以必须采用数值方法才能求解。

当考虑单模光纤中的 FWM 时，可以假定所有的交叠积分都近似相等，即：

$$f_{ijkl}\approx f_{ij}\approx 1/A_{\mathrm{eff}}\quad (i,j,k,l=1,2,3,4) \tag{5.16}$$

忽略 4 个光波频率之间的微小差别，引入平均非线性系数 γ：

$$\gamma_j=\frac{n_2\omega_j}{cA_{\mathrm{eff}}=\gamma} \tag{5.17}$$

式中，A_{eff}是光纤的有效模场面积，并假定泵浦波比其他波强得多，则可以忽略泵浦光的损耗效应，求得式(5.11)和(5.12)的解为

$$A_1(z)=\sqrt{P_1}\exp[j\gamma(P_1+2P_2)z] \tag{5.18}$$

$$A_2(z)=\sqrt{P_2}\exp[j\gamma(P_2+2P_1)z] \tag{5.19}$$

其中，P_1、P_2 为 $z=0$ 处入射泵浦光的功率，式(5.18)和(5.19)表明：在忽略泵浦损耗效应时，泵浦光仅获得由 SPM 和 XPM 引起的相移。再把式(5.18)和式(5.19)代入式(5.13)、(5.14)，可得两个关于信号光场和闲频光场的线性耦合方程：

$$\frac{dA_3}{dz}=2j\gamma[(P_1+P_2)A_3+\sqrt{P_1P_2}e^{-j\theta}A_4^*] \tag{5.20}$$

$$\frac{dA_4^*}{dz}=-2j\gamma[(P_1+P_2)A_4^*+\sqrt{P_1P_2}e^{j\theta}A_3] \tag{5.21}$$

其中，$\theta=[\Delta k-3\gamma(P_1+P_2)]z$。为解这两个方程，引入变量

$$B_j=A_j\exp[-2i\gamma(P_1+P_2)z]\quad (j=3,4) \tag{5.22}$$

则有

$$\frac{dB_3}{dz}=2j\gamma\sqrt{P_1P_2}\exp(-i\kappa z)B_4^*] \tag{5.23}$$

$$\frac{dB_4^*}{dz}=-2j\gamma\sqrt{P_1P_2}\exp(i\kappa z)B_3] \tag{5.24}$$

式(5.23)和式(5.24)作为描述 FWM 产生的信号光和闲频光方程，其通解为：

$$B_3(z)=(a_3e^{gz}+b_3e^{-gz}\exp(-i\kappa z/2) \tag{5.25}$$

$$B_4^*(z)=(a_4e^{gz}+b_4e^{-gz}\exp(i\kappa z/2) \tag{5.26}$$

式中系数 a_3,b_3,a_4 和 b_4 可由边界条件确定,参量增益(parametric gain)取决于泵浦功率,在推导过程中定义为:

$$g=\sqrt{(\gamma P_0 r)^2-(\kappa/2)^2} \tag{5.27}$$

其中,相位失配 κ 为:

$$\kappa=\Delta k+\gamma(P_1+P_2) \tag{5.28}$$

而参量 r 为:

$$r=2(P_1P_2)^{1/2}/(P_1+P_2) \tag{5.29}$$

当两泵浦光在频率、偏振态和空间模式上都不可区分时,式(5.2)中只需考虑三项即可,若选择

$$P_1=P_2=P_0 \tag{5.30}$$

即两个简并态的峰值功率都为泵浦光的峰值功率 P_0,则 $r=1$。

相位失配变为:

$$\begin{aligned}\kappa&=\Delta k+2\gamma P_0\\&=\Delta\beta+2\gamma P_0\end{aligned} \tag{5.31}$$

而参量增益仍可由(5.27)给出。

5.1.3　影响四波混频增益的因素

这小节由参量增益式(5.27),分析影响四波混频效应增益的几个因素。因为人们比较感兴趣的是光纤中简并的四波混频效应,即满足 $P_1=P_2=P_0$,因此,参量 $r=1$,增益式(5.27)变为:

$$g=\sqrt{(\gamma P_0)^2-(\kappa/2)^2} \tag{5.32}$$

由此式可知,FWM 的参量增益 g 与光纤的非线性系数 γ,入射脉冲的峰值功率 P_0,相位失配 κ 有关。

1) 光纤的非线性系数 γ

显然,非线性系数 γ 越大,FWM 的参量增益 g 越大。由式(2.8)可知,即 $\gamma=\dfrac{2\pi n_2}{\lambda A_{eff}}$,非线性系数主要由材料的非线性折射率系数 n_2 和有效模场面积 A_{eff} 决定。要增大光纤的非线性系数 γ,一方面可以选取非线性折射率系数 n_2 较大的材料来制作光纤的纤芯;另一方面可以设计纤芯的半径和纤芯—包层折射率差,以限制光纤中的模场分布,减小

有效模场面积 A_{eff}。

2）入射脉冲的峰值功率 P_0

四波混频效应本身就是起源于随机噪声，信号光和空闲光要想从噪声中脱颖而出，就必须依靠增加入射脉冲的峰值功率 P_0 来达到产生四波混频的阈值。此外，由式(5.32)可知，FWM 的参量增益 g 也会随着入射脉冲的峰值功率 P_0 增加而增加，这一点会在以后 FWM 的数值模拟中详细讨论。

3）相位失配度 κ

由式(5.31)可知，相位失配度 κ 有两项组成：第一项是波失失配 Δk 或者说传播常数失配 $\Delta\beta$，它是由于光纤色散效应导致的线性相位失配；第二项是 $2\gamma P_0$ 由于克尔效应导致的非线性失配。将信号光和空闲光的传播常数 $\beta(\omega_3)$、$\beta(\omega_4)$ 在泵浦光频率 ω_1 处泰勒级数展开，那么 $\Delta\beta$ 可以写为：

$$\begin{aligned}\Delta\beta &= \beta(\omega_3)+\beta(\omega_4)-\beta(\omega_1)-\beta(\omega_2) \\ &= 2\sum_{m=2,4,\cdots}^{\infty}\frac{\beta_m}{m!}\Omega^m\end{aligned} \tag{5.33}$$

其中，β_m 是光纤基模在 ω_1 处的各阶色散系数，$\Omega=\omega_s-\omega_p=\omega_p-\omega_i$ 是信号光或者空闲光相对于泵浦光的频移。因此，光纤的色散效应直接影响 FWM 的相位失配度 κ，进而影响四波混频的增益。由式(5.32)可知，四波混频增益存在的范围为：

$$|\kappa|\leqslant 2\gamma P_0 \quad \text{或者} \quad -4\gamma P_0<\Delta\beta<0 \tag{5.34}$$

当相位失配度 $\kappa=0$ 或者 $\Delta\beta=\Delta k=-2\gamma P_0$ 时，即相位完全匹配时，可得 FWM 的相位匹配条件：

$$2\sum_{m=2,4,\cdots}^{\infty}\frac{\beta_m}{m!}\Omega^m+2\gamma P_0=0 \tag{5.35}$$

此时，参量有最大增益 $g_{max}=\gamma P_0$。由式(5.35)可知只有偶数阶色散项才会影响相位匹配条件。在反常色散区($\beta_2<0$)，$m=2$ 项起主要作用，频移由式(3.74)给出，在正常色散区($\beta_2>0$)，四阶色散 $\beta_4<0$，信号光和空闲光的频移需要数值求解式(5.35)，才能精确算出。

通常采用相位匹配图来描述信号光和空闲光波长随泵浦波长的变化情况。2004 年 W. J. Wadsworth[20]绘制了 PCF(结构参数：$\Lambda=3.14\ \mu\text{m}$，$d/\Lambda=0.327$)中产生简并四波混频效应时的相位匹配图，如图 5.1 所示。其中，蓝线对应入射脉冲的峰值功率为 $P_0=14\ \text{W}$，绿线对应 $P_0=140\ \text{W}$，红线对应 $P_0=1\,400\ \text{W}$；而每一个功率值又对应两条曲线，上面一条描述空闲光波长的演化，下面一条则是信号光的演化。由图可知，当泵浦波长处于光纤的正常色散区时，由上面讨论入射脉冲的峰值功率可以影响 FWM 的参量增益 g，但是并没有影响信号光和空闲光波长的位置(三种功率下正常色散区的曲线几乎重合)；更重要的是，此种情况下产生信号光和空闲光的频移要比反常色散区大得多，可以产生近红外甚至红色的信号光，在波长转换方面有潜在的应用。

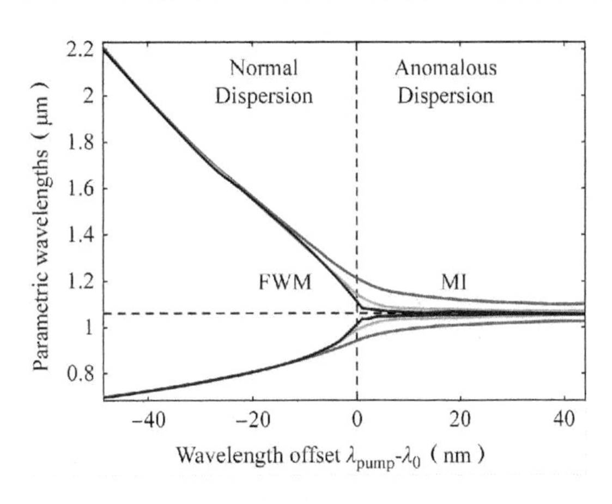

图 5.1　四波混频效应的相位匹配图

4) 走离效应

走离效应(walk-off effect，WOE)是指当两个或者多个脉冲之间时域交叠时，会发生相互作用；但是当传输较快的脉冲完全通过传输较慢的脉冲后，两脉冲间的相互作用就将停止。而四波混频效应是涉及泵浦光、信号光和空闲光三种脉冲之间的相互作用，因此，FWM 的参量增益 g 必然受到走离效应的影响。一般两脉冲之间的分离程度，由走离参量 d_{12} 来确定，定义为[18]：

$$d_{12} = \frac{1}{\nu_g(\lambda_1)} - \frac{1}{\nu_g(\lambda_2)} \tag{5.36}$$

其中，λ_1，λ_2 分别为两脉冲的中心波长，ν_g 是脉冲的群速度；对于脉宽为 T_0 的脉冲，定义走离长度 L_W 为[18]：

$$L_W = \frac{T_0}{|d_{12}|} \tag{5.37}$$

走离长度的物理意义为：在该长度以内，两脉冲能够发生相互作用，FWM 参量的功率指数增长；在该长度以外，两脉冲将不再发生相互作用，FWM 参量的功率也就停止增长。

5.2　光子晶体光纤中四波混频效应产生的数值模拟

由 5.1 节的讨论分析，通过联立能量守恒定律(5.7)式和相位匹配条件(5.35)式，可以准确地计算出四波混频效应产生信号光和空闲光的波长，但是，不能用来研究四波混频效应的产生过程以及信号光和空闲光的演化。这一节通过采用自适应分步傅立叶法求解广义非线性薛定谔方程，模拟研究PCF中四波混频效应的产生，并与实验结果进行对比，以证明我们模拟方法的正确性。另外，由于PCF的结构可以灵活设计，可以通过改变其结构参数来调节光纤色散，进而产生不同的四波混频效应。

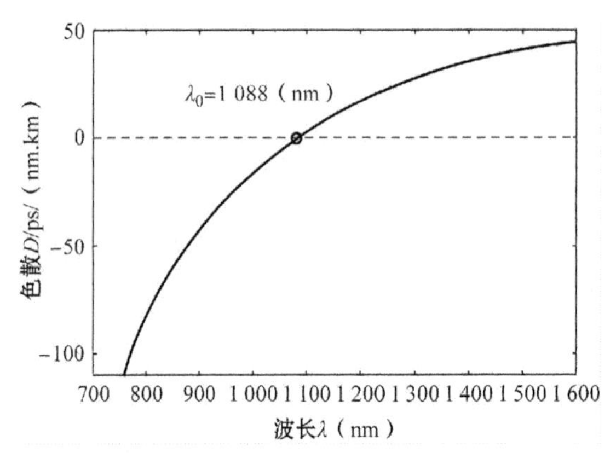

图5.2　PCF G的色散曲线

5.2.1　PCF中四波混频效应产生的有效模拟

文献[20]中W. J. Wadsworth等人实验研究了PCF中四波混频效应的产生，并且在不同结构的PCF中观察到了不同波长信号光和空闲光的产生。这里选取文献[20]中光纤PCF G为例，数值模拟四波混频效应的产生。PCF G的结构参数为：孔间距$\Lambda=3.14\,\mu m$，比值$d/\Lambda=0.327$。采用3.1.1节中介绍的计算光纤色散系数的方法，求得PCF G中基模在波长1 064 nm处的六阶色散系数如表5.1所示，而PCF G的色散曲线如图5.2所示，它的零色散点在1088 nm附近，与文献[20]中实验测量PCF G的零色散点1 090 nm非常接近，而且曲线的形状也与文献[20]中图的曲线非常一致，因此，泵浦波长1 064 nm处于PCF G的正常色散区。

文献[20]中入射脉冲的半极大全脉宽$T_{FWHM}=600$ ps，同本书4.3节一样，仍然需要进行脉宽的近似处理。对于四波混频效应的模拟产生，半极大全脉宽的选取需要特别地慎重，因为如果选取脉宽太窄（几皮秒），在光纤正常色散区泵浦时，就会造成短脉冲的自相位调制作用占据主导地位而致使光谱大量展宽，必然影响四波混频效应的产生，更重要的是，短脉冲之间的走离效应也会显著影响四波混频效应的效率；相反，如果选取脉宽太宽（几百皮秒以上），模拟时间就会非常漫长而不适用。为此，我们进行了多次的尝试，结果发现：① $T_{FWHM}=30$ ps 高斯脉冲的自相位调制作用不明显；②根据式(5.37)估计，$T_{FWHM}=30$ ps 高斯脉冲在 PCF G 中的走离长度约为 2.8 m 远大于 PCF G 的长度 1 m，因而可以忽略走离效应；第三、该脉宽脉冲的模拟时间可以接受(大约两天时间)。因此，$T_{FWHM}=30$ ps 的高斯脉冲可以平衡几个方面的不利因素，使得模拟既有可靠性也有可行性。

表 5.1　PCF G 在波长 1064 nm 处的色散系数

色散系数	计算值	单位
二阶色散系数 β_2	3.21×10^{-27}	s^2/m
三阶色散系数 β_3	1.20×10^{-41}	s^3/m
四阶色散系数 β_4	-8.46×10^{-55}	s^4/m
五阶色散系数 β_5	1.02×10^{-70}	s^5/m
六阶色散系数 β_6	2.16×10^{-85}	s^6/m

由以上讨论，采用 $T_{FWHM}=30$ ps、峰值功率 $P=3\,000$ W、中心波长 1064 nm 的无啁啾高斯脉冲去近似实验脉冲。选取的采样点数 $N=2^{18}$ 和时域步长 $dt=1.5$ fs，脉冲的时域形状和频谱如图 4.7 所示。将 PCF G 的各阶色散系数代入广义非线性薛定谔方程(3.47)，采用自适应分步傅立叶法模拟该高斯脉冲在 1 m 长的 PCF G 中的演化，输出光谱如图 5.3(a)所示。信号光和空闲光分别出现在 775 nm 和 1693 nm 波长附近，与文献[20]图 5(a)中绿线相吻合。为了检验脉宽近似的可行性，同时模拟了 $T_{FWHM}=100$ ps 的高斯脉冲在 1 m 长的 PCF G 中产生的光谱，如图 5.3(b)所示，两图几乎没有什么区别，这就说明了选取 $T_{FWHM}=30$ ps 进行脉宽近似的合理性。另外，由于本书计算的色散系数精确到六阶色散，相位匹配条件(5.35)可以简化为：

$$\beta_2\Delta w^2+\frac{1}{12}\beta_4\Delta w^4+\frac{1}{360}\beta_6\Delta w^6+2\gamma P=0 \tag{5.38}$$

将表 5.1 中色散系数 β_2、β_4、β_6 代入上式，计算信号光和空闲光的波长分别为 776 nm 和 1694 nm。由此可见，由四波混频理论计算的结果、求解广义非线性薛定谔方程的模拟结果和实验观察三者非常一致。这种一致性表明：①经过简化近似推导出来的广义非线性薛定谔方程满足四波混频效应理论所要求的能量守恒和相位匹配条件；②四波混频效应已经包含在广义非线性薛定谔方程所涉及的非线性效应之中；③采用自适应分步傅立叶法求解广义非线性薛定谔方程，模拟长脉冲泵浦产生四波混频效应的准确性。

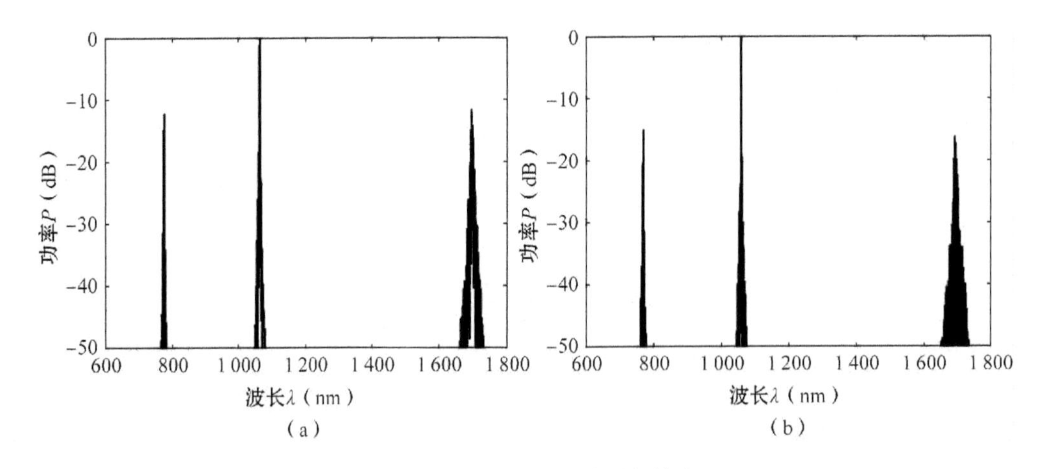

图 5.3　PCF G 中的四波混频效应

(a) $T_{FWHM}=30$ ps　(b) $T_{FWHM}=100$ ps

5.2.2　PCF 结构对四波混频效应的影响

文献[20]中虽然实验产生了几组不同的四波混频效应，但是它没有给出对应的 *PCF* 结构参数，也没有具体研究 *PCF* 结构对产生四波混频效应的影响。因此，本小节着重研究 *PCF* 结构对其产生四波混频效应的影响。

表 5.2　不同结构 PCF 中四波混频效应的产生

光纤名	Λ(μm)	d/Λ	d_{core}(μm)	λ_0(nm)	λ_s(nm)	λ_i(nm)
PCF 1	3.20	0.28	5.50	1117	686	2368
PCF 2	3.00	0.28	5.16	1114	716	2068
PCF 3	2.64	0.29	4.51	1102	743	1867
PCF G	3.14	0.327	5.25	1088	775	1693
PCF 4	2.64	0.30	4.49	1086	860	1395

由于 PCF 灵活可调的色散特性，可以通过改变其结构参数，来改变它在泵浦波长处的色散系数、色散曲线的形状以及零色散点的位置。在影响零色散点的位置方面，比如保持比值 d/Λ 不变，增大或者减小 PCF 纤芯的大小可以将零色散点向长波或者短波方向移动；再比如在保持纤芯大小不变的情况下，增大或者减小比值 d/Λ 可以将零色散点向短波或者长波方向移动等等。为此，在光纤 PCF G 的基础上，另外设计了四种不同结构的 PCF，编号分别为 PCF1、PCF2、PCF3 和 PCF4，它们的结构参数、零色散点的位置以及模拟产生的信号光和空闲光波长如表 5.2 所示，在泵浦波长 1064 nm 处的各阶

色散系数如表 5.3 所示。

表 5.3　不同结构 PCF 在波长 1 064 nm 处的色散系数

光纤名	β_2 (s^2/m)	β_3 (s^3/m)	β_4 (s^4/m)	β_5 (s^5/m)	β_6 (s^6/m)
PCF 1	5.13×10^{-27}	3.63×10^{-41}	-5.53×10^{-56}	-1.88×10^{-71}	-3.12×10^{-85}
PCF 2	4.66×10^{-27}	2.54×10^{-41}	-6.24×10^{-56}	1.18×10^{-71}	-5.15×10^{-85}
PCF 3	3.21×10^{-27}	5.29×10^{-41}	-6.83×10^{-56}	1.77×10^{-71}	1.18×10^{-86}
PCF 4	2.21×10^{-27}	5.54×10^{-41}	-1.70×10^{-55}	3.95×10^{-70}	3.25×10^{-85}

同样的方法分别模拟峰值功率 $P_0=2\,000$ W、中心波长 1 064 nm、$T_{\mathrm{FWHM}}=30$ ps 高斯脉冲在 1 m 长的这四种 PCF 中传输。图 5.4 为它们的输出光谱，从图 5.4(a)到图 5.4(d)依次对应从 PCF1 到 PCF4。由表 5.2 可知，随着 PCF 的零色散点从 1117 nm 降到 1 086 nm，

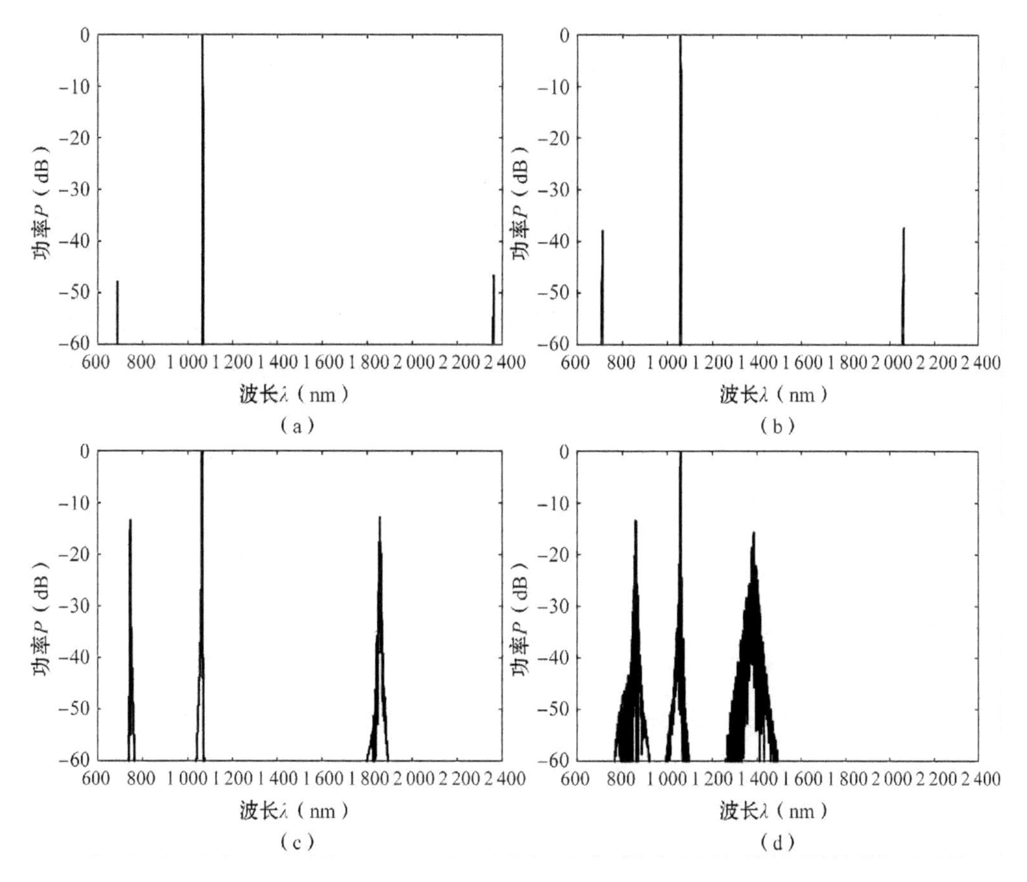

图 5.4　当 $P_0=2\,000$ W 时，PCF1、PCF2、PCF3 和 PCF4 中产生的四波混频效应

(a) PCF1　(b) PCF2　(c) PCF3　(d) PCF4

信号光的波长从 686 nm 增大至 860 nm，空闲光的波长从 2 368 nm 降至 1 395 nm。也就是说，零色散点离泵浦波长越近，信号光波长越长，空闲光波长越短，即两种光的波长越向泵浦光靠近，这与文献[20]所示的非线性相位匹配图趋势相一致。另外，还观察到一种现象与实验结果非常一致，即从图 5.4(a)到图 5.4(d)，信号光和空闲光距离泵浦光越近，它们的光谱加宽越大。这是由于信号光和空闲光距离泵浦波长越近，四波混频相位失配的变化越缓慢，即参量增益的范围(5.34)越大，所以光谱加宽越大。此外，还可以看到从图 5.4(a)到图 5.4(d)，信号光和空闲光的功率在不断增大，这是由于从 PCF1 到 PCF4，PCF 的纤芯在不断减小，导致光纤的非线性系数 γ 在不断增大，由参量增益式(5.32)可知，信号光和空闲光的增益就在不断增大。

5.2.3 脉冲峰值功率对四波混频效应的影响

改变 PCF 的结构参数，就是改变光纤的色散和非线性系数 γ，由式(5.32)和式(5.35)，进而可以改变四波混频产生信号光、空闲光的位置和增益。另外，由式(5.32)已经分析了，四波混频效应的增益还与脉冲的峰值功率有关。因此，本小节增大入射脉冲的峰值功率，观察产生四波混频效应的变化。最后综合 5.2.2 和 5.2.3 小结内容，总结四波混频效应产生的一些规律。

图 5.5 为峰值功率 $P_0=3\,000$ W、相同脉冲泵浦这四种 PCF 产生的四波混频效应。从图(a)到图(d)分别将其与图 5.4 进行比较发现，随着峰值功率的增大，信号光和空闲光的功率在增大，即四波混频的增益在增加。对于 PCF3 和 PCF4 来说，增益在增加的同时，光谱开始出现不同程度的展宽，其中 PCF4 的展宽最为明显，这与文献[137]中实验观察相一致。

通过研究入射脉冲脉宽，如图 5.3 所示、PCF 结构和脉冲峰值功率对四波混频效应的影响，总结以下几个规律：

第一，通过改变 PCF 的结构参数，可以改变其各阶色散系数和零色散点的位置，零色散点离泵浦波长越近，信号光波长越长，空闲光波长越短，两种光的波长越向泵浦光靠近，这就为我们通过设计 PCF 的结构产生想要的信号光或者空闲光波长提供了理论支持。

第二，PCF 的纤芯越细，非线性越强，四波混频的增益越大。

第三，入射脉冲的时域脉宽对于四波混频效应的增益、信号光和空闲光波长的位置没有影响，但是过窄会影响四波混频效应产生的效率。

第四，随着入射脉冲峰值功率的增加，四波混频的增益在增大，并且信号光和空闲光离泵浦光越近，光谱加宽越明显。

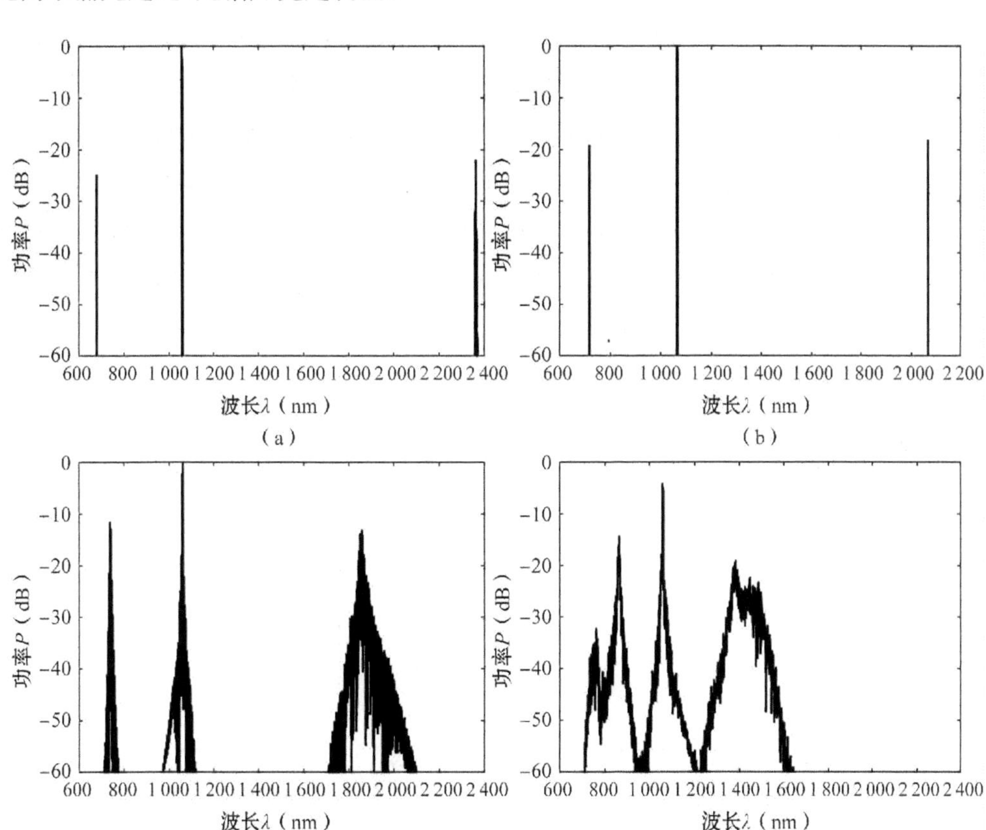

图 5.5　当 $P_0=3\,000$ W 时，PCF1、PCF2、PCF3 和 PCF4 中产生的四波混频效应

(a) PCF1　(b) PCF2　(c) PCF3　(d) PCF4

5.2.4　连续光泵浦四波混频效应的模拟产生

四波混频效应产生的理论是假设入射光为准连续光或者连续光的前提下建立的，前面三个小节都是研究长脉冲(准连续光)泵浦时四波混频效应的产生，本小节模拟研究连续光泵浦的情形，与脉冲光泵浦机制的不同之处在于：

第一，长脉冲泵浦机制，四波混频效应受到走离效应的影响，有效作用长度要小于走离长度才能充分发生相互作用；对于连续光来说，脉宽无限大，四波混频效应产生的效率几乎不受走离效应的影响。

第二，长脉冲泵浦机制，脉冲的峰值功率决定着四波混频产生的效率，而连续光机制四波混频的产生要依赖光纤长度的增加。

设置连续光的平均输出功率为 50 W，格点数和时间步长的选取与 4.4 节相同，模拟连续光在这四种 PCF 中的演化。图 5.6(a)到(d)显示了四种 PCF 长度均为 35 m 时的输出光谱，确实看到了连续光泵浦四波混频效应的产生。信号光和空闲光出现的位置、随 PCF 结构的变化趋势和长脉冲泵浦机制相似，PCF 零色散点离泵浦波长越近，两种光的波长越向泵浦光靠近。此外，从 PCF1 到 PCF4 同样由于非线性系数的增大，导致四波混频增益的增大。增加这四种 PCF 的长度到 50 m，如图 5.7(a)到(d)所示，与图 5.6 长度 $L=35$ m 相比，信号光和空闲光的功率都在增大；尤其在图(d)中对应 PCF4，由于其零色散点在 1 086 nm，与泵浦波长 1 064 nm 非常接近，信号光和空闲光功率增大的同时，光谱也开始展宽。

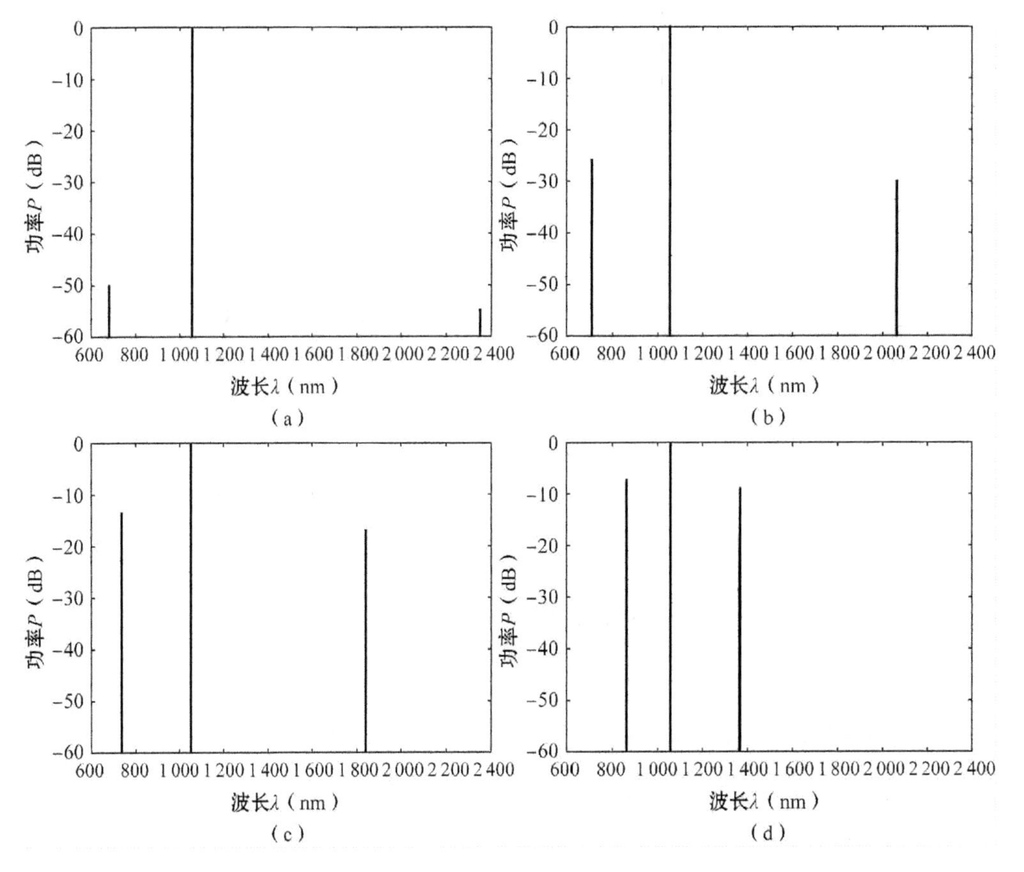

图 5.6 当 $L=35$ m 时，PCF1、PCF2、PCF3 和 PCF4 中产生的四波混频效应
(a) PCF1 (b) PCF2 (c) PCF3 (d) PCF4

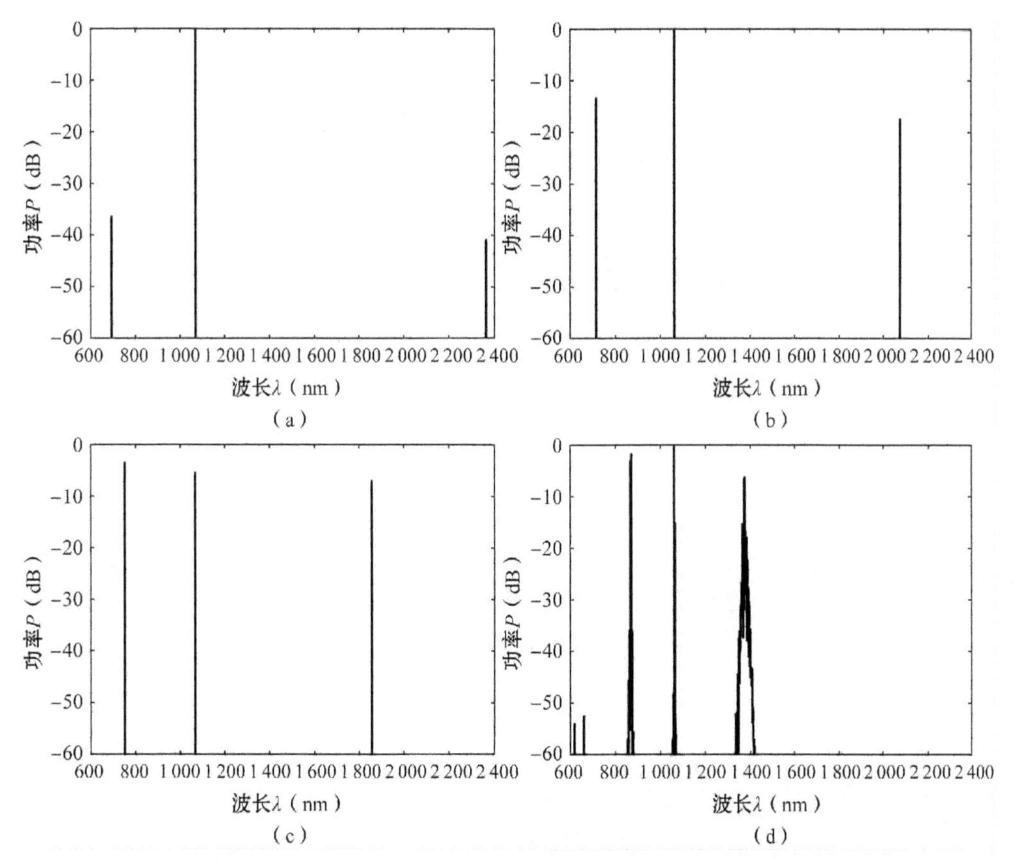

图 5.7　当 $L=50$ m 时，PCF1、PCF2、PCF3 和 PCF4 中产生的四波混频效应
(a) PCF1　(b) PCF2　(c) PCF3　(d) PCF4

5.3　四波混频产生的实验研究及其在波长转换方面的应用

在 5.2 节中通过采用自适应分步傅立叶法求解广义非线性薛定谔方程(3.47)，模拟研究了长脉冲和连续光泵浦 PCF 四波混频效应的产生，并且研究了 PCF 结构、入射脉冲峰值功率和脉宽对四波混频产生的影响。本节在实验室现有条件下，开展四波混频效应产生的实验研究，然后介绍它在波长转换方面的应用。

5.3.1　实验研究 PCF 中四波混频效应的产生

长脉冲激光器方面，实验室现有 Teem Photonics 公司生产的 Nd:YAG 调 Q 微晶片激光器，如图 5.8 所示，该激光器的工作波长为 1 064 nm，脉冲宽度为 0.6 ns，可以近似为准连续光，满足四波混频产生的脉宽要求；在重复频率为 7.2 kHz 时的峰值功率大约为 15 kW,激光器空间输出的平均功率约为 65 mW。

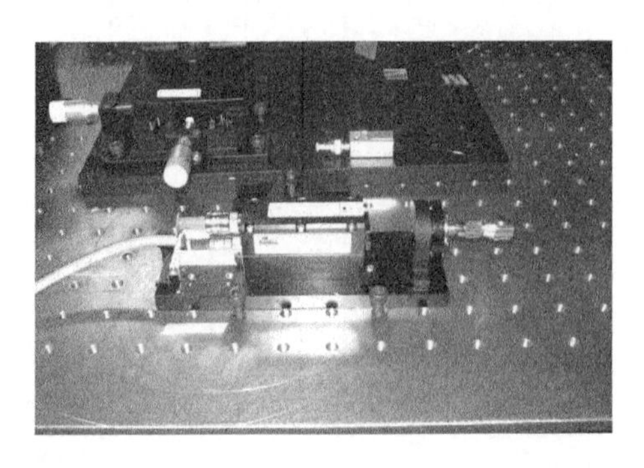

图 5.8　Nd:YAG 调 Q 微晶片激光器

图 5.9 为实验采用的 PCF,由武汉长飞公司生产,它的结构参数为:空气孔直径 $d=3.54\ \mu m$、孔间距 $\Lambda=5.42\ \mu m$。为方便描述,记为 PCF_FWM。图 5.9(a)为缠绕 PCF_

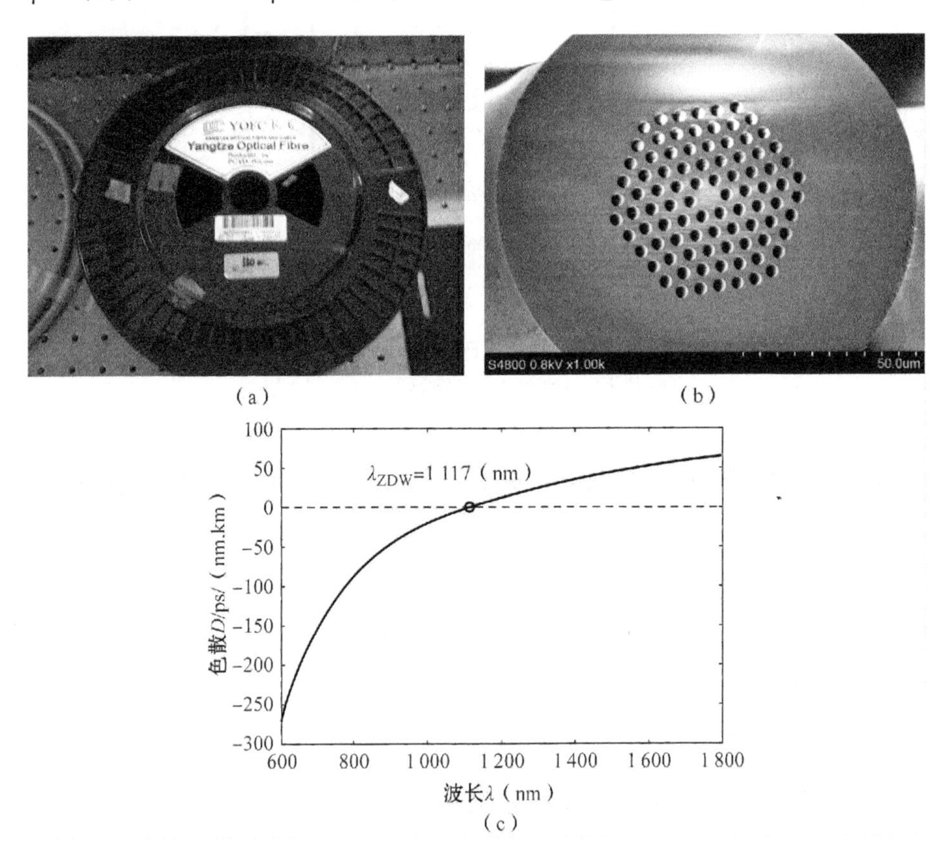

图 5.9　实验所用的 PCF_FWM

(a) PCF_FWM 线圈　(b) PCF_FWM 横截面　(c) PCF_FWM 的色散曲线

FWM 的光纤线圈，图 5.9(b)为采用场扫描电镜(Scanning electron microscope，SEM)观察 PCF_FWM 的横截面，图 5.9(c)为 PCF_FWM 的色散曲线，其零色散点在 1 117 nm 附近。采用 3.1.1 节中介绍的计算色散系数的方法，可以求得 PCF_FWM 在波长 1 064 nm 处的各阶色散系数如表 5.4 所示。

表 5.4　PCF_FWM 在波长 1 064 nm 处的色散系数

色散系数	计算值	单位
二阶色散系数 β_2	5.26×10^{-27}	s^2/m
三阶色散系数 β_3	6.12×10^{-41}	s^3/m
四阶色散系数 β_4	-8.72×10^{-56}	s^4/m
五阶色散系数 β_5	2.65×10^{-70}	s^5/m
六阶色散系数 β_6	-1.49×10^{-85}	s^6/m

利用 25 倍的显微物镜将上述激光器的输出光耦合进 1 m 长的 PCF_FWM 中，采用截断法测得耦合进 PCF_FWM 的功率大约为 35 mW，耦合效率大约为 53.8%。图 5.10(a)是由光谱仪 Agilent86142B 测得的从 PCF_FWM 输出的光谱，可以看到信号光出现在 747 nm 附近，而空闲光在 1 848 nm 附近。同时，采用 5.2 节介绍的模拟方法，数值模拟了 PCF_FWM 中四波混频效应的产生，光谱如图 5.10(b)所示，信号光出现在 748.2 nm，而空闲光在 1 846 nm 附近。模拟结果与实验光谱在信号光和空闲光的位置方面误差非常小；只是实验上 1 848 nm 处的空闲光由于石英材料的红外吸收和光纤的限制损耗，其功率与模拟结果相比非常小，而模拟中忽略了光纤损耗。

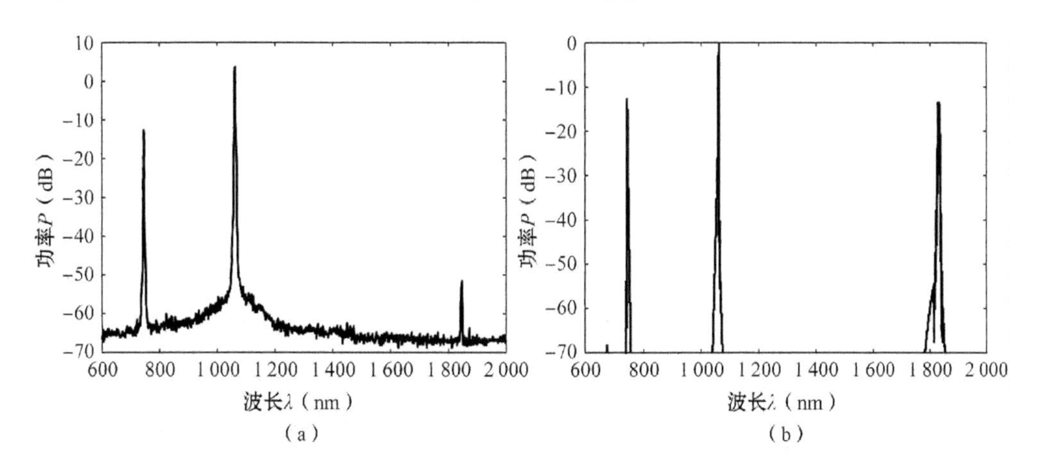

图 5.10　PCF_FWM 中产生的四波混频效应
(a) 实验测得光谱　(b) 模拟的光谱

5.3.2 利用PCF中的四波混频效应实现波长转换

研究光纤中的四波混频效应，一个非常重要的应用就是在全光波长转换器方面。全光波长转换器是实现全光网络的重要器件。[21-22]通过该器件进行波长转换可以提高光网络中波长的利用率，增加网络的灵活性和可扩展性，降低网络的阻塞率。

全光波长转换器是利用一些介质的非线性效应将输入的光信号直接转移到新的波长上。根据全光波长转换器工作原理的不同，它可以分为两大类：一类是基于光调制原理的波长转换器[23-24]，另一类就是基于光混频原理的波长转换器[25-26]。基于光调制原理的波长转换器只适用于强度调制的信号，所以只能达到有限的透明性，不能实现严格意义的透明。而基于光混频原理的波长转换器，主要是利用非线性光学中的四波混频效应来实现波长转换。两束相同泵浦光产生的四波混频效应称为简并的四波混频效应，就是上述讨论的人们比较感兴趣的四波混频效应，而不同泵浦光作用产生的四波混频效应称为非简并的四波混频效应。混频效应的结果是产生了新频率的激光束，新频率的激光束其相位和频率是入射激光的线性组合，因此基于光混频原理的波长转换器能够保留原始的相位和振幅信息，提供极为透明的波长转换。

5.2节在总结四波混频产生的规律时提到，通过改变PCF的结构参数，可以改变信号光和空闲光的波长，因此，可以设计合适的PCF结构产生想要的信号光或者空闲光波长。基于这一思想，我们提出一种基于PCF四波混频效应的全光波长转换器，其结构示意图如图5.11所示。该波长转换器由激光器、PCF和光学滤波器组成。

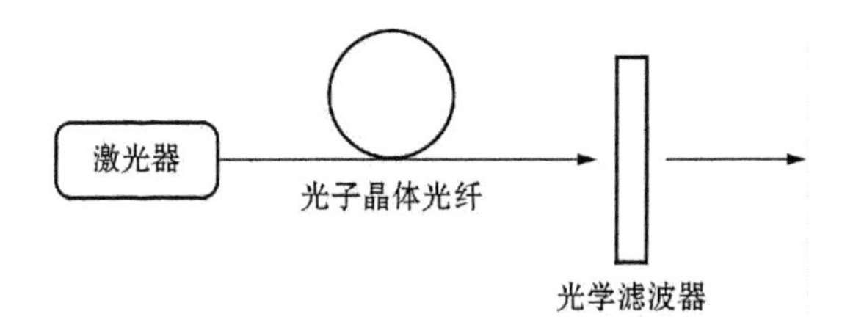

图5.11 基于PCF四波混频效应的全光波长转换器结构示意图

(1) 激光器，其输出泵浦光，同时提供转换波长，一般为输出脉宽在几十皮秒量级以上的长脉冲激光器或者连续光激光器，中心波长为λ_p。

(2) PCF，其接收并传输上述激光器的输出光，激光束在PCF中传输时产生简并的四波混频效应；设计PCF的结构参数，包括空气孔的大小和孔间距，可使四波混频效应产生的参量波长(信号光或者空闲光)为要转换产生的波长为λ激光束。

(3) 光学滤波器，从PCF输出的激光束，通过中心波长为λ和合适带宽的窄带光学滤波器，即可获得波长为 λ 的激光束。

为利用四波混频效应转换产生波长为 λ 的激光束，PCF 结构参数的设计过程如下：首先，采用基于多极法的 CUDOS 软件或者基于有限元法的 COMSOL 软件，计算参考 PCF 中导模的传播常数 β，进而可以计算泵浦波长 λ_p 处的各阶色散系数 β_m；然后将色散系数 β_m 代入简并四波混频效应的相位匹配条件(5.35)，数值求解式(5.35)检验产生的信号光或者空闲光是否为需要转换产生的波长为 λ 激光束；如果不是要产生的激光束，那么在参考光纤的基础上调整其结构参数，直到获得能够产生波长为 λ 激光束的 PCF 结构参数为止。

在 5.3.1 节 PCF_FWM 中产生四波混频效应的基础上，来演示该全光波长转换器的工作过程，将从 PCF_FWM 输出的光谱，图 5.10(a)所示，通过大恒公司生产的中心波长 748 nm、带宽为 12 nm 的窄带滤光片，测得 747 nm 光的功率为 3.12 mW，由于该窄带滤光片的峰值透过率为 50%，因此实验中产生的 747 nm 光的功率大约为 6.24 mW，即 1 064 nm 的泵浦光向 747 nm 信号光的转换效率为 18%，这样就可以获得波长为 747 nm 的激光束了。

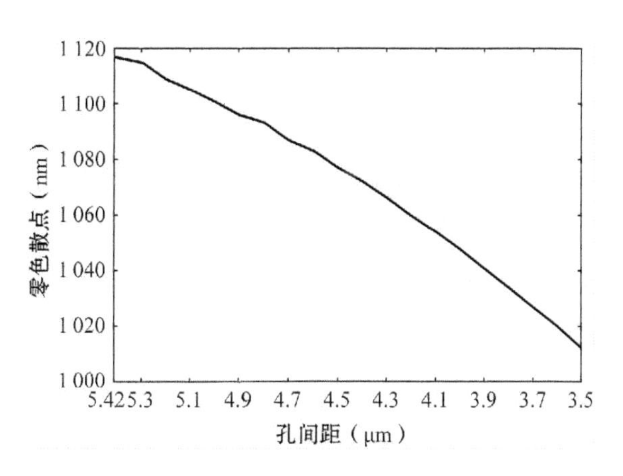

图 5.12　PCF 零色散点随孔间距减小的变化曲线

另外，由于 PCF 的结构参数可以灵活设计，因此通过改变其空气孔的直径和孔间距，进而改变它的各阶色散系数，由相位匹配条件(5.35)，可以实现向其他波长激光束的转换。作为实施例，在图 5.9 所示 PCF_FWM 的基础上，保持空气孔与孔间距的比值不变，将孔间距由 5.42 μm 逐渐减小到 3.5 μm，这个过程可以通过 PCF 的后处理技术来实现[27]；然后依次计算每个光纤结构中导模的传播常数，进而可以计算它们在波长 1 064 nm 处的各阶色散系数和色散曲线，模拟结果表明 PCF 的零色散点由 1 117 nm 减小到 1 012 nm，如图 5.12 所示；最后将每个光纤结构的各阶色散系数代入相位匹配条件(5.35),数值求解每个结构光纤中产生四波混频效应的参量波长(信号光和空闲光波长)。

图 5.13 显示了四波混频效应产生的参量波长随泵浦波长与零色散点之间偏差的变化曲线。其中,下面的小圆圈代表信号光波长,范围可从 747 nm 到 1 013 nm,上面的小圆圈代表空闲光波长,范围可从 1 848 nm 到 1 120 nm。这就意味着该全光波长转换器通过设计 PCF 的结构参数,可以将泵浦波长为 1 064 nm 的激光束,转换为区间[747,1 013]nm 和[1 120,1 848]nm 内产生任意波长的激光束。需要说明的是:这里仅是以泵浦波长 1 064 nm 为例,如果采用不同波长的泵浦源,该全光波长转换器可以实现更大范围的波长转换。

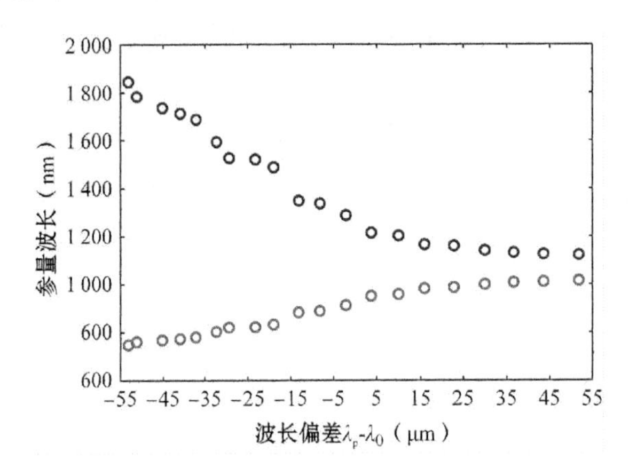

图 5.13　四波混频效应产生的参量波长
随泵浦波长与零色散点之间偏差的变化曲线

由此可见,基于 PCF 简并四波混频效应的全光波长转换器,与基于激光器四波混频效应的全光波长转换器(专利申请号 200410066256.9,公开号 CN 1588220A)[28]相比,它的优势包括:

第一,该全光波长转换器只需一台激光器,同时提供泵浦源和转换波长,无须另外提供信号光源,因此,该全光波长转换器结构更加简单,成本也大大降低。

第二,与其他有源介质相比,PCF 作为四波混频介质,不仅具有响应快、转换码率高等优点,而且相对于普通石英光纤,非线性系数大,波长转换效率高,较短的 PCF 就可以达到长距离普通光纤积累的非线性效果,易于实现器件的集成。

第三,由于 PCF 灵活可调的色散特性,该全光波长转换器通过设计 PCF 的结构参数,可以实现大范围的波长转换。鉴于这些优势,该全光波长转换器在通信传输、光电子学、激光器的设计与制作等领域具有广阔的应用前景。

5.4 本章小结

本章研究了光子晶体光纤中四波混频效应的产生，主要内容包括：

(1) 介绍光纤中四波混频效应产生的根源和理论基础，主要从振幅耦合方程组出发，推导了信号光和空闲光满足的演化方程、参量增益表达式和相位匹配条件，并且由参量增益式分析了影响四波混频增益的几个因素。

(2) 通过采用自适应分步傅立叶法求解广义非线性薛定谔方程，模拟研究了 PCF 中四波混频效应的产生，数值结果与实验观察的一致性表明我们模拟方法的正确性，进一步研究了 PCF 结构参数、入射脉冲峰值功率和脉宽对四波混频产生的影响，并总结了四波混频产生的一般规律，还采用同样的模拟方法研究比较了连续光泵浦四波混频效应的产生。

(3) 在实验室现有条件下，研究了四波混频效应的产生，并且提出了基于 PCF 四波混频效应的全光波长转换器，与基于激光器四波混频效应的全光波长转换器相比，它具有三大优势：

第一，该全光波长转换器只需一台激光器，同时提供泵浦源和转换波长，结构简单，成本低廉。

第二，与其他有源介质相比，PCF 作为四波混频介质，不仅具有响应快、转换码率高等优点，而且相对于普通石英光纤，非线性系数大，波长转换效率高，较短的 PCF 就可以达到长距离普通光纤积累的非线性效果，易于实现器件的集成。

第三，由于 PCF 灵活可调的色散特性，该全光波长转换器通过改变 PCF 的结构参数，可以实现大范围的波长转换。

参考文献

[1] R. H. Stolen, J. E. Bjorkholm, and A. Ashkin. Phase-matched three-wave mixing in silica fiber optical waveguides [J]. Appl. Phys. Lett., 1974(24): 308-310.

[2] K. O. Hill, D. C. Johnson, and B. S. Kawasaki. Efficient conversion of light over a wide spectral range by four-photon mixing in a multimode graded-index fiber [J]. Appl. Opt., 1981, 20(6): 1075-1079.

[3] C. Lin, W. A. Reed, A. D. Pearson, and H. T. Shang. Phase matching in the minimum-chromatic-dispersion region of single-mode fibers for stimulated four-photon mixing[J]. Opt. Lett., 1981, 6(10): 493-495.

[4] R. H. Stolen, M. A. Bösch, and C. Lin. Phase matching in birefringent fibers [J]. Opt. Lett., 1981, 6(5): 213-215.

[5] N. Shibata, M. Ohashi, K. Kitayama, and S. Seikai. Evaluation of bending-induced birefringence based on stimulated four-photon mixing [J]. Opt. Lett., 1985, 10(3): 154-156.

[6] G. Hunziker et al. Polarization-independent wavelength conversion at 2. 5Gbits/s by dual-pump four strained semiconductor optical amplifer [J]. IEEE Photonics Technology Letters, 1996, 8 (12): 1633-1635.

[7] G. A. Nowak, Y. Hao, T. J. Xia, M. N. Islam, and D. Nolan. Low-power high-efficiency wavelength conversion based on modulational instability in high-nonlinearity fiber [J]. Opt. Lett., 1998, 23(12): 936-938.

[8] M. Ho, K. Uesaka, M. Marhic, Y. Akasaka and L. G. Kazovsky. 200-nm-Bandwidth Fiber Optical Amplifier Combining Parametric and Raman Gain [J]. J. Lightwave Technol, 2001, 19 (7): 977-981.

[9] M. Westlund, J. Hansryd, P. A. Andrekson, and S. N. Knudsen. Transparent wavelength conversion in fibre with 24 nm pump tuning range [J]. Electron. Lett, 2002, 38(2): 85-86.

[10] R. H. Stolen, and N J Holmdel. Phase-matched-stimulated four-photon mixing in silica-fiber waveguides [J]. IEEE J. Quantum Electron, 1975, 11(3): 100-103.

[11] A. Säisy, J. Botineau, A. A. Azéma and F. Gires. Diffusion Raman stimulée *à* trois ondes dans une fibre optique [J]. J. Appl. Opt., 1980, 19(10): 1639-1646.

[12] K. O. Hill, D. C. Johnson, B. S. Kawasaki, and R. I. MacDonald. cw three-wave mixing in single-mode optical fibers [J]. J. Appl. Phys, 1978, 49(10): 5098-5106.

[13] J. Chandalia, B. Eggleton, R. Windeler, et al. Adiabatic coupling in tapered air-silica microstructured optical fiber [J]. IEEE Photonics Technology Letters, 2001, 13(1): 52-54.

[14] K. Chow, C. Shu, C. Lin, et al. Polarization-insensitive widely tunable wavelength converter based on four-wave mixing in a dispersion-flattened nonlinear photonic crystal fiber [J]. IEEE Photonics Technology Letters, 2005, 17(3): 624-626.

[15] T. Yang, S. Chester; L, Chinlon. Depolarization technique for wavelength conversion using four-wave mixing in a dispersion-flattened photonic crystal fiber [J]. Opt. Express., 2005, 13 (14): 5409-5415.

[16] A. Zhang and M. S. Demokan. Broadband wavelength converter based on four-wave mixing in a highly nonlinear photonic crystal fiber [J]. Opt. Lett., 2005, 30(18): 2375-2377.

[17] K. Chow, K Kikuchi; T Nagashima, T Hasegawa; S Ohara; N Sugimoto, Four-wave mixing based widely tunable wavelength conversion using 1-m dispersion-shifted bismuth-oxide photonic crystal fiber [J]. Opt. Express., 2007, 15(23): 15418-15423.

[18] 阿戈沃(G. P. Agrawal). 非线性光纤光学原理及应用(第二版)[M]. 贾东方，余震虹，等译. 北京：电子工业出版社，2010：6.

[19] R. H. Stolen and J. E. Bjorkholm. Parametric amplification and frequency conversion in optical fibers [J]. IEEE J. Quantum Electron, 1982, 18(7): 1062-1072.

[20] W. J. Wadsworth, N. Joly, J. C. Knight, T. A. Birks, F. Biancalana and P. St. J. Russell. Supercontinuum and four-wave mixing with Q-switched pulses in endlessly single-mode photonic crystal fibres [J]. Opt. Express, 2004, 12: 299-309.

[21] 崔晟，刘德明，涂峰，徐祖应，柯昌剑. 基于光纤简并四波混频的可调谐波长转换器的优化设计[J]. 光子学报，2009，38(5)：1145-1148.

[22] 邵潇杰，杨冬晓，耿丹. 基于光子晶体光纤四波混频效应的波长转换研究[J]. 光子学报，2009，38(3)：652-655.

[23] T. Durhuus, B. Mikkelsen, et al. All-optical wavelength conversion by semiconductor optical amplifers [J]. IEEE. J. Lightwave. Technology, 1996, 14(6): 942-954.

[24] K. Inoue, and M. Yoshino. Noise suppression effect in cascaded wavelength conversion using light-injected DFB-LDs [J]. Eletron Letters, 1996, 32(23): 2165-2166.

[25] S. J. B. Yoo. Wavelength conversion technologies for WDM network applications [J]. IEEE. J. Light. Technology, 1996, 14(6): 955-966.

[26] 迟楠，等. 利用半导体光纤环行激光器实现四波混频可调谐波长变换[J]. 中国激光，2001，28(3)：261-264.

[27] 陈子伦，侯静，姜宗福，光子晶体光纤的后处理技术[J]. 激光与光电子学进展，2010，47，(02)：1-7.

[28] 马军山，张嵬. 基于激光器四波混频效应的全光波长转换器[P]. 中国专利：200410066256.9，2004，9，10.

第 6 章　双波长泵浦超连续谱产生的理论研究

从第三章单波长(泵浦波长为 1 064 nm)泵浦 PCF 产生的超连续谱可以看到,不管是长脉冲泵浦机制产生的超连续谱,如图 4.9(f)所示,还是连续光泵浦机制产生的超连续谱,如图 4.17(d)所示,它们都存在一个共同的不足:光谱没有完全覆盖可见光波段。近年来由于白光超连续谱(覆盖可见波段的超连续谱)在光谱学、生物医学和遥感探测等许多方面都有重要的应用价值[1-5],因此人们开始研究如何才能产生覆盖可见光波段的白光超连续谱。为了解决这个问题,本章理论研究双波长泵浦 PCF 超连续谱的产生,首先,给出长脉冲机制下的两种双波长泵浦方案:基于二阶非线性晶体的方案和全光纤结构的方案,并讨论其优缺点;然后,与实验结果相对比,采用自适应分步傅立叶法求解广义非线性薛定谔方程,模拟研究全光纤结构的双波长泵浦超连续谱的产生;最后,将全光纤结构双波长泵浦方案应用于连续光机制,为产生高功率谱密度的白光超连续谱提供理论基础。

6.1　双波长泵浦产生超连续谱的方案

2009 年巴斯大学的熊春乐博士(IEEE J. Lightwave Technology, vol. 27, pp. 1638-1643)提出了一种新奇的全光纤结构双波长泵浦方案[6]。该方案在全光纤的结构中依次实现了双波长泵浦源的建立和超连续谱的形成,并且最终产生了从最短波长 360 nm 一直延伸到 1 750 nm 的超连续谱。本节首先给出基于二阶非线性晶体的双波长泵浦方案,然后在它的基础上引出全光纤结构的双波长泵浦方案,并且详细分析两种方案各自的优缺点。

6.1.1　基于二阶非线性晶体的双波长泵浦方案

在以前双波长泵浦超连续谱产生的实验中[7-8]，都是采用基于非线性晶体的双波长泵浦方案，如图 6.1 所示。其中，Laser 是中心波长为 1 064 nm 的激光器，KTP 是能产生二阶非线性效应的晶体，Lens 是聚焦透镜，PCF-SC 是经过特殊设计的、合适色散参数的 PCF，一般要求双波长在该 PCF 的传输中满足群速度匹配，以充分发生相互作用。具体的实现流程为：激光器输出波长为 1 064 nm 的光经过 KTP 晶体后，发生二阶非线性效应，产生二次谐波 532 nm；然后将基波 1 064 nm 和二次谐波 532 nm 两束光一起通过聚焦透镜耦合进 PCF-SC 中，充分发生相互作用，以此来产生白光超连续谱。

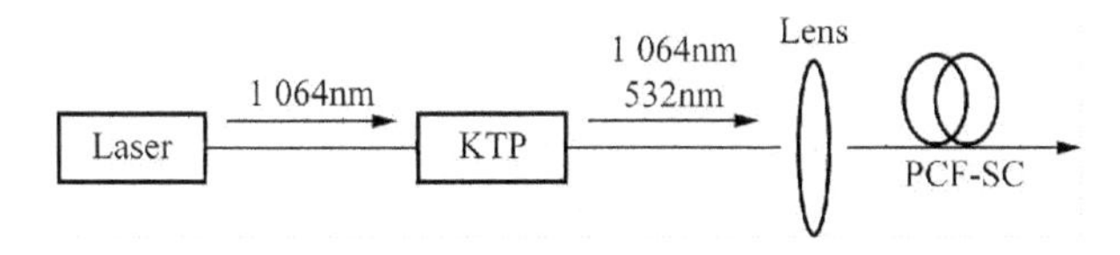

图 6.1　基于二阶非线性晶体的双波长泵浦方案

基于非线性晶体的双波长泵浦方案的优点在于：第一，非线性晶体产生二次谐波的波长可以达到非常的短，比如基波和二次谐波对 1 064/532 nm、946/473 nm，功率直接从近红外转移到可见波段 532 nm 和 473 nm；第二，输入光纤 PCF-SC 的基波和二次谐波的功率比值 $P_{\omega}/P_{2\omega}$，通过在 KTP 晶体和 Lens 之间加入一些光学器件，可以非常容易实现控制，以便更好地研究两束光在不同功率比值下的相互作用，来达到产生更宽超连续谱的目的。然而，这种泵浦方案的缺点也非常明显：第一，非线性晶体不可避免地在基波和二次谐波之间引入空间走离效应[9-10]，因为二者在非线性晶体中的传播速度不同，而这种走离效应使得很难将这两束光同时耦合进同一个光纤中；第二，基波和二次谐波的波长不同，由于透镜色散使得人们很难采用一个聚焦透镜，将这两束光耦合进同一个光纤中；第三，二次谐波的波长相对固定，即一旦红外激光器选定以后，那么二次谐波的波长也就固定了，要想获得其他短波长，就必须更换红外激光器。

6.1.2　全光纤结构的双波长泵浦方案

2009 年熊春乐博士[6]（IEEE J. Lightwave Technology，vol. 27，pp. 1638—1643）巧妙地用一段 PCF 替代二阶非线性晶体，虽然基于 SiO_2 的 PCF 不能产生二阶非线性效应，但是由第四章可知泵浦 PCF 能够产生四波混频效应，同样可以形成双波长泵浦源；然后再将产生 FWM 的 PCF 与产生超连续谱的光纤 PCF-SC 熔接在一起，从而可以实现全光纤结构的双波长泵浦方案，如图 6.2 所示，(a)为二种 PCF 的间接熔接，(b)为二者的直接熔接。

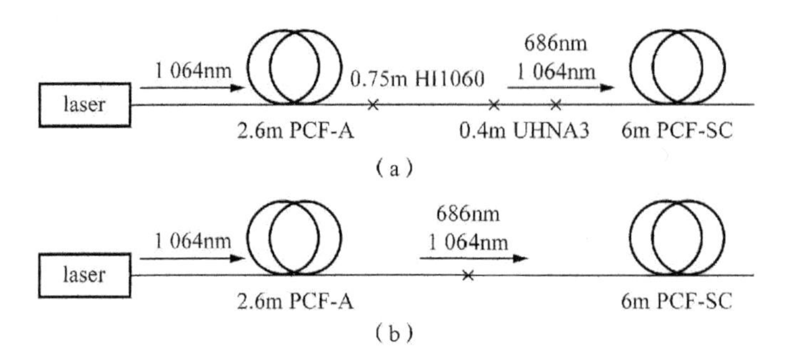

图 6.2　全光纤结构的双波长泵浦方案
(a) 间接熔接　(b) 直接熔接

表 6.1　全光纤结构双波长泵浦方案用到的 PCF

光纤名	$\Lambda(\mu m)$	d/Λ	$d_{core}(\mu m)$	$\lambda_0(nm)$
PCF-A	3.2	0.28	5.5	1117
PCF-SC	2.12	0.75	2.65	820

图 6.2 中 PCF-A 就是用来产生四波混频效应的 PCF，其结构参数和零色散点在表 6.1 中给出。1064 nm 的泵浦光在 PCF-A 中传输时，由于 FWM 产生了 686 nm 的信号光，输出光谱如图 6.3 中黑线所示，浅色线是在 PCF-A 后面熔接过渡光纤后输出的光谱。由于实验中既要在 PCF-A 中产生较大的四波混频参量增益，又要有效地避免 686 nm 光产生的拉曼展宽，所以 PCF-A 的长度不可过长或者过短，经优化选取为 2.6 m。PCF-SC 是用来产生超连续谱的 PCF，其结构参数和零色散点也在表 6.1 中给出。由于 PCF-SC 和 PCF-A 两种光纤的纤芯相差较大，直接进行熔接损耗必然非常大。根据目前的熔接技术，可以有两种处理方法，分别如图 6.2(a)和(b)所示。图 6.2(a)采取的是间接熔接的方式，先将 PCF-A 与 1 060 nm 处模场直径为 6.2 μm 的光纤 HI1060 进行熔接，再将 HI1060 与可热膨胀的模场直径为 2.6 μm 的 UHNA3 熔接，最后再与 PCF-SC 熔接，采用这种逐渐减小光纤模场直径的方法来实现低损耗。图 6.2(b)是先采用选择性孔塌缩技术增大 PCF-SC 的纤芯，再与 PCF-A 进行熔接。图 6.4(a)和(b)分别显示了双波长泵浦源 1 064/686 nm 随着光谱输出功率和光纤 PCF-SC 长度增加的演化情况，显然，最终产生的超连续谱完全覆盖了整个可见波段，因此，双波长泵浦方案为产生白光超连续谱提供了一个方法。

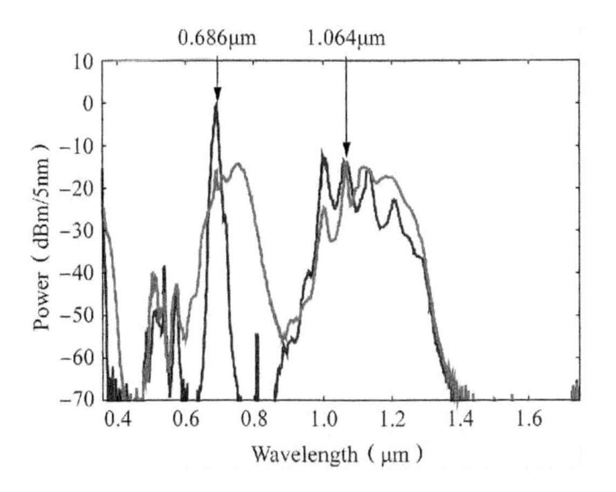

图 6.3　PCF-A 的输出光谱

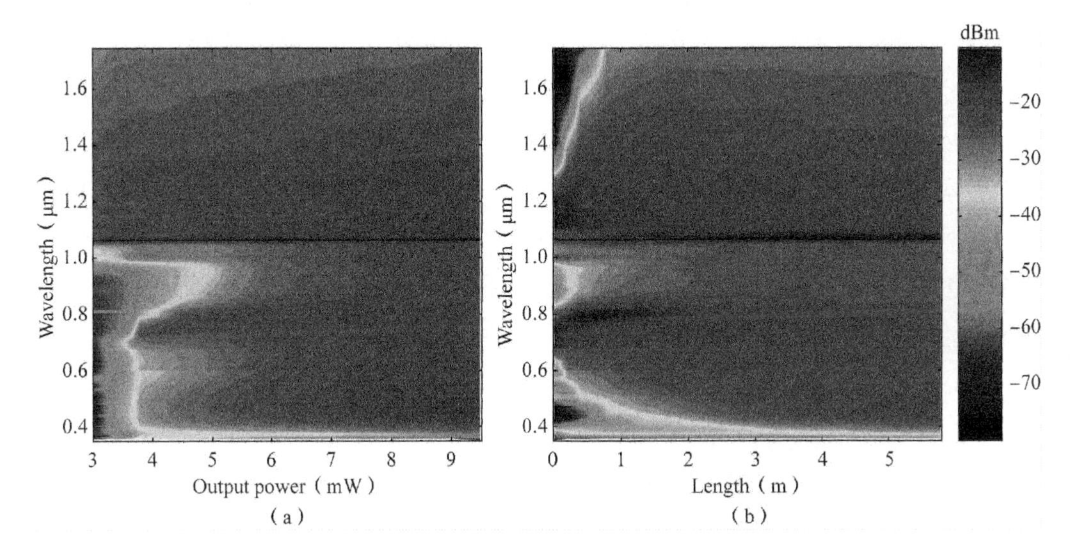

图 6.4　双波长泵浦源随输出功率(a)和 PCF-SC 长度(b)的演化图
(a) 双波长泵源随输出功率变化　(b) PCF-SC 长度演化

全光纤结构双波长泵浦方案的突出优点在于：

第一，由于 PCF 灵活可调的色散特性，例如当泵浦波长是 1 064 nm 时，短波长可以在 686 nm 到 975 nm 之间灵活调节[11]，这一点远远优于基于非线性晶体双波长泵浦方案较为固定的短波长选择。

第二，PCF 替代非线性晶体。一方面，可以避免了非线性晶体引起的双波长之间的空间走离效应，还可以避免了透镜耦合带来的功率损耗和光纤端面的反射；另一方面，将产生双波长泵浦源的 PCF 和产生超连续谱的 PCF 熔接，可以形成全光纤结构，显著

增加了系统的稳定性，避免了功率跳变(power jumpping，PJ)。[12-13]

第三，全光纤结构泵浦方案，操作简单，不需要校准光束，调节光轴，需要的实验设备少，成本低廉。但是，任何事物都有它的两面性，该泵浦方案也有它的难点和不足：首先，该方案需要解决的突出问题就是如何实现两种模场直径不匹配 PCF 之间的低损耗熔接，通常而言，利用四波混频效应产生的波长越短，要求 PCF 的纤芯越大，而要满足双波长之间的群速度匹配，又要求产生超连续谱的 PCF 的纤芯越小，因此，PCF 间模场直径的不匹配不可避免；其次，全光纤结构一旦形成，难以观察到从第一段光纤(PCF-A)输出的光谱，而且该方案也不能灵活地研究每一个波长在超连续谱形成中发挥的作用，因此，需要数值模拟超连续谱的形成过程，以研究每一个波长在光谱展宽中发挥的作用。

6.2 长脉冲机制双波长泵浦超连续谱产生的理论研究

通过在 6.1 节中详细分析基于非线性晶体和全光纤结构的两种双波长泵浦方案的优缺点，发现全光纤结构的泵浦方案在实验操作和系统稳定性方面要明显优于基于非线性晶体的泵浦方案；更为重要的是，文献[6]中的实验结果已经表明由全光纤结构的泵浦方案产生的超连续谱可以完全覆盖整个可见光波段，为产生白光超连续谱提供了一个方法。因此，本节对全光纤结构的双波长泵浦方案建立理论模型，详细研究白光超连续谱的形成过程。

6.2.1 全光纤结构双波长泵浦方案的理论模型

文献[7]针对基于非线性晶体的泵浦方案给出一个研究双波长泵浦超连续谱产生的理论模型，即两个耦合的广义非线性薛定谔方程：

$$
\begin{aligned}
&\frac{\partial A_1}{\partial z}-i\sum_{k\geqslant 2}\frac{i^k}{k!}\beta_k^1\frac{\partial^k A_1}{\partial T^k}\\
&=i\gamma_1\left(1+\frac{i}{\omega_1}\frac{\partial}{\partial T}\right)A_1\int_{-\infty}^{\infty}R(T')\cdot\\
&\quad[|A_1(z,T-T')|^2+2|A_2(z,T-T')|^2]\mathrm{d}T'
\end{aligned}
\tag{6.1}
$$

$$
\begin{aligned}
&\frac{\partial A_2}{\partial z}-i\sum_{k\geqslant 2}\frac{i^k}{k!}\beta_k^2\frac{\partial^k A_2}{\partial T^k}\\
&=i\gamma_2\left(1+\frac{i}{\omega_2}\frac{\partial}{\partial T}\right)A_2\int_{-\infty}^{\infty}R(T')\cdot\\
&\quad[|A_2(z,T-T')|^2+2|A_1(z,T-T')|^2]\mathrm{d}T'
\end{aligned}
\tag{6.2}
$$

其中，A_1 和 A_2 分别表示泵浦光和信号光的复振幅，β_k^1 和 β_k^2 分别表示两束光在各自角频率 ω_1 和 ω_1 处的色散系数。为了研究双波长之间的相互作用，人为地引入交叉相位调制项，如方程(6.1)和(6.2)右边中括号内的第二项所示。该理论模型虽然可以有效地研究双波长在 PCF-SC 中相互作用以及超连续谱的形成，但是它不适合应用到全光纤结构的双波长泵浦方案中，原因就在于它不能同时用来模拟四波混频效应的产生，也就不能获得泵浦光和信号光的相关信息。

为了实现对全光纤结构的双波长泵浦方案进行有效的模拟，我们突出研究重点，忽略一些细节的影响，比如忽略熔接点、光纤端面对光谱和功率的影响，简化明了全光纤结构的双波长泵浦方案如图 6.5 所示。显然，该泵浦方案大致可以分为两个阶段：一是通过 PCF-A 中的四波混频效应建立双波长泵浦源 686/1064 nm；二是双波长在 PCF-SC 中充分发生相互作用而演化成超连续谱。依据于此，提出自己的理论模型，即结合傅立叶的时域频域变换，分别代入 PCF-A 和 PCF-SC 的各项参数(主要包括色散系数和非线性系数)，只求解同一个广义非线性薛定谔方程(2.47)，来模拟研究图 6.5 所示的两个阶段。

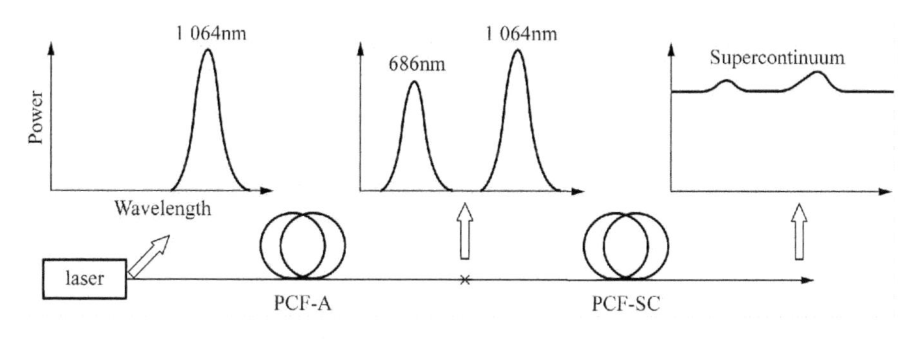

图 6.5　全光纤结构双波长泵浦方案的示意图

该理论模型的具体实施为：首先，采用第四章中介绍的模拟方法，用 $T_{\mathrm{FWHM}}=30$ ps 高斯脉冲近似实验中 $T_{\mathrm{FWHM}}=600$ ps 脉冲，模拟它在 PCF-A 中传输时产生的四波混频效应，进而可以建立双波长泵浦源，即：

$$A_{12}(z,T)=A_1(z)\exp(-i\omega_1 T)+A_2(z)\exp(-i\omega_2 T) \tag{6.3}$$

式中，$A_1(z)$和 $A_2(z)$分别表示泵浦光和信号光的复振幅，ω_1 和 ω_2 为两束光的角频率；其次，将产生的双波长泵浦源(6.3)，作为求解 PCF-SC 中广义非线性薛定谔方程(3.47)的初始条件，因为式(3.47)右边的平方项，交叉相位调制项自然地引入方程中。需要做的就是将光纤 PCF-A 的色散参数和非线性参数，修改为 PCF-SC 的对应参数。因此，我们的理论模型更加简单，只需要求解式(3.47)，节省时间；结合傅立叶的时域频域变换，研究内容更加丰富，通过将式(6.3)中不同的部分代入广义非线性薛定谔方程(3.47)，可以研究泵浦光或者信号光在 PCF-SC 的单独演化。

表 6.2 PCF-A 在波长 1 064 nm 处的色散系数

色散系数	计算值	单位
二阶色散系数 β_2	5.13×10^{-27}	s^2/m
三阶色散系数 β_3	3.63×10^{-41}	s^3/m
四阶色散系数 β_4	-5.53×10^{-56}	s^4/m
五阶色散系数 β_5	-1.88×10^{-71}	s^5/m
六阶色散系数 β_6	-3.12×10^{-85}	s^6/m

6.2.2 双波长泵浦源的建立

为了与实验结果进行对比，设置入射脉冲的峰值功率为 $P=7\,000$ W、中心波长为 1 064 nm；PCF-A 的长度同样选为 2.6 m，计算它在 1 064 nm 处的色散参数如表 6.2 所示。采用自适应分步傅立叶法求解广义非线性薛定谔方程(3.47)，模拟 $T_{FWHM}=30$ ps 高斯脉冲在 PCF-A 中传输，输出光谱 $A_{PCE\text{-}A}(z,\omega)$ 如图 6.6(a)所示，分别在 686 nm 和 2 369 nm 处出现了两个尖峰。实验[6]中因为光纤的限制损耗和材料的红外吸收，而没有观察到空闲光 2 369 nm 的出现，而在模拟中忽略了光纤损耗和吸收，所以看到了 2 369 nm 处的空闲光。为了与最后的实验结果相比较，在频谱空间内，从 $A_{PCE\text{-}A}(z,\omega)$ 中去掉空闲光的频域成分而变为 $A_{12}(z,\omega)$，对应图 6.6(b)，这样就可以避免空闲光的演

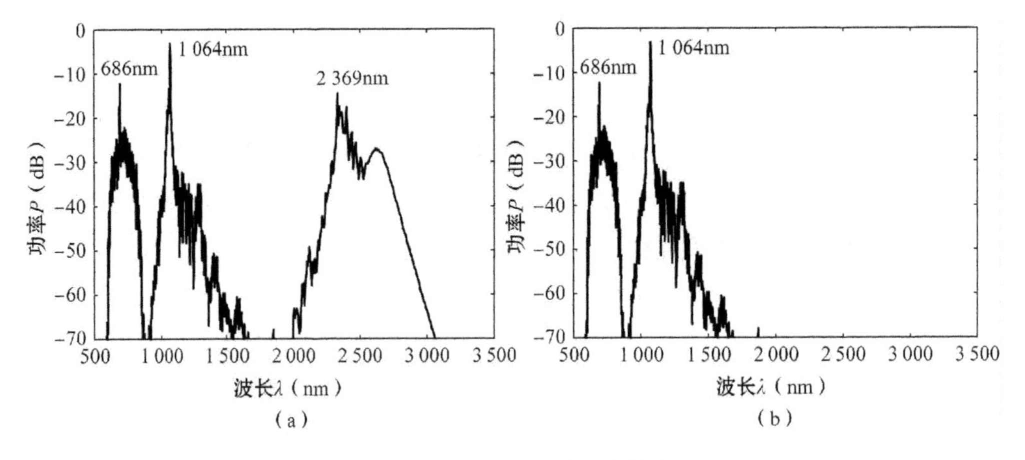

图 6.6 PCF-A 中四波混频效应
(a) 含有空闲光 (b) 不含空闲光

化而影响最终的超连续谱形状。

利用傅立叶的时域频域变换，可将光谱成分 $A_{12}(z,\omega)$ 转换成时域空间的 $A_{12}(z,T)$，表达式由式(6.3)给出。这样，$A_{12}(z,\omega)$ 或者 $A_{12}(z,T)$ 就主要包含了泵浦光 1 064 nm 和信号光 686 nm 的成分，它们也就构成了本书需要的双波长泵浦源 686/1 064 nm。同样的方法，可以获得残留泵浦光的信息 $A_1(z,\omega)$ 或者 $A_1(z,T)$，以及新产生的信号光的信息 $A_2(z,\omega)$ 或者 $A_2(z,T)$，如图 6.7 所示，为单独研究它们各自在光纤 PCF-SC 中的演化做准备。

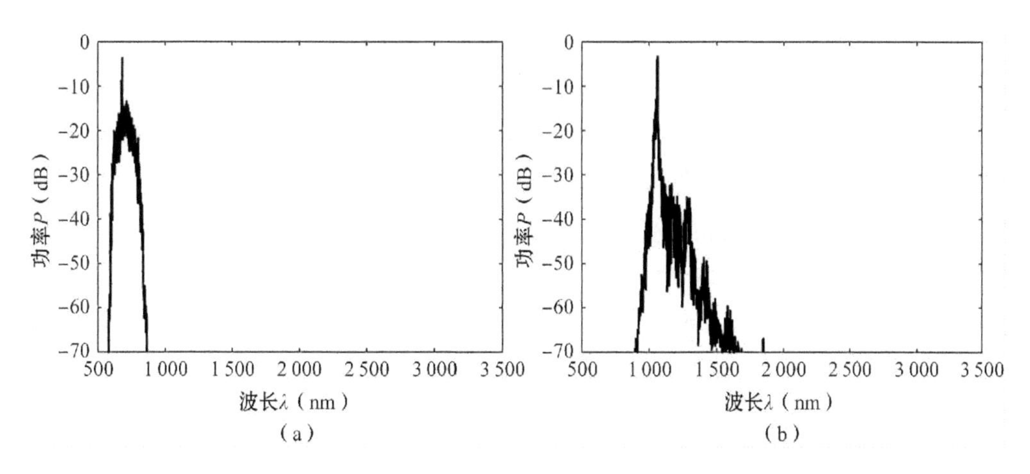

图 6.7　提取的信号光 686 nm 和残留的泵浦光 1 064 nm
(a) 信号光 686 nm　(b) 残留的泵浦光

6.2.3　残留泵浦光的单独演化

为了系统地研究双波长泵浦超连续谱的形成过程，首先单独模拟信号光 686 nm 和残留泵浦光 1 064 nm 分别在 PCF-SC 中的演化，观察它们各自在双波长泵浦机制中所发挥的作用。

表 6.3　PCF-SC 在波长 1 064 nm 处的色散系数

色散系数	计算值	单位
二阶色散系数 β_2	-4.02×10^{-26}	s^2/m
三阶色散系数 β_3	1.24×10^{-40}	s^3/m
四阶色散系数 β_4	-2.52×10^{-54}	s^4/m
五阶色散系数 β_5	-5.34×10^{-71}	s^5/m
六阶色散系数 β_6	-8.37×10^{-85}	s^6/m

为此，采用 3.1.1 节中介绍的计算色散系数的方法，计算了光纤 PCF-SC 中基模在 1 064 nm 处的各阶色散系数，如表 6.3 所示。首先，研究信号光 686 nm 在 PCF-SC 中的演化。为此，将信号光的信息 $A_2(z,T)$，作为求解 PCF-SC 中广义非线性薛定谔方程(2.47)的初始条件，模拟结果发现，随着 PCF-SC 长度的增加，光谱没有明显地展宽，即图 6.7(a)没有什么变化。这与文献[7]中观察的实验结果相一致，即在没有泵浦光 1 064 nm 存在时，信号光不能单独地展宽光谱。

其次，研究残留的泵浦光 1 064 nm 单独在 PCF-SC 中的演化。此时，将残留泵浦光的信息 $A_1(z,T)$，作为求解 PCF-SC 中广义非线性薛定谔方程(2.47)的初始条件，模拟结果如图 6.8 所示，各小图依次对应 PCF-SC 的长度为(a)$L=0$ m，(b)$L=0.15$ m，(c)$L=2.4$ m，(d)$L=3.6$ m，(e)$L=4.8$ m，(f)$L=6$ m。因为泵浦光 1 064 nm 位于光纤 PCF-SC (零色散点在 820 nm)的反常色散区，首先观察到了调制不稳定性，如图(b)所示，在泵浦光两侧出现了两对频域对称的旁瓣，对应波长分别在 1 016 nm 和 1 118 nm、980 nm 和 1 175 nm 附近，同时由于旁瓣 1 118 nm 和 1 175 nm 还处在泵浦光的拉曼增益谱内，因此这两个旁瓣的功率要略微高于另一侧对应的旁瓣；在时域中，即是调制不稳定性将初始的脉宽 $T_{\mathrm{FWHM}}=30$ ps 的高斯脉冲分解为多重的超短脉冲。

分解形成的超短脉冲在负的群速度色散和自相位调制的共同作用下，演化成孤子；这些孤子随着 PCF-SC 长度的增加，而逐渐向长波方向移动，如图 6.8 所示，最外层孤子的位置已在图中标出。为了研究证实孤子移动的物理机制，记下最外层孤子出现的位置和此时对应的光纤 PCF-SC 长度，并在图 6.9 中用圆圈标出。同时，由式(3.79)做出由脉冲内拉曼散射导致的孤子自频移，随光纤长度的变化情况，如图 6.9 中斜线所示。可以看到，模拟的最外层孤子移动的趋势与斜线比较一致，这一方面说明，本书模拟方法的准确性；另一方面也验证了确实是由于脉冲内拉曼散射导致了孤子自频移，而且频移随传输距离近似线性增长，具体关系由式(3.79)式给出。

6.2.4 双波长的共同演化和超连续谱的形成

通过分别模拟信号光 686 nm 和残留泵浦光 1 064 nm 单独在 PCF-SC 中的演化，结果发现：只有正常色散区的信号光 686 nm 在 PCF-SC 中传输时，光谱没有明显的展宽；而只有反常色散区的残留泵浦光 1 064 nm 在 PCF-SC 中传输时，超连续谱出现了不对称的展宽，即只是将光谱向长波方向延伸。那么它们同时在 PCF-SC 中传输时，是如何发生相互作用而导致白光超连续谱的产生呢？

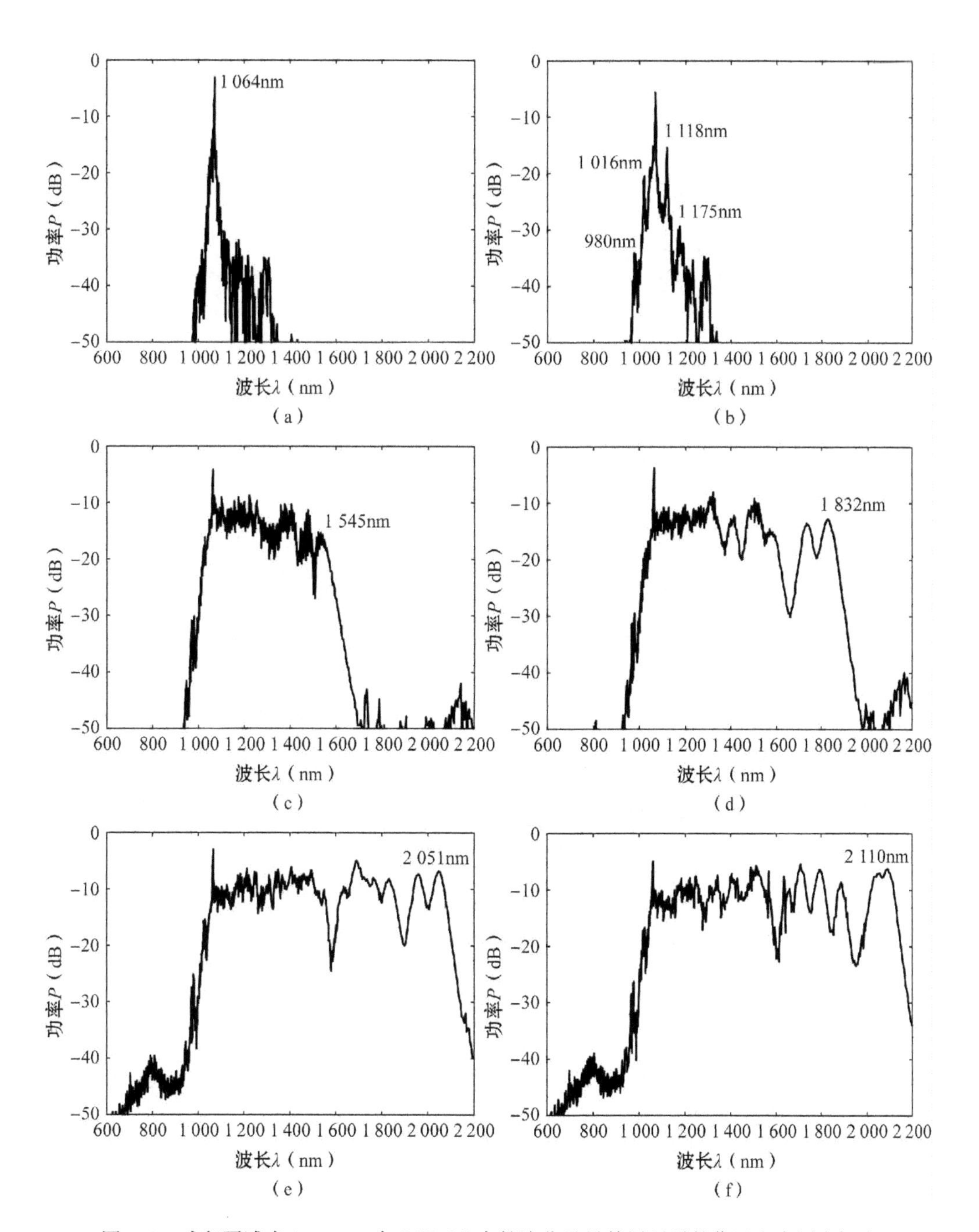

图 6.8　残留泵浦光 1 064 nm 在 PCF-SC 中的演化及最外层孤子的位置也在图中标出

(a) $L=0$ m　(b) $L=0.15$ m　(c) $L=2.4$ m　(d) $L=3.6$ m　(e) $L=4.8$ m　(f) $L=6$ m

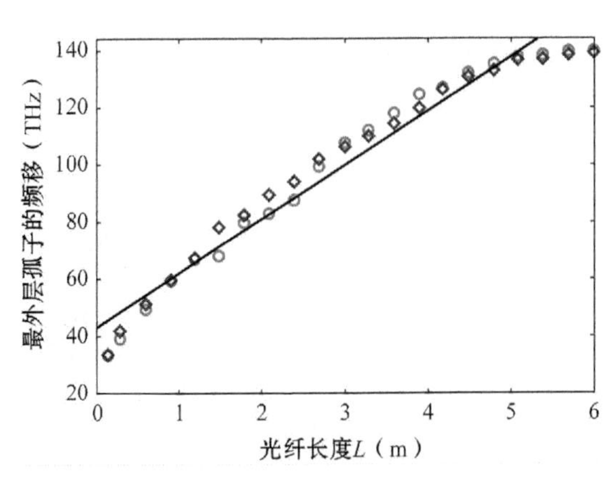

图 6.9 PCF-SC 中的孤子自频移

○圆圈对应 1 064 nm 泵浦光单独演化的情形

◇菱形对应 1 064 nm 光和 686 nm 光共同演化的情形

为此，将信号光 686 nm 和残留泵浦光 1 064 nm 的共同信息 $A_{12}(z,T)$，作为求解 PCF-SC 中广义非线性薛定谔方程(2.47)的初始条件，模拟它们的共同演化如图 6.11 所示，各小图分别对应 PCF-SC 的长度为(a)$L=0$ m，(b)$L=0.15$ m，(c)$L=2.4$ m，(d)$L=3.6$ m，(e)$L=4.8$ m，(f)$L=6$ m。其中，最终的输出光谱如图(f)所示，与文献[6]图中虚线大体走势非常吻合。同样记录下最外层孤子出现的位置和此时对应的光纤 PCF-SC 长度，并在图 6.9 中用菱形标出。可以看到，孤子自频移的大体趋势与残留泵浦光 1 064 nm 单独演化时的情形非常一致，说明信号光 686 nm 的存在并没有严重影响泵浦光 1 064 nm 的演化，然而，泵浦光 1 064 nm 的存在，却对信号光 686 nm 的演化产生了重要的影响。这是由于在 PCF-SC 中，波长 686 nm 和 1 064 nm 处的群速度折射率分别为 1.480 2 和 1.480 1，如图 6.10 所示，即它们的群速度完全匹配，那么在 PCF-SC 的传输中，二者将充分发生相互作用；同时由于残留泵浦光的功率比信号光的功率高出近十个 dB，因此，泵浦光 1 064 nm 对信号光的影响要比信号光对残留泵浦光 1 064 nm 的影响大得多。

随着 1 064 nm 处由于调制不稳定性而形成的多重超短脉冲在反常色散区演化成高阶孤子，这些孤子由于较高的峰值功率，通过交叉相位调制在信号光 686 nm 处施加一个非线性相移 $2\gamma|A_1(z,T)|^2 z$，这个非线性相移将导致在信号光 686 nm 处产生交叉相位调制所致的调制不稳定性，同样会引起 686 nm 处长脉冲分解成多重的超短脉冲。由于信号光 686 nm 处于光纤 PCF-SC 的正常色散区，这些超短脉冲的低频分量比高频分量传输得快，因而集中在脉冲的前沿，高频分量集中在脉冲后沿。这样，高阶孤子与脉冲的前沿发生相互作用时，会产生大量的低频成分而填充 686 nm 和 1 064 nm 之间的光谱；高阶孤子与脉冲的后沿发生相互作用时，会产生大量的高频成分，导致光谱向 686 nm

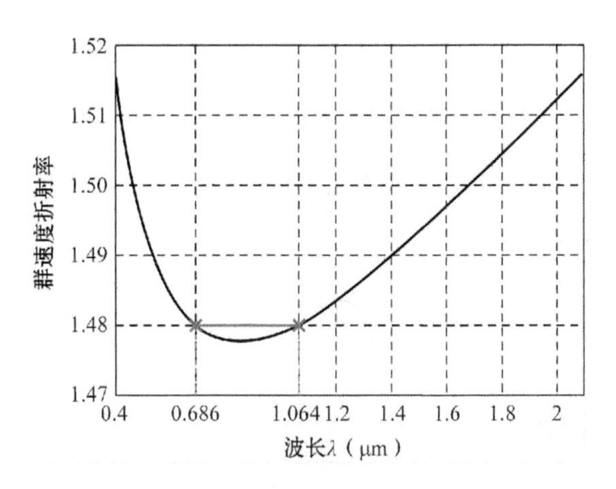

图 6.10　PCF-SC 的群速度折射率曲线

以下扩展，即色散波的蓝移。同时高阶孤子在脉冲内拉曼散射的作用下，而经历孤子自频移；如图 6.10 所示，由于长波区逐渐增大的群速度折射率，孤子经历自频移后的群速度将逐渐减小而被蓝移的色散波赶上；二者由于群速度相等将发生交叉相位调制，而再次导致色散波的蓝移，孤子继续经历自频移，同样的作用将反复发生，这就是 4.4.3 节中提到的所谓孤子诱捕效应[14-15]。

为了研究证实孤子诱捕效应在双波长泵浦超连续谱产生中发挥的作用，将短波段(686 nm 以下)的色散波在图 6.11 中进行放大，显示在嵌套图中，并在图 6.12 中将其对应的孤子用小圆圈标出，图 6.12 中曲线是做出的光纤 PCF-SC 的群速度匹配曲线。可以看到，圆圈的大致走势与群速度曲线比较一致，这就证实了孤子诱捕效应的存在，也说明了它在超连续谱向短波方向的延伸中发挥了重要作用。当然，孤子诱捕效应不是一直发挥作用的，即孤子自频移不会永不停止的。事实上，孤子最大自频移的边界主要由近红外波段的材料吸收和限制损耗所决定，对于基于 SiO_2 的光纤来说，大体位于 2.3～2.4 μm。孤子向长波方向的自频移停止以后，色散波也由于群速度失配而不能与孤子发生交叉相位调制作用，进一步的蓝移也就停止了。

6.2.5　群速度不匹配对超连续谱产生的影响

由 6.2.4 小节可以知道双波长 686 nm 和 1 064 nm 满足群速度匹配条件在产生白光超连续谱中的重要性，那么如果二者群速度不匹配对产生的超连续谱有什么影响呢？为此，设计了光纤 PCF-SC1，其结构参数为：$\Lambda=2.44\ \mu m$，$d/\Lambda=0.65$。图 6.13 为它的群速度折射率随波长的变化曲线，686 nm 和 1 064 nm 处的群速度折射率分别为 1.477 8 和 1.475 2，图中已经标出它们在曲线中的位置，与图 6.10 相比，它们的群速度显然不是完全匹配。

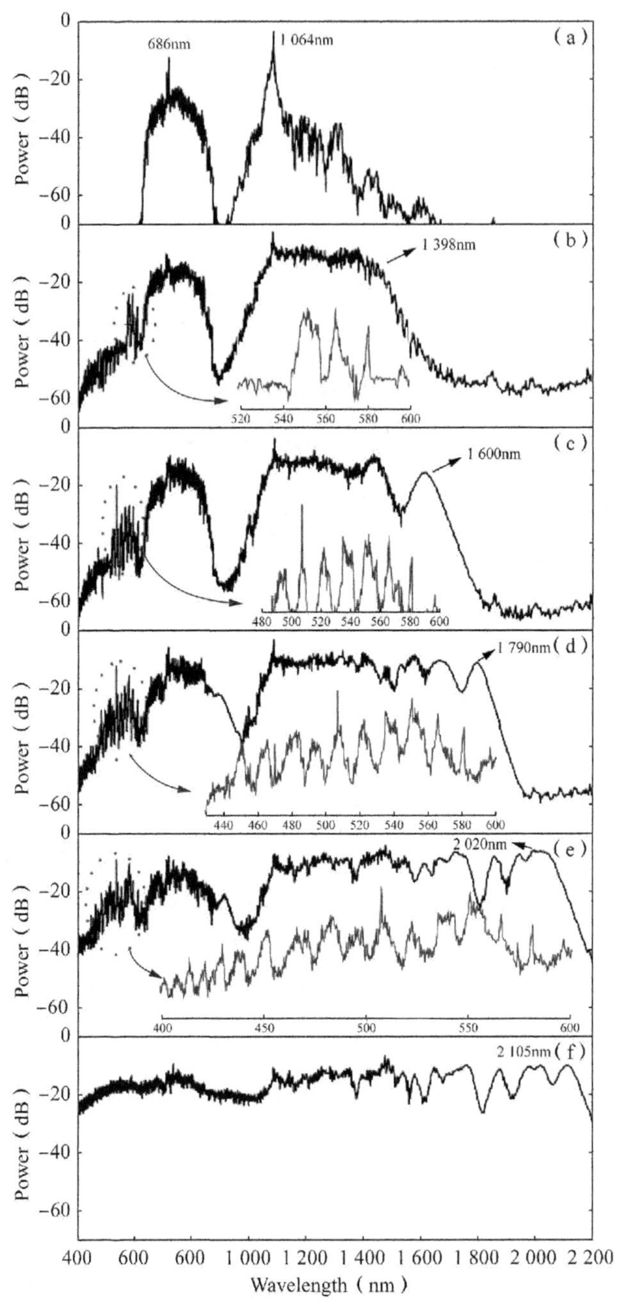

图 6.11 泵浦光 1 064 nm 和信号光 686 nm 在 PCF-SC 中的共同演化①

(a) L=0 m (b) L=0.15 m (c) L=2.4 m (d) L=3.6 m (e) L=4.8 m (f) L=6 m

① 最外层孤子的位置也在图中标出，诱捕的色散波显示在嵌套图中。

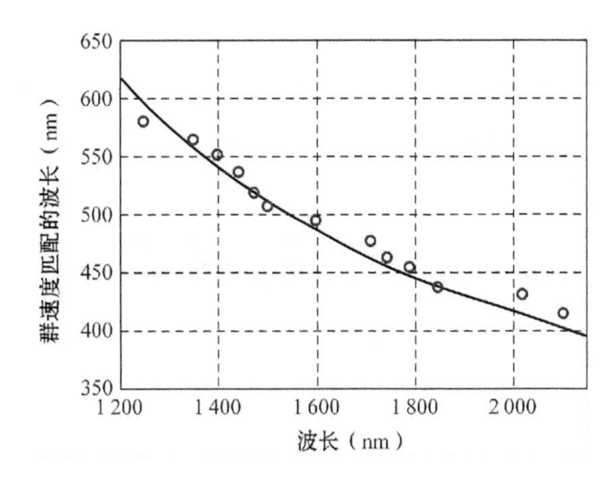

图6.12　PCF-SC的群速度匹配曲线，最外层孤子和对应的色散波波长由圆圈标出

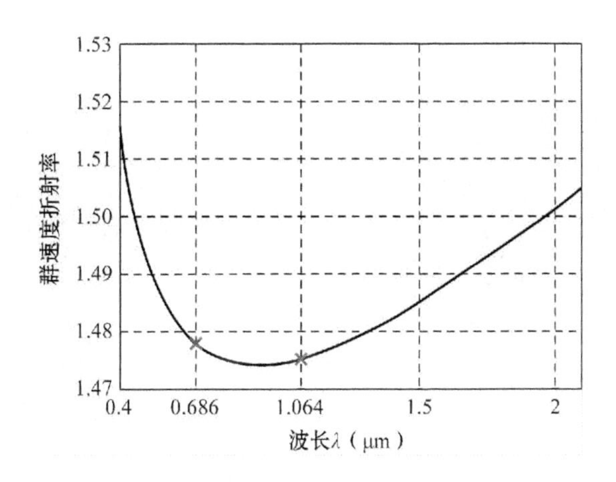

图6.13　PCF-SC1的群速度匹配曲线

采用3.1.1节中介绍的计算色散系数的方法，计算了光纤PCF-SC1中基模在1 064 nm处的各阶色散系数，如表6.4所示，其零色散点位于在910 nm附近。将信号光686 nm和残留泵浦光1 064 nm的共同信息，作为求解PCF-SC1中广义非线性薛定谔方程(2.47)的初始条件，模拟它们在6 m长的PCF-SC1中演化如图6.14(b)所示，图6.14(a)是它们在6 m长的PCF-SC中的演化图。两图比较发现，图6.14(b)最终产生的超连续谱并没有完全覆盖可见波段，仅仅延伸到大约540 nm处。这由于信号光686 nm和泵浦光1 064 nm的群速度失配，使得它们在时域上不是完全重叠；交叉相位调制所致的调制不稳定性只是将686 nm处长脉冲的部分区间，分解为超短脉冲。而且这些超短脉冲与反常色散区的孤子相比传输得慢而被孤子甩到身后，只有随着孤子经历自频移而群速度减小时，才被超短脉冲赶上而与其前沿发生作用，所以686 nm和1 064 nm之间的波长成分相对充

分;虽然孤子群速度继续减小时也与超短脉冲的后沿发生作用,但是由图 6.13 可以看出,从 686 nm 到 400 nm 群速度折射率曲线越来越陡峭,致使色散波的蓝移变得非常困难,即使有一定程度的蓝移,也因为红移孤子较快的群速度而不能相互作用,所以超连续谱很难进一步向短波方向的延伸。

表 6.4 PCF-SC1 在波长 1 064 nm 处的色散系数

色 散 系 数	计 算 值	单 位
二阶色散系数 β_2	-2.49×10^{-26}	s^2/m
三阶色散系数 β_3	1.05×10^{-40}	s^3/m
四阶色散系数 β_4	-1.72×10^{-55}	s^4/m
五阶色散系数 β_5	4.23×10^{-70}	s^5/m
六阶色散系数 β_6	-1.08×10^{-84}	s^6/m

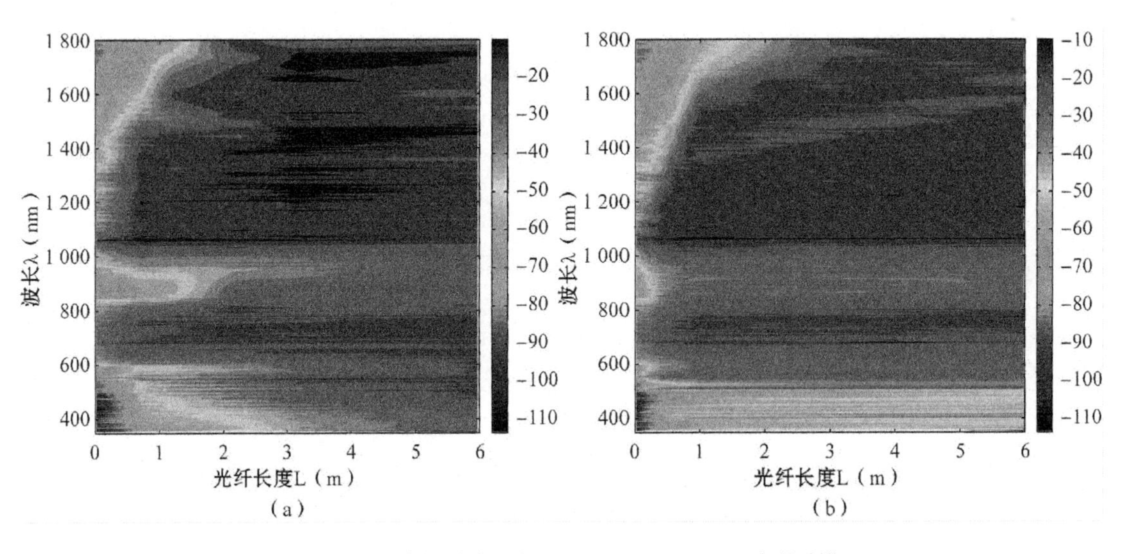

图 6.14 双波长泵浦源在 PCF-SC 和 PCF-SC1 中的演化
(a) PCF-SC (b) PCF-SC1

6.3 连续光机制双波长泵浦超连续谱产生的理论研究

在 4.4 节中已经提到连续光泵浦机制产生超连续谱的突出优点:较高的功率谱密度和相对平滑的光谱,有关文献已经报道该机制产生的超连续谱功率谱密度高达 50 mW/nm[16-17],2.4 dB 的带宽从 1 520 nm 延伸到 1 770 nm[18],8 dB 的带宽可以达到 600 nm[19]。在连续光泵浦机制中,超连续谱的产生通常是采用输出功率几十瓦或者几百瓦量级[20-21,16,19,22-23]的、中心波长为 1 064 nm 的光纤激光器泵浦零色散点略低于泵浦波长的 PCF[24,20,16]或者零色散点逐渐减小的 PCF[25]，但是这种单波长泵浦方案产生的超连续谱很难覆盖整个可见波段。通过 6.2 节长脉冲机制的研究发现，超连续谱的波长范围可以通过双波长泵浦的方案得到极大的扩展。因此，本节将长脉冲机制的全光纤结构双波长泵浦方案应用到连续光机制中，模拟研究连续光机制双波长泵浦超连续谱的产生。

6.3.1　建立双波长泵浦源

首先，利用 5.2.4 节研究的连续光泵浦产生的四波混频效应建立双波长泵浦源。设置入射连续光的平均功率为 100 W，格点数和时间步长的选取与 4.4 节相同。产生四波混频的 PCF 同样选取 6.2 节中的 PCF-A，以产生 686 nm 附近的信号光。需要指出的是，之所以选择信号光在 686 nm 附近而不是更短，是综合考虑信号光的波长、产生效率和光纤损耗。要产生短于 687 nm 的信号光，用于产生四波混频的 PCF 的零色散点需要进一步远离泵浦光 1 064 nm，这样的 PCF 要么有较小的空气孔，要么有较大的纤芯。所有这些设计都将减小光纤对光的约束，而且减小非线性效率、增加限制损耗、弯曲损耗，以及增加与小纤芯 PCF-SC 之间的熔接损耗。另外，信号光变短的同时，空闲光的波长就会变长而损耗增大，减小 FWM 的效率。

图 6.15 显示了连续光随着 PCF-A 长度增加的演化。可以看到，当 PCF-A 的长度增加到 10 m 时，信号光和空闲光开始分别在波长 687 和 2 365 nm 处显现；继续增加光纤长

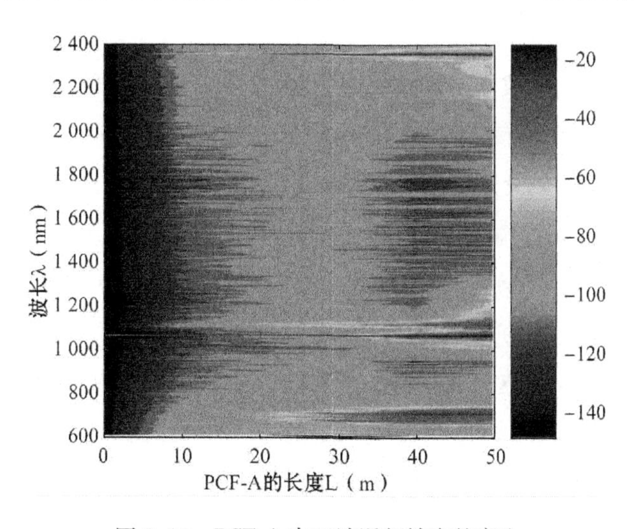

图 6.15　PCF-A 中四波混频效应的产生

度，它们的功率逐渐增大。图 6.16(a)是从 50m 长的 PCF-A 输出的光谱，由于受激拉曼散射的作用，687 nm 和 1 064 nm 光的一阶斯托克斯光也随之产生，分别出现在 708 nm 和 1 120 nm 附近。

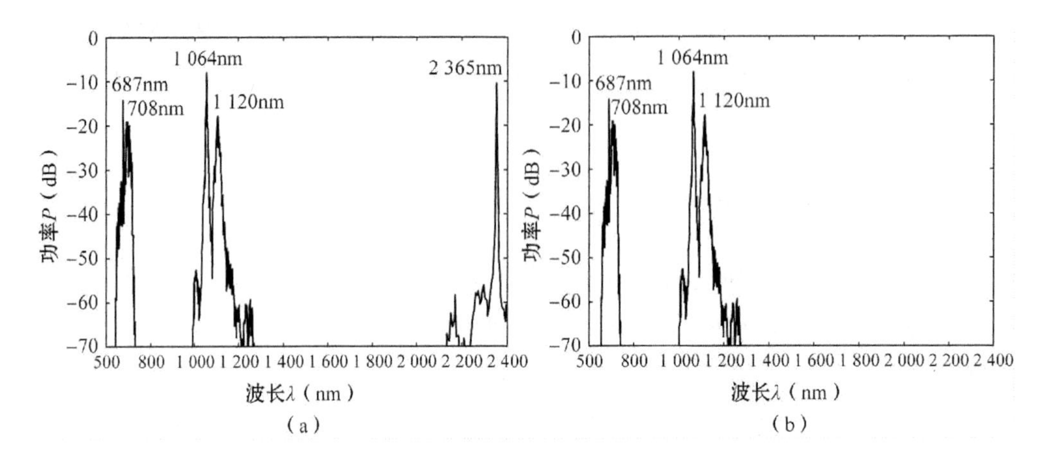

图 6.16　从 PCF-A 中输出的光谱

(a) 含有空闲光　(b) 不含空闲光

同样，因为光纤的限制损耗和 SiO_2 材料的红外吸收，空闲光 2 365 nm 事实上也是观察不到的，因此，为了避免它对最终产生的超连续谱有影响，在频谱空间中，从 $A_{PCF}(z,\omega)$ 中去掉空闲光 2 365 nm 的频域成分而变为 $A_{12}(z,\omega)$，对应图 6.16(b)所示。这样残留的 1 064 nm 泵浦光和新产生的 687 nm 的信号光就组成了双波长泵浦源。

6.3.2　白光超连续谱的模拟产生

利用傅立叶的时域频域变换，可将信号光 687 nm 和残留泵浦光 1 064 nm 的光谱成分 $A_{12}(z,\omega)$ 转换成时域的信息 $A_{12}(z,T)$，表达式如式(6.3)所示；然后，将这个共同的信息 $A_{12}(z,T)$，作为第二段光纤中广义非线性薛定谔方程(3.47)的初始条件，模拟它随着光纤长度增加的演化情况。作为比较分析，第二段光纤同样选用两种不同群速度色散的 PCF，即双波长 687/1 064 nm 群速度匹配的光纤 PCF-SC 和不匹配的 PCF-SC1，它们的结构参数和各阶色散系数 6.2 节已经给出。图 6.17 显示了双波长泵浦源 687/1 064 nm 在 50 m 长的这两根 PCF 中的演化。图 6.18 是从这两根 PCF 末端的输出光谱，绿线对应 PCF-SC，而红线对应 PCF-SC1，由于产生的超连续谱范围非常宽，这里突出重点只显示了波长小于 1 000 nm 的部分。

处于 PCF-SC 或者 PCF-SC1 反常色散区的残留泵浦光 1 064 nm，由于调制不稳定性的作用，导致最初的连续光场分解成时域的多重超短脉冲，很快这些超短脉冲就在负

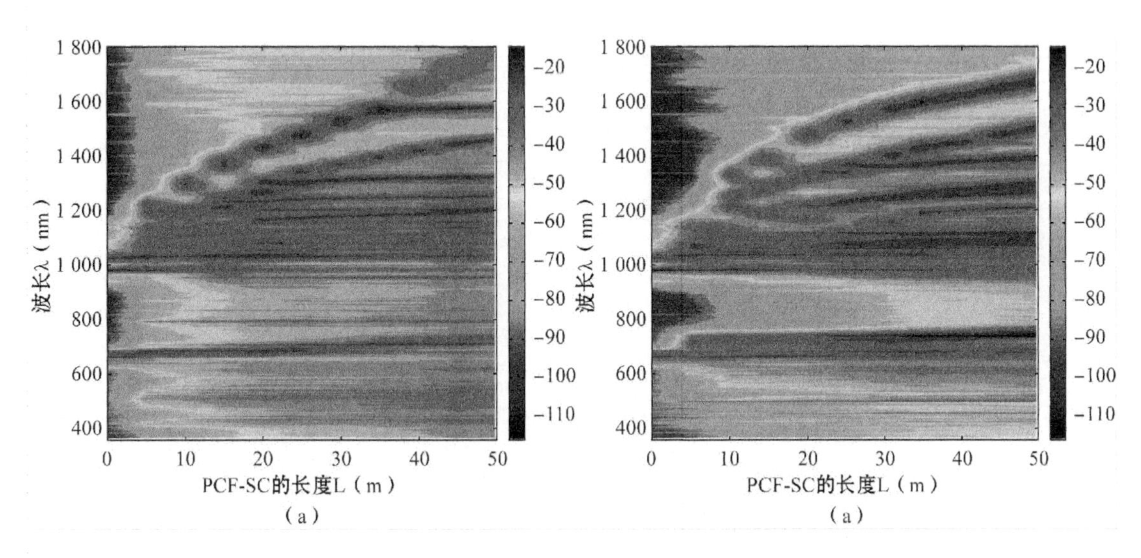

图 6.17 双波长泵浦源在 PCF-SC 和 PCF-SC1 中的演化
(a) PCF-SC　(b) PCF-SC1

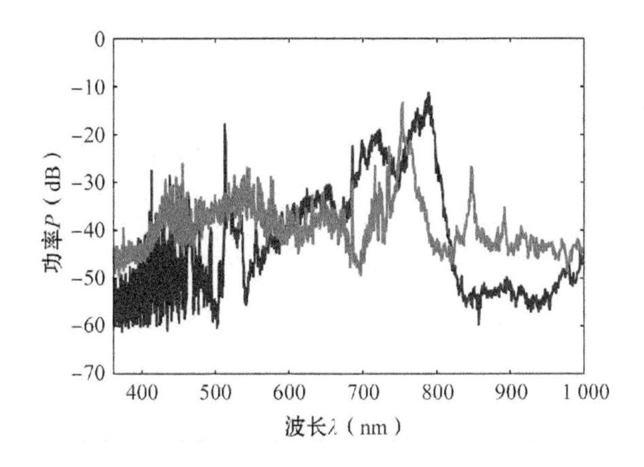

图 6.18　从 50 m 的 PCF-SC(绿线)和 PCF-SC1(红线)输出的光谱

的群速度色散和自相位调制的共同作用下演化成光孤子，对应于演化图 6.17(a)和(b)长波区的黑斑。这些光孤子的谱宽足够的大，以至于拉曼效应能够利用它们的高频成分作为泵浦，来放大它们的低频成分；因此，它们能够经历脉冲内拉曼散射而导致孤子自频移，产生长波区的拉曼孤子谱。由(3.76)式做出由于脉冲内拉曼散射导致的孤子自频移，随 PCF-SC 长度增加的变化情况，如图 6.19 中黑色斜线所示。同时，模拟过程中最外层孤子出现的位置和此时对应的 PCF-SC 长度，在图中用菱形标出。二者的大致趋势非常一致说明：连续光泵浦机制下，孤子由于脉冲内拉曼散射而经历的自频移同样存在，并且是产生长波成分的主要原因。

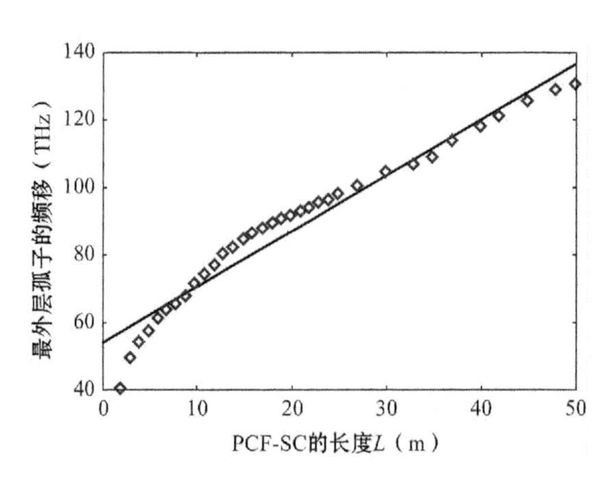

图 6.19　PCF-SC 中的孤子自频移

与此同时，687 nm 的信号光在光纤的正常色散区传输，但是它在 PCF-SC 和 PCF-SC1 中的演化却呈现出不同的特性，分别对应于图 6.17(a)和(b)。图(a)中波段 820～1 000 nm 和波段 384～560 nm 的功率明显高于图 6.17(b)中对应波段的功率，而波段 687～820 nm 却低于图 6.17(b)对应波段的功率。原因在于在 PCF-SC1 中，由于群速度失配，影响 687 nm 光传输的非线性效应主要是受激拉曼散射，自相位调制引起的光谱加宽对于连续光机制可以忽略。正是由于 687 nm 信号光的拉曼漂移增加了波段 687～820 nm 的功率。而在 PCF-SC 中情形却不相同，由于 687 nm 光和 1 064 nm 光完全满足群速度匹配，交叉相位调制发挥着重要的作用。随着光孤子在反常色散区的出现，它们由于较高的峰值功率通过交叉相位调制能够在信号光 687 nm 附近施加一个非线性的相移。在 2 m 的 PCF-SC 处，这个非线性相移导致信号光 687 nm 处产生调制不稳定性，这可以通过观察 687 nm 附近的光谱得到证实，如图 6.20 所示，信号光两侧的旁瓣 671 nm 和 701 nm 清晰可见。它们相对于 687 nm 光的频移仍可以由式(3.74)计算为 9.5 THz，只是式(3.74)中的二阶色散 β_2 是 687 nm 处的色散值。随着 PCF-SC 长度的增加，非线性相移增大，调制不稳定性多重边带产生；表现在时域中，交叉相位调制所致的调制不稳定性会引起 687 nm 处的连续光分解成超短脉冲。因为 687 nm 的信号光在 PCF-SC 的正常色散区，这些超短脉冲的低频成分比高频成分传播得快，因此脉冲前沿与光孤子相互作用产生大量的低频成分，增加波段 687～1 000 nm 的功率，而脉冲后沿与光孤子的作用导致短于 687 nm 的色散波产生，即色散波蓝移。

为了弄清连续光机制双波长泵浦短于 687 nm 色散波蓝移的过程，在图 6.21 中做出了 PCF-SC 的相位匹配曲线和群速度匹配曲线，其中，相位匹配曲线是根据孤子激发色散波的相位匹配条件式(3.84)做出的。记录下模拟中出现的最外层孤子和其对应的

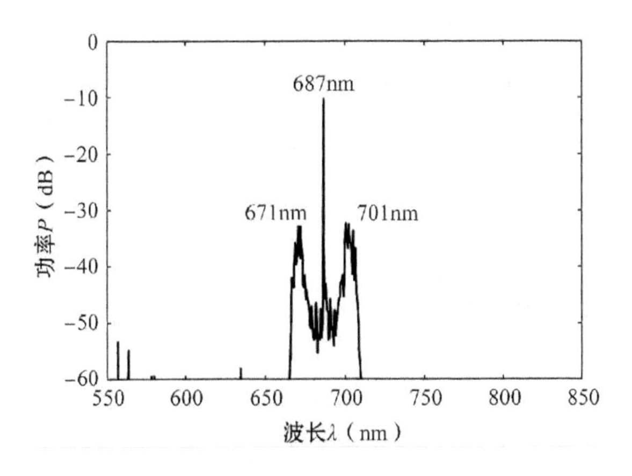

图 6.20　交叉相位调制所致的调制不稳定性

最短色散波的波长，并在图中由小圆圈标出。在波段 600～687 nm 之间的色散波与相位匹配曲线吻合很好，但是 600 nm 以下与群速度匹配曲线匹配很好。这是因为在波段 600～687 nm 超短脉冲与红移孤子的群速度失配很小，走离效应可以忽略，它们之间的四波混频效应发挥着重要作用。同时，超短脉冲与红移孤子的相互作用，包括四波混频和交叉相位调制，会导致色散波的蓝移，结果导致二者群速度失配，走离效应限制了四波混频效应的效率。但是，随着孤子自频移群速度减小，能够与蓝移的色散波再次发生相互作用，从而导致色散波的进一步蓝移，即前面提到的孤子诱捕效应。正如图 6.17(a) 和图 6.21 所示，随着孤子逐渐移到更长波段，色散波被诱捕到 400 nm 以下。

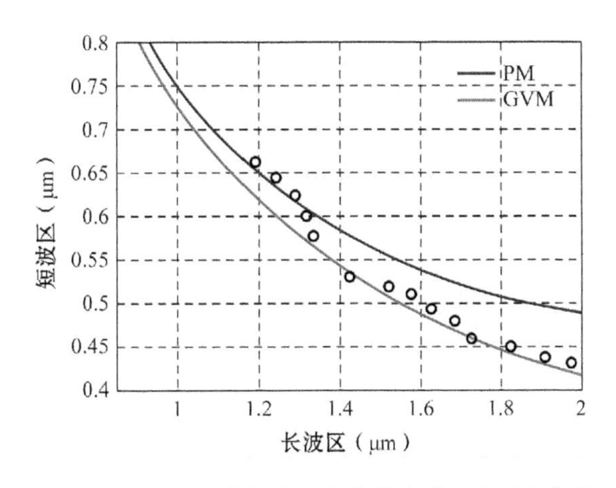

图 6.21　PCF-SC 的相位匹配曲线和群速度匹配曲线

通过以上比较双波长泵浦源 687/1 064 nm 在两种不同群速度曲线 PCF 中的演化过程，再次证实了群速度匹配在双波长泵浦方案中的重要性。正是由于信号光和残留泵浦光满足群速度匹配，交叉相位调制才能充分发挥作用，进而产生红移孤子和超短脉冲之间的四波混频效应、孤子诱捕效应。如图 6.18 所示，这些非线性效应的共同作用显著提高了超连续谱在可见波段的功率和平坦度。考虑到连续光泵浦机制较高的平均输出功率，我们的模拟结果表明连续光机制下的双波长泵浦方案有望产生高功率谱密度的、白光超连续谱。

6.4 各种泵浦方案的综合比较

截至目前为止，本书已经详细研究了长脉冲和连续光机制下单波长、双波长泵浦光子晶体光纤超连续谱的产生。结合有关超短脉冲泵浦产生超连续谱的文献，在表 6.5 中对各种泵浦方案进行综合比较。表中所指超短脉冲的脉宽是从几飞秒到十几皮秒，由于其时域脉宽非常窄，所以谱宽相对较宽，产生四波混频效应的效率非常低，实验中一般很难观察到四波混频效应。因此，没有讨论超短脉冲机制下双波长泵浦方案的优缺点。长脉冲的脉宽是从几十皮秒到纳秒量级，结合 *PCF* 极高的非线性，脉冲的峰值功率只需达到几千瓦、十几千瓦，就可以产生四波混频效应。前面已经提到连续光的优势在于平均输出功率高，由于其谱宽较窄，结合几十米量级 PCF，也可以产生四波混频效应，从而采用双波长泵浦方案产生超连续谱。

表 6.5 各种泵浦方案的综合比较

泵浦方案 泵浦机制	单波长泵浦		双波长泵浦	
	优点	缺点	优点	缺点
超短脉冲	峰值功率高 采用光纤短	平均功率低 激光器昂贵		
长脉冲	激光器简洁 成本低廉	平均功率低 光谱难覆盖可见波段	容易产生 四波混频 光谱覆盖 可见波段	功率谱 密度低 实验操作 较复杂
连续光	平均功率高 超连续谱 相对平滑	光谱展宽 范围窄 采用光纤 需要冷却	功率谱 密度高 超连续谱 范围宽	采用光纤 需要冷却 实验操作 较复杂

6.5 本章小结

本章从理论上研究了双波长泵浦光子晶体光纤超连续谱的产生，主要内容概括如下：

（1）列出了两种可用来产生白光超连续谱的双波长泵浦方案：基于二阶非线性晶体的双波长泵浦方案和全光纤结构的双波长泵浦方案，并且详细分析了它们各自的优缺点。

（2）针对实验操作更加简单、系统稳定性更强的全光纤结构双波长泵浦方案建立合适的理论模型，采用自适应分步傅立叶法求解广义非线性薛定谔，分两步模拟研究超连续谱的形成过程，第一，模拟残留泵浦光和信号光的独自演化，以观察它们在最终光谱形成中各自发挥的作用；第二，模拟它们的共同演化，以观察它们之间的相互作用，并且研究了双波长群速度不匹配对最终超连续谱产生的影响。

（3）将长脉冲机制下的全光纤结构双波长泵浦方案应用到连续光泵浦机制，模拟研究连续光机制下白光超连续谱的产生过程，鉴于连续光激光器较高的平均输出功率，我们的模拟结果表明连续光机制下的双波长泵浦方案有望产生高功率谱密度的、白光超连续谱。

（4）对各种泵浦方案的优劣进行综合比较。

参考文献

[1] Qinghao Ye, Chris Xu, Xiang Liu, et al. Dispersion measurement of tapered air-silica microstructure fiber by white-light interferometry [J]. Appl. Opt., 2002, 41(22): 4467-4470.

[2] A. Kudlinski, G. Bouwmans, O. Vanvincq, et al. White-light cw-pumped supercontinuum generation in highly GeO2-doped-core photonic crystal fibers [J]. Opt. Lett., 2009, 34(23): 3631-3633.

[3] Stéphane Coen, Alvin Hing Lun Chau, Rainer Leonhardt and John D. Harvey. White-light supercontinuum generation with 60-ps pump pulses in a photonic crystal fiber [J]. Opt. Lett., 2001(26): 1356-1358.

[4] J. M. Stone and J. C. Knight. Visibly "white" light generation in uniform photonic crystal fiber using a microchip laser [J]. Opt. Express., 2008(16): 2670-2675.

[5] A. Kudlinski, G. Bouwmans. White-light cw-pumped supercontinuum generation in highly GeO2-doped-core photonic crystal fibers [J]. Opt. Lett., 2009, 34(23): 3631-3633.

[6] C. L Xiong, Z. L Chen and W. J. Wadsworth. Dual-Wavelength-Pumped supercontinuum Generation in an All-Fiber Device [J]. Journal of lightwave tech., 2009(27): 1638-1643.

[7] E. Räikkönen, G. Genty, O. Kimmelma, and M. Kaivola. Supercontinuum generation by nanosecond dual-wavelength pumping in microstructured optical fibers [J]. Opt. Express., 2006(14): 7914-7923.

[8] Pierre-Alain Champert, Vincent Couderc. White-light supercontinuum generation in normally dispersive optical fiber using original multi-wavelength pumping system [J]. Opt. Express., 2004, 12(19): 4366-4371.

[9] A. V. Smith, D. J. Armstrong, and W. J. Alford. Increased acceptance bandwidths in optical frequency conversion by use of multiple walk-off-compensating nonlinear crystals [J]. J. Opt. Soc. Am. B., 1998, 15(1): 122-141.

[10] 阿戈沃(G. P. Agrawal). 非线性光纤光学原理及应用(第二版)[M]. 贾东方，余震虹，等译. 北京:电子工业出版社，2010:6.

[11] W. J. Wadsworth, N. Joly, J. C. Knight, T. A. Birks, F. Biancalana and P. St. J. Russell. Supercontinuum and four-wave mixing with Q-switched pulses in endlessly single-mode photonic crystal fibres [J]. Opt. Express., 2004(12): 299- 309.

[12] 谌鸿伟，陈胜平，侯静. 国产光子晶体光纤实现4.6W全光纤超连续谱输出[J]. 光学学报，2010，30(9):2541-2543.

[13] 陈胜平，谌鸿伟，侯静，等. 30W皮秒脉冲光纤激光器及高功率超连续谱的产生[J]. 中国激光，2010，37(8):1943-1949.

[14] A. V. Gorbach and D. V. Skryabin. Light trapping in gravity-like potentials and expansion of supercontinuum spectra in photonic-crystal fibres [J]. Nat. Photon., 2007(1): 653-657.

[15] N. Nishizawa and T. Goto. Characteristics of pulse trapping by ultrashort soliton pulses in optical fibers across the zero-dispersion wavelength [J]. Opt. Express., 2002, 10(21): 1151-1160.

[16] B. A. Cumberland, J. C. Travers, S. V. Popov and J. R. Taylor. 29 W High power CW supercontinuum source [J]. Opt. Express., 2008(16): 5954-5962.

[17] J. C. Travers, A. B. Rulkov, B. A. Cumberland, S. V. Popov and J. R. Taylor. Visible supercontinuum generation in photonic crystal fibers with a 400 W continuous wave fiber laser [J]. Opt. Express., 2008(16): 14435-14447.

[18] Akheelesh K. Abeeluck and Clifford Headley. High-power supercontinuum generation in highly nonlinear, dispersion-shifted fibers by use of a continuous-wave Raman fiber laser [J]. Opt. Lett., 2004, 29(18): 2163-2165.

[19] B. A. Cumberland, J. C. Travers, S. V. Popov and J. R. Taylor. Toward visible cw-pumped supercontinua [J]. Opt. Lett., 2008, 33: 2122-2124.

[20] A. V. Avdokhin, S. V. Popov and J. R. Taylor. Continuous-wave, high-power, Raman continuum generation in holey fibers [J]. Opt. Lett., 2003(28): 1353-1355.

[21] J. C. Travers, R. E. Kennedy, S. V. Popov and J. R. Taylor. Extended continuous-wave supercontinuum generation in a low-water-loss holey fiber [J]. Opt. Lett., 2005(30):

1938-1940.

[22] J. W. Nicholson, A. K. Abeeluck, C. Headley, M. F. Yan, and C. G. Jorgensen. Pulsed and continuous-wave supercontinuum generation in highly nonlinear, dispersion-shifted fibers [J]. Appl. Phys. B., 2003(77): 211-218.

[23] Thibaut Sylvestre, Armand Vedadi, Hervé Maillotte, Frédérique Vanholsbeeck, and Stéphane Coen. Supercontinuum generation using continuous-wave multiwavelength pumping and dispersion management [J]. Opt. Lett., 2006(31): 2036-2038.

[24] Beaud P, W. Hodel, B. Zysset and H. P. Weber. Ultrashort pulse propagation, pulse breakup, and fundamental soliton formation in a single-mode optical fiber [J]. IEEE J. Quantum Electron., 1987(23): 1938-1946.

[25] A. Kudlinski and A. Mussot. Visible cw-pumped supercontinuum [J]. Opt. Lett., 2008(33): 2407-2409.

第7章 超连续谱产生的实验研究

本书第 4 章和第 6 章分别通过采用自适应分步傅立叶法求解广义非线性薛定谔方程(3.47),模拟研究了长脉冲和连续光机制下单波长、双波长泵浦 PCF 超连续谱的产生过程。本章在课题组现有的条件下,实验研究 PCF 中超连续谱的产生。首先,介绍研究超连续谱产生的两种常见实验方案:基于透镜耦合的方案和全光纤结构的方案;其次,为了减小模场不匹配光纤之间的熔接损耗,而提出一种增加模场直径的方法;接着,实验研究了皮秒、纳秒脉冲泵浦 PCF 超连续谱的产生;并且进行了连续光泵浦 PCF 超连续谱产生的尝试;最后是本章小结。

7.1 超连续谱产生的实验方案

目前,开展超连续谱产生实验方案的研究[1-5]主要包括三个部分:

(1) 泵浦源发展至今,用于产生超连续谱的泵浦源。从脉宽方面说,已经涉及飞秒[6]、皮秒[7]、纳秒[8]甚至连续光[9]激光器。从波长方面说,已经囊括单波长[10]、双波长[11]、三波长[12]甚至多波长[13]泵浦源。

(2) 产生非线性效应的介质,从最初的块体介质发展到普通光纤,再到色散灵活可调的、可实现极高非线性的 PCF,可谓种类繁多。

(3)测量工具,主要包括功率计(Power meter,PM),用来测量产生超连续谱的输出功率,光谱仪(Optical spetrum analyzer,OSA)用来测量产生超连续谱的波长范围,自相关仪(Autocorrelator)用来测量输出脉冲的持续时间。根据泵浦源与非线性介质之间连接方式的不同,可以将实验方案大体分为基于透镜耦合的方案和全光纤结构的方案两种。

7.1.1 基于透镜耦合的实验方案

对于空间光输出的激光器来说,因为没有输出尾纤,要将其输出光入射进纤芯较小的 PCF 中，必须根据激光器输出光的参数和入射光纤的参数，选用合适的聚焦透镜，设计合适的耦合系统[14]。基于透镜耦合的产生超连续谱的实验方案，通常如图 7.1 所示。图中 Laser 代表激光器，Lens 代表聚焦透镜，通常选用显微物镜，一般使用的倍数有 20×，25×，40×和 60×。PM 是功率计，用来测量产生超连续谱的输出功率；OSA 是光谱仪，用来检测超连续谱的波长范围。当然，更好的耦合系统需要采用消像差的非球面反射镜，既可以提高耦合效率，又可以避免透镜色散。PCF 是产生超连续谱所用的光子晶体光纤，如图 7.1 所示，为避免高功率激光的聚焦入射而引起的 PCF 端面损伤，通常在 PCF 前面熔接一小段纤芯较大的普通光纤作为入射光纤或者过渡光纤（Intermediated Fiber），因为纤芯较大还可以提高光耦合效率。

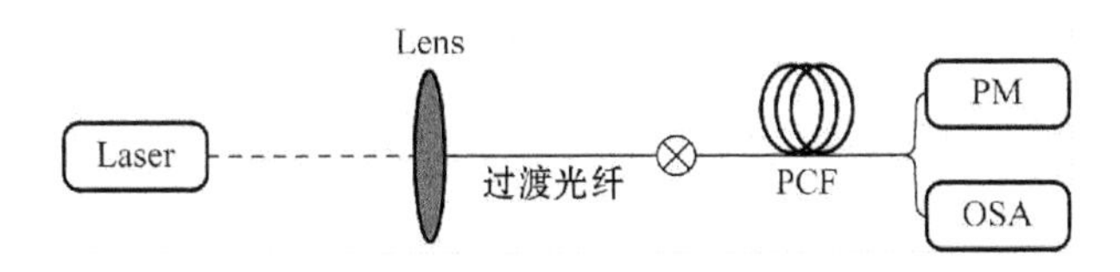

图 7.1　基于透镜耦合的超连续谱产生实验方案

对于基于透镜耦合的实验方案来说，最重要的就是设计合适的耦合系统，以达到较高的耦合效率。一般耦合系统的设计需要满足三个基本条件：①入射光束、聚焦透镜和入射光纤三者光轴要共轴；②经透镜聚焦的光束腰斑半径要小于入射光纤端面纤芯的半径，准确地说是小于模场直径；③经透镜聚焦的光束半发散角要小于光纤的数值孔径角。在本书 7.3 节中我们会根据具体的激光器输出光参数和入射光纤端面参数，详细介绍耦合系统的设计。

7.1.2　全光纤结构的实验方案

对于带有输出尾纤（Output Pigtail）的激光器来说，就不需要采用基于透镜耦合的实验方案。而只需要利用光纤熔接机（Arc fusion splicer）将输出尾纤（Output Pigtail）、过渡光纤（Intermediated Fiber）和实验采用的 PCF 采用一些熔接方法连接在一起，形成全光纤结构即可，就如图 7.2 所示的全光纤结构的超连续谱产生的实验方案。一般的输出尾纤有单模光纤 5/125（光纤的纤芯/包层直径，单位 μm）和多模光纤 15/130、30/250 等等。对于单模的输出尾纤由于纤芯已经很小，就不需要在光子晶体光纤前面添加过渡光纤；而对于多模的输出尾纤，就需要过渡光纤或者进行一些其他的处理，以减小模场不匹配而引入的熔接损耗。

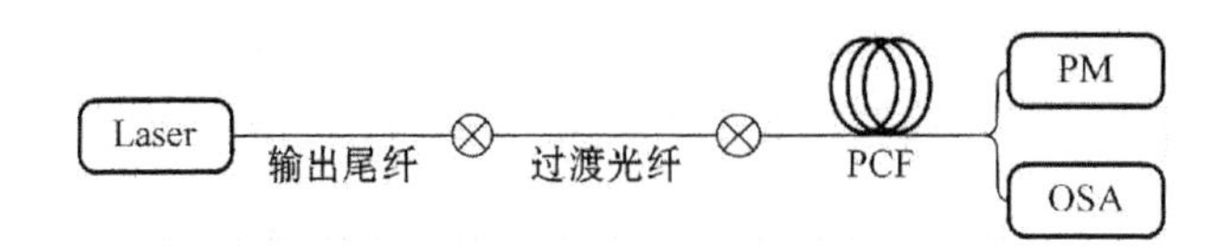

图 7.2　全光纤结构的超连续谱产生实验方案

7.1.3　不同光纤间的熔接

从图 7.1 和图 7.2 可以看出，不管是基于透镜耦合的超连续谱产生实验方案还是全光纤结构的实验方案，都需要在不同光纤之间进行熔接，而且有些时候光纤熔接效果的好坏直接决定着实验的成败，比如当高功率的激光入射时，在熔接点很容易热量积累而烧坏光纤。需要指出的是，在 2.6 节已经介绍了光子晶体光纤的熔接方法，这里主要针对实验采用的光纤参数进行熔接机参数的设置和熔接方法的介绍。

实验采用的滕仓 FS-40PM 熔接机，如图 7.3 所示，针对不同结构参数的光纤通过设置合适的熔接模式对它们进行熔接。对于滕仓 FS-40PM 熔接机来说，每个熔接模式的主要设置包括四个方面：

第一，熔接光纤（左/右侧光纤）的设置，主要是设置两侧光纤的涂覆层直径、包层直径、切割长度、有效模场直径（MFD）。

第二，故障限定，主要是出现故障时的显示提醒，包括切割角度限定、纤芯角度限定、损耗限定等等，当实验操作超过这些限定时，熔接机就会提醒是否继续进行。

第三，光纤间距的设定，包括清洁放电的时间、光纤端面的间隔设定、光纤端面的位置设定以及光纤间的重叠长度。

图 7.3　实验中采用的光纤熔接机（Fujikura FSM-40PM）

第四，是放电及再放电的设置，主要是放电的时间和强度。为了实现较小的熔接损耗，通常采用多次熔接寻找最佳参数的方法，即对于两种选定的光纤，从上面四个主要设置项出发，逐个改变参数进行熔接试验，然后比较每次的熔接损耗，直到获得最小的损耗值。

7.2　一种增加 PCF 模场直径的方法

模场直径是描述 PCF 横截面的一个重要参数。用于产生宽带超连续谱的光子晶体光纤，为提高其非线性效应，通常模场面积较小，即其纤芯一般比较小，要实现与其他模场直径较大光纤的低损耗熔接，仅仅依靠设置熔接机的参数是不够的。这就需要采用一些其他的技巧和方法，比如增大 PCF 的模场直径，降低与其他光纤的模场不匹配，从而来减小熔接损耗[15-17]。基于这个思想，本节根据 PCF 特殊的结构，提出一种通过加热 PCF 使其包层空气孔塌缩减小，从而能够有效地增加其模场直径的方法。首先，介绍加热塌缩 PCF 空气孔的实现过程，依据波导渐变条件计算孔塌缩过渡区域的临界长度，采用光束传输法模拟塌缩区域的能量损耗，模拟和实验结果表明塌缩区域在满足波导渐变条件下引入的能量损耗非常小；然后，数值模拟模场直径随空气孔塌缩的增大情况；最后对 PCF 模场直径增大后的潜在应用价值进行了分析讨论。

7.2.1　PCF 空气孔的塌缩减小

利用普通的熔融拉锥机加热一段 PCF，加热部分包层中的空气孔由于受到表面张力的作用而塌缩减小，图 7.4 是 PCF 空气孔塌缩减小的示意图，上面是 PCF 的纵向变化图，灰色区域表示 PCF 的纤芯。PCF 的初始结构（A，Original PCF）参数是孔间距 $\Lambda_0=5.9\ \mu\text{m}$ 和孔直径 $d_0=4\ \mu\text{m}$，通过一个孔逐渐塌缩的过渡区域（B，Transition region），到最终结构（C，Expanded region）参数变为孔间距 λ 和孔直径 $d=0.4\ \mu\text{m}$。在空气孔塌缩减小的过程中，PCF 横截面的硅玻璃材料总面积基本保持不变，因此，孔间距将在一定程度上减小，且满足下列关系：[16]

$$\left(\frac{\Lambda}{\Lambda_0}\right)^2=\frac{\dfrac{\sqrt{3}}{2}-\dfrac{\pi}{4}\left(\dfrac{d_0}{\Lambda_0}\right)^2}{\dfrac{\sqrt{3}}{2}-\dfrac{\pi}{4}\left(\dfrac{d}{\Lambda}\right)^2} \tag{7.1}$$

要使 PCF 空气孔的塌缩减小引入的能量损耗尽可能小，塌缩的过渡区域必须满足波导的渐变条件。[18-19]波导的渐变条件是指波导的尺寸以一定的比例逐渐变化，以尽可

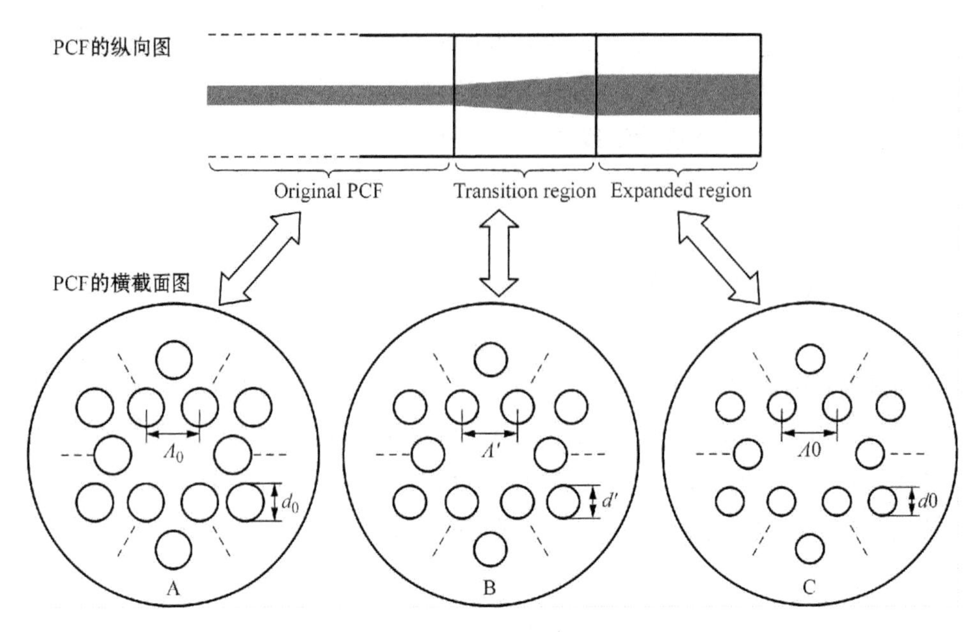

图 7.4　PCF 空气孔塌缩减小的示意图

能地减小反射和辐射带来的能量损耗。其判定标准是波导边界与光传输方向的夹角 θ_t 必须小于传导光束的局域衍射角 θ_0，即满足 $\theta_t < \theta_0$。根据有效折射率模型近似和阶跃光纤的高斯光束近似，可以得到 PCF 的局域衍射角 θ_0：

$$\theta_0 = \frac{\lambda\sqrt{\ln V_{\text{eff}}}}{\pi\rho} \tag{7.2}$$

为了提高有效折射率模型的精确度，令参数 $\rho = 0.64\Lambda$，而归一化频率参数 V_{eff} 可以写为：

$$V_{\text{eff}} = (2\pi\rho/\lambda)\sqrt{n_{\text{co}}^2 - n_{\text{cl}}^2} \tag{7.3}$$

其中，n_{cl} 是 PCF 包层的有效折射率，n_{co} 是基底材料的折射率，对石英材料而言 $n_{\text{co}} = 1.45$。M. J. Gander 等人[19]研究表明，由式(7.2)计算出的 PCF 局域衍射角与实验测得数据相一致。

一般用渐变系数 $\gamma = \theta_0/\theta_t$ 来研究，如图 7.4 所示，从端面 A 到端面 C 的渐变性。为保证波导的渐变性，要求系数 $\gamma > 1$。从 PCF 的初始端面 A 开始，首先由式(7.2)计算 PCF 的局域衍射角 θ_0 和 $\theta_t = \theta_0/\gamma$；然后，在保持 PCF 硅材料总面积不变的情况下，逐渐塌缩减小空气孔，使得孔减小的渐变角等于 θ_t；由于孔直径和孔间距的减小必然引起 V_{eff} 和 θ_0 发生变化，需要重新计算 V_{eff} 和 θ_0，并重新设置 $\theta_t = \theta_0/\gamma$，然后再塌缩空气孔，照此过程重复类推，直到得到想要的 PCF 端面 C(结构参数 Λ 和 d)为止。这个类推过程可以得到一个从端面A到端面C过渡区的最小长度即临界长度L。要满足渐变条件，塌缩区实际长度一定要大于临界长度。显然，塌缩区的长度越长，PCF的空气孔渐变角θ_t越小，γ则越大，越容易满足渐变条件，传输能量的损耗也就越低。这个过程中，PCF的外径受加热塌缩的影响会减小，但变化幅度很小可以忽略。

选取渐变系数$\gamma=1.4$，图7.5为依据渐变条件计算的从端面A到端面C的PCF最小塌缩长度。可以看到从孔直径$d_0=4\ \mu m$塌缩减小到$d=0.4\ \mu m$，过渡区域的最小长度为34.02 μm，而在利用熔融拉锥机塌缩PCF空气孔的实验中，过渡区域的长度很容易超过这一个最小长度，所以很容易满足波导渐变条件。为检验塌缩区域所引起的能量损耗，首先，采用光束传输法模拟了高斯光束从PCF塌缩端面C到原始光纤端面A的传输过程，光传输的能量损耗仅为0.04 dB；其次，实验测量了这段空气孔塌缩PCF的能量损耗。采用中心波长1 064 nm、平均输出功率2 mW的连续光激光器，50%的输出光直接耦合进过渡区域约2 cm的PCF，测得光纤输出端的功率约为0.98 mW，能量损耗约为0.08 dB，这其中包括了PCF输出端面的反射、散射损耗。可见，在加热塌缩PCF空气孔的过程中，很容易满足波导的渐变性条件，引入的能量损耗非常小。

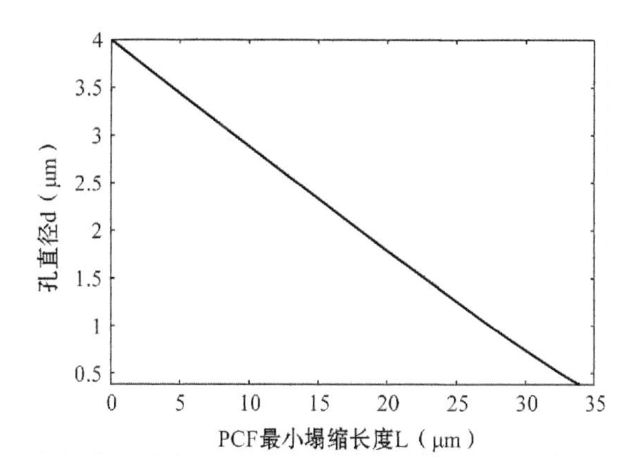

图7.5　从端面A到端面C的PCF最小塌缩长度

7.2.2　空气孔塌缩引起的模场直径增大

首先定义模场半径为光斑中心到光强降为中心峰值强度$1/e^2$处的距离。由于PCF空气孔的塌缩减小，包层中空气的百分比减小，所以包层的有效折射率与纤芯的折射率之差Δn随之减小，对传导光的约束作用减弱，致使纤芯中导模向外扩散，模场直径和有效模场面积逐渐增大。

当 PCF 的孔直径从 $d_0=4\ \mu m$ 逐渐塌缩减小到 $d=0.4\ \mu m$ 时，相应的孔间距按照公式(7.1)进行变化，在此参数区间等间距选取 50 个采样点，利用基于多极法的 CUDOS 软件数值计算通信波长 $\lambda=1\,550$ m 在 PCF 各采样点处的模场直径 D_{MFD} 和有效模场面积 A_{eff}。图 7.6 为空气孔塌缩过程中，模场直径 D_{MFD} 和有效模场面积 A_{eff} 随着孔直径减小的增大曲线。如图 7.6(a)所示，模场直径的增大可以分为两个阶段，当孔直径 $d_0=4\ \mu m$ 从减小到 $d'=1.4\ \mu m$ 时，模场直径随着孔直径的减小而近似线性增加，曲线斜率较小；当孔直径从 $d'=1.4\ \mu m$ 减小到 $d=0.4\ \mu m$ 时，曲线斜率开始变大，模场直径随之迅速增大。这是由于在空气孔刚开始塌缩时，包层与纤芯折射率之差 Δn 虽然开始减小，但是对导模的扩散还有很强的约束作用；随着空气孔的继续塌缩减小，折射率之差 Δn 变得非常小，以至于对导模的约束作用越来越弱，模场直径得以迅速增大。图 7.6(b)显示了有效模场面积 A_{eff} 随孔直径减小的增大情况，与模场直径的情况相类似。由图 7.6 可知，模场直径 D_{MFD} 由孔直径 $d_0=4\ \mu m$ 的 5.65 μm 增大为 $d=0.4\ \mu m$ 的 10.31 μm，而有效模场面积 A_{eff} 则由 $d_0=0.4\ \mu m$ 的 25.13 μm^2 增大为 $d=0.4\ \mu m$ 的 83.55 μm^2。

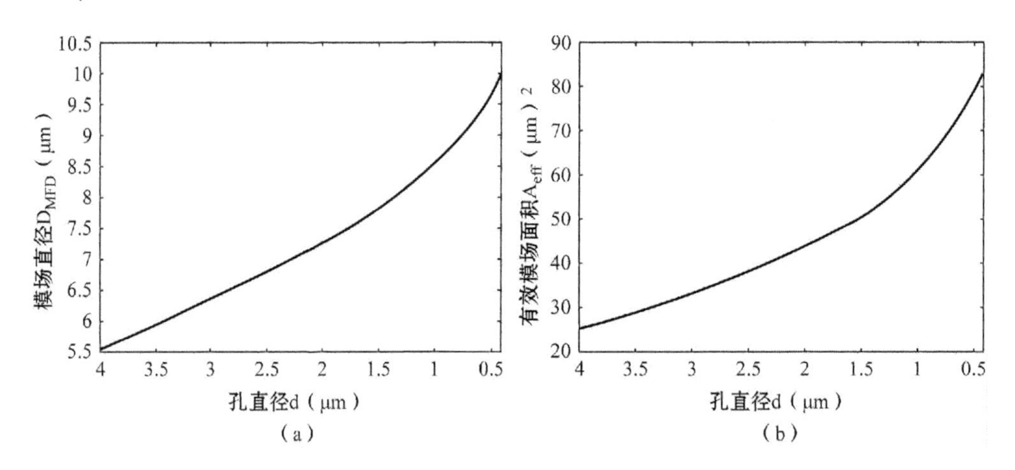

图 7.6　模场直径 D_{MFD} 和有效模场面积 A_{eff} 随空气孔塌缩的变化情况

(a) 模场直径 D_{MFD} 变化　(b) 模场直径 A_{eff} 变化

图 7.7 是孔直径分别为 $d_0=4\ \mu m$ 和 $d=0.4\ \mu m$ 时的 PCF 的模场分布。其中，图 7.7(a)对应孔直径 $d_0=4\ \mu m$ 的模场，图 7.7(b)对应孔直径 $d=0.4\ \mu m$ 的模场。两图相比，显然通过采用熔融拉锥机加热塌缩 PCF 的空气孔，可以有效地增大 *PCF* 的模场直径和有效模场面积。

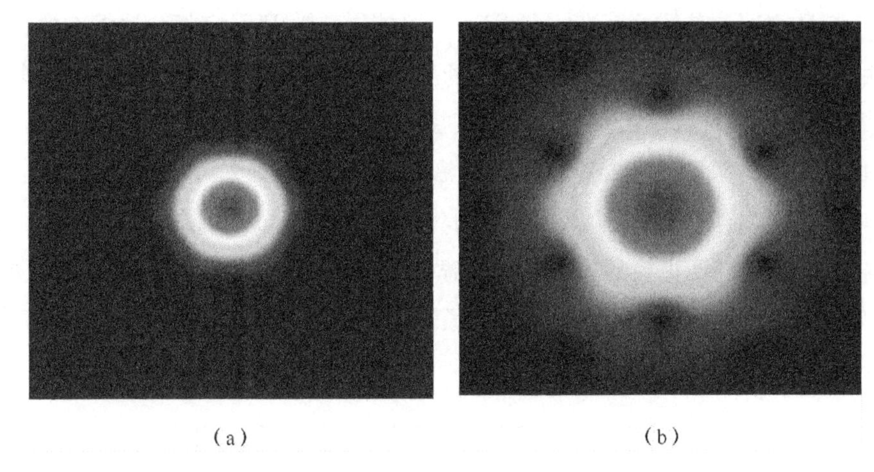

(a)　　(b)

图 7.7　孔直径 $d_0=4\ \mu m$ 和 $d=0.4\ \mu m$ 的 PCF 模场分布(比例相同)
(a) 孔直径 $d_0=4\ \mu m$ 模场　(a) 孔直径 $d_0=0.4\ \mu m$ 模场

7.2.3　PCF 模场增大后的应用价值

1) 显著提高了 PCF 的耦合效率和表面损伤阈值

由于端面 C 的有效模场面积远大于端面 A,因此选取端面 C 作为激光束的入射端面,不仅可以提高激光束耦合进 PCF 的效率,而且可以增大光纤端面的光损伤阈值。一方面,空气孔塌缩减小后,PCF 端面的有效模场面积增大,与小纤芯 PCF 相比,更容易将激光束耦合进入光纤,显然可以提高光耦合的效率;另一方面,对于基于二氧化硅材料的 PCF 而言[20],表面承受的极限功率密度约为 $10\ W/\mu m^2$,因此光纤的有效模场面积越大,承受的极限功率也就越高,即端面的光损伤阈值越高。容易计算 PCF 端面承受的极限功率从孔直径 $d_0=4\ \mu m$ 的 251.3 W 增加到 $d=0.4\ \mu m$ 的 835.5 W。可见,模场面积的增大显著增加了 PCF 的耦合效率和端面损伤阈值。

4) 降低了模场直径不匹配引入的熔接损耗

在利用普通的熔接机对 PCF 和普通光纤进行熔接时,模场不匹配是引入损耗的主要来源[21-22]。通过上面的分析知道,塌缩 PCF 空气孔可以有效地增加其模场直径,从而降低其与大模场直径普通光纤的熔接损耗。下面就以传统通信单模光纤 SMF28 (MFD=10.4 μm@1 550 nm)为例,计算它与 PCF 熔接损耗随空气孔塌缩的变化情况。两光纤模场不匹配而产生的熔接损耗可以用下面的公式表示[23]:

$$\alpha=-20\mathrm{lon}\left(\frac{2\omega_{\mathrm{PCF}}\omega_{\mathrm{SME}}}{\omega_{\mathrm{PCF}}^2+\omega_{\mathrm{SMF}}^2}\right) \tag{7.4}$$

其中,ω_{SMF}是 SMF28 的模场直径,ω_{PCF}是 PCF 的模场直径。

图 7.8 是 PCF 与传统通信光纤 SMF28 的熔接损耗随 PCF 空气孔塌缩的变化情况。可见，由于空气孔的塌缩增加了 PCF 的模场直径，使得其模场直径逐渐接近 SMF28 的模场直径，所以理论计算的熔接损耗由孔直径的 3.5 dB 降到的 0.0007 dB。采用中心波长 1 064 nm、平均输出功率 2 mW 的连续光激光器，检测两种光纤的熔接损耗。50%的耦合效率，多次实验测得光纤输出端的平均功率约为 0.90 mW，能量损耗约为 0.22 dB。虽然熔接端面空气孔不可控的塌缩会引入额外的能量损耗，但是只要塌缩过渡部分满足渐变条件，引入的损耗就非常小。因此，通过塌缩 PCF 空气孔可有效地降低与其他大模场光纤的熔接损耗。

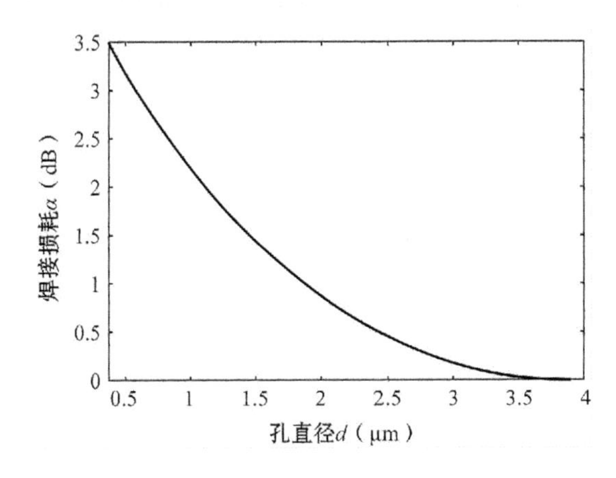

图 7.8　熔接损耗随空气孔塌缩的变化情况

总之，本节提出了一种有效地增加 PCF 模场直径的方法。通过加热 PCF 塌缩空气孔，可以有效地增加其模场直径和有效模场面积。而 PCF 模场直径的增加，不仅可以显著提高光耦合的效率和光纤端面的光损伤阈值，而且可以降低与其他模场直径不匹配光纤的熔接损耗。

7.3　皮秒脉冲泵浦超连续谱的产生

PCF 灵活可调的色散特性和可实现极高的非线性使得它广泛应用于超连续谱的产生，但是，实验中存在的一个主要问题就是它与泵浦源之间较低的耦合效率（基于透镜耦合的实验方案）或者较高的熔接损耗（全光纤结构的实验方案）。为了提高耦合效率，各种各样的光学器件包括非球面镜[24]、显微物镜[25]、大块透镜[26]用来将激光器输出光耦合进 PCF 中，但是耦合效率仍然很难高于 80%。虽然 PCF 可以直接熔接到带有输出尾纤的激光器上，但是人们不得不引入过渡光纤（比如 Nufern 公司的高 NA 光纤）来减小模场不匹配引起的熔接损耗[21,27]，过渡光纤的引入又不可避免增加熔接点和空气孔不可控的塌缩。因此，较低的耦合效率和较高的熔接损耗直接限制了从泵浦源到产生超连续谱的光光转换效率。

一个较好的提高耦合效率、减小熔接损耗的方法是通过引入一个过渡区逐渐地转换模场分布，比如本书 7.2 节中的加热塌缩、拉锥过程[18]或者选择性塌缩空气孔[28]。拉锥过程能够拉细 PCF 的纤芯和改变模场分布，但这也使 PCF 外径减小，使得与其他光纤的熔接变得困难。本节采用通过本书 2.6 节提到的空气孔选择塌缩技术，逐渐塌缩 PCF 两内圈空气孔而保持其他空气孔不变，来增大 PCF 的纤芯，实现了它和激光器双包层输出尾纤的低损耗熔接。采用输出功率可达 15 W 的皮秒主振荡功率放大器(master oscillator power amplifier，MOPA)泵浦该 PCF，产生了 15 dB 带宽从 600 nm 以下一直延伸到 1 700 nm 以上的、输出功率高达 12.8 W 的超连续谱。据当前文献报道所知，高达 85%的光光转换效率在超连续谱产生的实验中是首次报道[29]。

7.3.1　基于选择性空气孔塌缩的全光纤结构实验方案

图 7.9 是基于选择性空气孔塌缩的全光纤结构实验方案，文献[30]中描述的前三级 MOPA 结构皮秒激光器作为泵浦源。为了获得较高的脉冲峰值功率，这里去掉文献[30]中的重复频率倍增系统。该激光器的最高输出功率可达 15 W，中心波长为 1 064 nm，重复频率为 59.8 MHz，脉冲持续时间为 14 ps，并且带有一个双包层的输出尾纤(Double clad fiber，DCF)，该尾纤的纤芯和外径分别是 15 μm 和 130 μm。所用 PCF 的结构参数是：比值 $d/\Lambda=0.65$，孔直径 $d=3.54$ μm。经验公式计算它的色散曲线和场扫描电镜图如图 5.9 所示，零色散点在 1117 nm 左右。在该 PCF 的输出端切割一个 8°角以减小端面反射。从 PCF 输出的功率和光谱分别由功率计(PM)和光谱仪(OSA：Agilent 86142B)来测量。

采用多极法[31]可以计算 PCF 的模场直径大约为 5.2 μm，而双包层输出尾纤的模场直径是 $2\omega_{DCF}=10.6$ μm，因此，由式(7.4)可以估计 PCF 和双包层输出尾纤的直接熔接由于模场不匹配引起的损耗为 2.0 dB。为了减小二者之间的模场不匹配，采用文献[28]的方法逐渐塌缩 PCF 两内圈空气孔而保持其他空气孔不变，来增大 PCF 的纤芯，对应图 7.9 中过渡区 BD。过渡区由 3 cm 长的空气孔完全塌缩的 BC 和 1 cm 长的空气孔逐渐塌缩的 CD 组成。按照本书 7.2.1 节中介绍的计算过渡区临界长度的方法，设置塌缩角 $\theta_t=\theta_0/1.5$，计算出来的临界长度只有 33.43 μm。由于塌缩长度越长，模场过渡性能越好，所以，1 cm 长的逐渐塌缩区完全满足渐变性条件。完全塌缩区 BC 的模场直径可以达到 15.6 μm，轻微地拉锥就可以实现与双包层输出尾纤的匹配。采用截断法测量 A

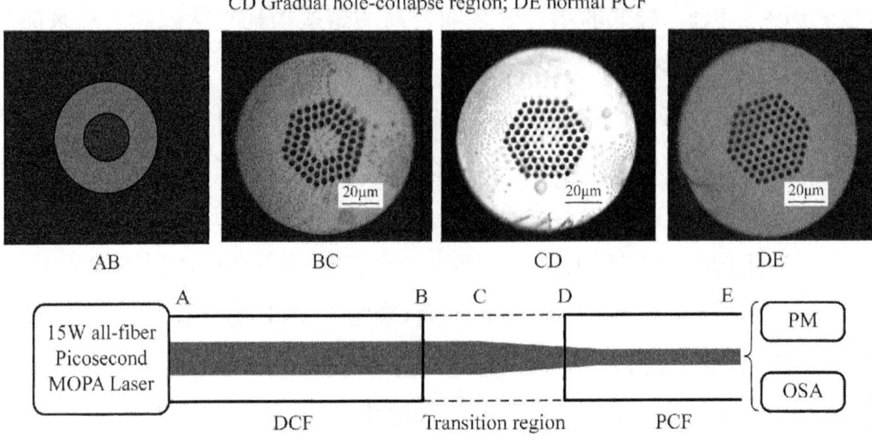

图 7.9 基于选择性空气孔塌缩的全光纤结构实验方案

到 D 的整体损耗为 0.22 dB,它主要包括 B 处的熔接损耗和塌缩区的传输损耗,与直接熔接的损耗 2.0 dB 相比,该方法显著减小了熔接损耗。最终,MOPA 结构激光器、双包层输出尾纤和 PCF 组成了如图 7.9 所示的基于选择性空气孔塌缩的全光纤结构实验方案,该方案有效地避免了端面损伤和提高了系统的稳定性。

7.3.2 光束在过渡区的传输

为了研究过渡区对光束形状和能量分布的影响,采用光束传播法[32]模拟研究了光纤基模 LP_{01} 模场分布[33]从 B 到 D 的演化。图 7.10 分别显示了 B 点处的入射光强分布

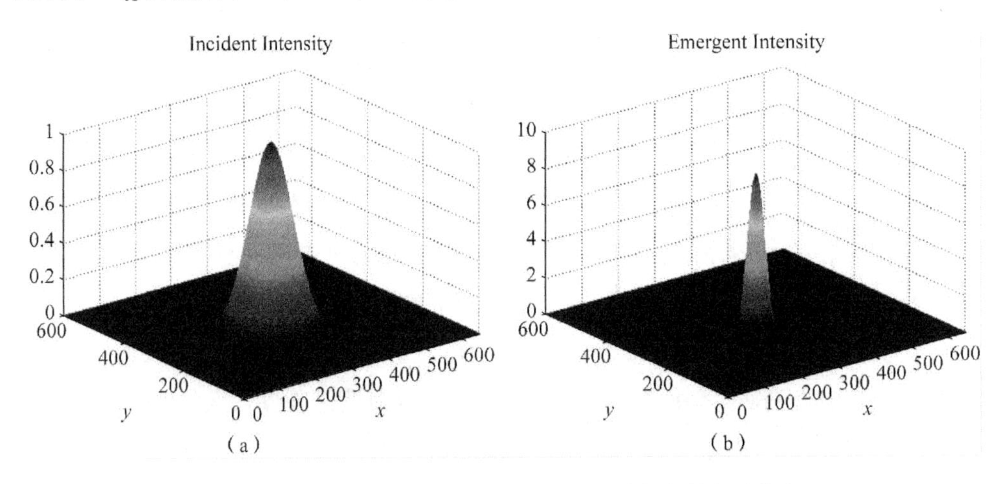

图 7.10 *B* 点处的入射光强分布(a)和 *D* 点处的出射光强分布(b)

(a)和 D 点处的出射光强分布(b),这两幅图都以入射光强的峰值为基底进行了归一化处理。显然,从图(a)到(b),导模的光斑尺寸有了很大程度的减小,这导致光束的峰值光强有了成倍地增加,因此,过渡区 BD 的引入,不仅减小了 PCF 和双包层输出尾纤之间的熔接损耗,而且成倍增加了导模的峰值强度,这将激发出光纤中更多的非线性效应,有利于宽带超连续谱的产生。

7.3.3 超连续谱的产生

首先标定 MOPA 结构激光器的输出特性,并且定义 B 点处的功率作为泵浦功率 P_{in}。图 7.11 显示了随着泵浦功率 P_{in}的增加超连续谱的形成过程。由于泵浦波长 1 064 nm 处于 PCF 的正常色散区,没有观察到调制不稳定性产生的两个对称边带,由图(a)可知,当 $P_{in}=2$ W 时,在 1 120 nm 和 1 167 nm 处可以看到两个尖峰。它们的频移相对于泵浦光频率分别下移了 13.2 THz 和 24 THz,对应于拉曼增益谱的最大、次大值。因此,在正常色散区泵浦,受激拉曼散射在光谱加宽的最初阶段发挥了重要作用。

因为一阶受激拉曼峰 1 120 nm 和高阶受激拉曼峰已经落在了 PCF 的反常色散区,正如在第 4 章、第 6 章理论分析的那样,调制不稳定性能够将初始的 14 ps 脉冲分解成多重的超短脉冲,而且,这些超短脉冲的振幅随着峰值功率的增加而迅速增加。当它们中的一些峰值功率超过孤子形成阈值时,就在负的群速度色散和自相位调制的共同作用下演化成光孤子。这些孤子然后经历脉冲内受激拉曼散射产生孤子自频移,形成长波区的孤子拉曼谱。图 7.11(b)在长波区可以清晰地看到一些孤子,它们的波长分别位于 1 460 nm,1 500 nm,1 548 nm,1 610 nm,1 636 nm,同时,在短波长区还观察到一些色散波,分别出现在 853 nm,829 nm,806 nm,775 nm,755 nm。

和第 4 章、第 6 章理论分析的一样,为了研究长波区孤子与短波区色散波之间的关系,在图 7.12 中也做出了 PCF 的群速度匹配曲线和相位匹配曲线,并且图 7.11(b)中出现的孤子和色散波也在图 7.12 中由小圆圈标出。圆圈的大体走势与群速度曲线非常吻合,这也因此证实了超连续谱向短波方向的延伸主要是由于群速度匹配条件下色散波被红移孤子的诱捕效应,而不单单是所谓的红移孤子激发色散波的产生过程。因为随着孤子经历红移到长波段,与色散波之间几乎没有光谱的重叠,来产生可忽略的能量转换[34]。

图 7.11(c)显示了当最大泵浦功率 $P_{in}=15$ W 时,输出功率可达 12.8 W 的超连续谱产生,从泵浦光向超连续谱光的转换效率高达 85%。15 dB 的平坦度从 600 nm 以下一直延伸到 1700 nm 以上,由于 600 nm 和 1700 nm 分别是光谱仪(OSA:Agilent 86142B)的上下限,因此不能观察到以外波段的光谱。我们认为在 3 m 长的 PCF 中产生平坦超连

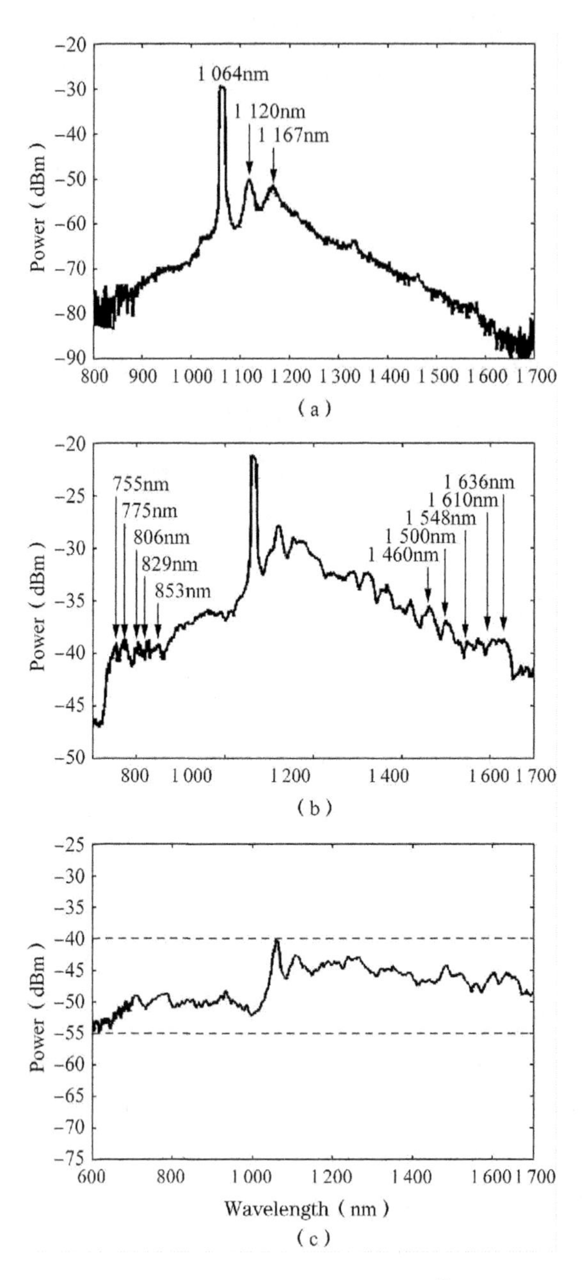

图 7.11　超连续谱的形成过程①

(a) $P_{in}=2\,W$　(b) $P_{in}=8\,W$　(c) $P_{in}=15\,W$

---

① 此时超连续谱的输出功率为 12.8 W。

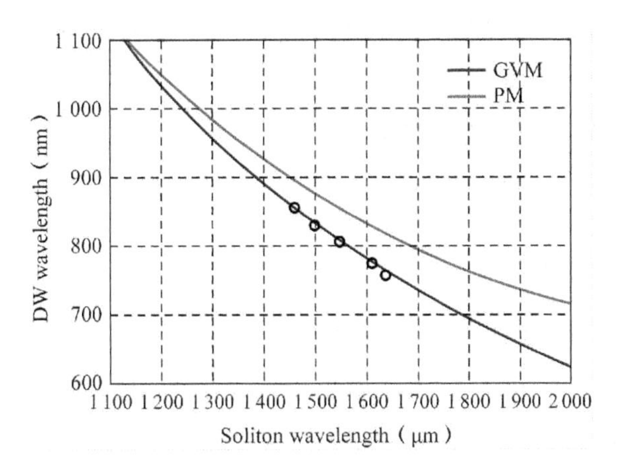

图 7.12　PCF 的群速度匹配曲线和相位匹配曲线

续谱的原因在于较高的峰值功率，从该激光器的输出参数可以大致估计平均输出功率为 15 W 时的峰值功率达到 17 kW。这么高的峰值功率很容易激发出受激拉曼散射，将泵浦光的部分能量转移到反常色散区，利用基于孤子的一些非线性效应，产生长波区的孤子拉曼谱，以及短波区的色散波谱。

总之，本节采用皮秒激光源泵浦光子晶体光纤，获得了输出功率可达 12.8 W 的超连续谱输出，从泵浦光到产生超连续谱的光光转换效率高达 85%。通过逐渐塌缩 PCF 两内圈空气孔来增大纤芯，实现了光子晶体光纤与激光器双包层输出尾纤的低损耗熔接，损耗值为 0.22 dB。该项技术不仅可以有效地降低模场不匹配引起的熔接损耗，而且能够改变导模的能量分布，增加光束的峰值光强，产生宽带、平坦的超连续谱。超连续谱的产生过程同时也证实短波长的产生主要是由于红移孤子的诱捕效应。

7.4　纳秒脉冲泵浦超连续谱的产生

上节采用全光纤结构的实验方案研究了皮秒脉冲泵浦 PCF 超连续谱的产生，本节采用基于透镜耦合的实验方案研究纳秒脉冲泵浦 PCF 超连续谱的产生。首先依据 7.1.1 节提到的透镜耦合的基本条件设计激光器与入射光纤之间的耦合系统；其次，设置合适的光纤熔接机参数，实现模场不匹配的普通光纤与 PCF 的低损耗熔接；最后，研究随着激光器泵浦功率的增加，超连续谱的形成过程，并且产生了平均功率 1.2 W、10 dB 的带宽从 710 nm 一直延伸到 1 700 nm 的平坦超连续谱。

实验中采用纳秒激光器输出的主要参数为：脉冲宽度 $\tau_0 = 200$ ns，中心波长 $\lambda_0 =$ 1 064 nm，重复频率约为 5 kHz，峰值功率可达 10 kW，输出高斯光束的束腰半径 $\omega_0 =$

0.4 mm。由于该激光器是空间光输出，因此，需要采用如图 7.1 所示的基于透镜耦合的实验方案。本书 7.1.1 节和 7.1.3 节已经分析，为使该方案顺利进行，需要解决好两个问题：一是根据透镜耦合的三个基本条件，设计合适的耦合系统；二是如何实现入射光纤（过渡光纤）与实验采用 PCF 的低损耗熔接。

7.4.1 耦合系统的设计

本小节解决第一个问题，依据三个基本条件设计耦合系统。首先，在激光器的输出后面平行放置两个 1 064 nm 的全反镜，既可用来过滤掉激光器中心波长 1 064 nm 以外的泵浦光，又易于实现激光器出射光束、透镜、入射光纤三者光轴的共轴。其次，选择合适参数的透镜，为提高耦合效率和避免透镜色散，采用消像差的非球面反射镜。反射镜参数的选取主要取决于光束在透镜面上的光斑大小和入射光纤的端面参数。入射光纤采用 Nufern 公司生产的普通光纤，其芯径 $d=15\ \mu m$，数值孔径 $NA=0.08$。消像差非球面反射镜的焦距 $F=11$ mm，而高斯光束的束腰（一般认为在激光器出射口）到透镜的距离是 l，放置非球面镜的位置满足 $l \gg F$，运用此时高斯光束的变换公式：

$$\omega_0 \approx \frac{\lambda_0}{\pi\omega(l)}F \tag{7.5}$$

$$l' \approx F \tag{7.6}$$

其中，$\omega(l)$是输出光入射在透镜表面上高斯光束的光斑半径，ω'_0是会聚后高斯光束腰斑的大小，l'是会聚后腰斑到透镜的距离，式(7.6)表明满足 $l \gg F$ 时，会聚后腰斑在透镜的焦距附近，正好就在这个位置放入射光纤。

为满足耦合基本条件中的第二和第三，精确选择在 $l=4$ cm，$\omega(l)=0.8$ mm 的地方放置非球面镜，由式(7.5)可以计算会聚后束腰直径 $2\omega'_0=9.32\ \mu m$，小于入射光纤的芯径 $d=15\ \mu m$。会聚后高斯光束的半发散角为：

$$\theta'_0/2 = \frac{\lambda}{\pi\omega'_0} \tag{7.7}$$

代入数据计算光束的半发散角 $\theta'_0=0.073$，小于入射光纤的数值孔径角。这样，该耦合系统就满足了高效率耦合所要求的三个基本条件，实验测得系统的耦合效率可以达到 60%。

7.4.2 PCF 与普通光纤的低损耗熔接

本小节解决第二个问题，实现入射光纤（普通光纤）与实验采用 PCF 的低损耗熔接。实验所用 PCF 是由武汉长飞公司拉制的，具有五层空气孔六角排布的 PCF，其结构参数为：孔直径 $d=3.16\ \mu m$，孔间距 $\Lambda=5.90\ \mu m$。它的场扫描电镜图(SEM)和经验公式计算的色散曲线如图 7.13 所示，零色散点在 1 150 nm 附近，因此，泵浦波长 λ_0 = 1 064 nm 处于 PCF 的正常色散区。

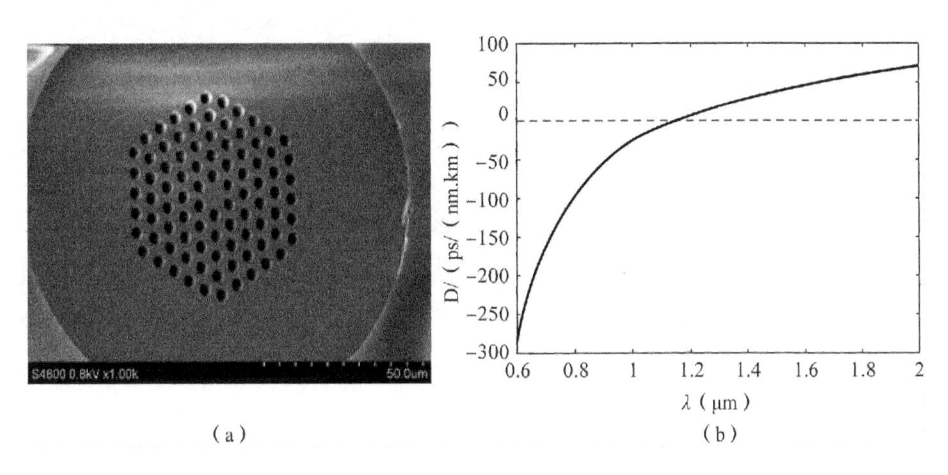

图 7.13　PCF 的 SEM 和色散曲线
(a) PCF 的 SEM 照片　(b) PCF 的色散曲线

因为入射光纤的芯径大约 15 μm，为避免激光束在其传输中激发出多模效应，其长度应尽可能短。另外，由于入射光纤与 PCF 的模场存在较大的不匹配，因此这两种光纤的直接熔接必然引入较大的熔接损耗，由式(7.4)理论计算它们之间因为模场不匹配而产生的熔接损耗为 5.0 dB。为了降低熔接损耗，在设置滕仓 FS-40PM 熔接机参数的过程中，把放电电极的位置放置在入射光纤一侧，适当增加光纤间的重叠长度、增大主熔接的电流强度和放电时间以及再放电的电流强度和放电时间，这样可以使 PCF 的空气孔发生轻微的塌缩同时又不影响光束的正常传输，如图 7.14 所示。由 7.2 节的讨论，这种轻微的塌缩可以增大 PCF 的模场直径，在两种光纤的熔接区形成一段由 PCF 空气

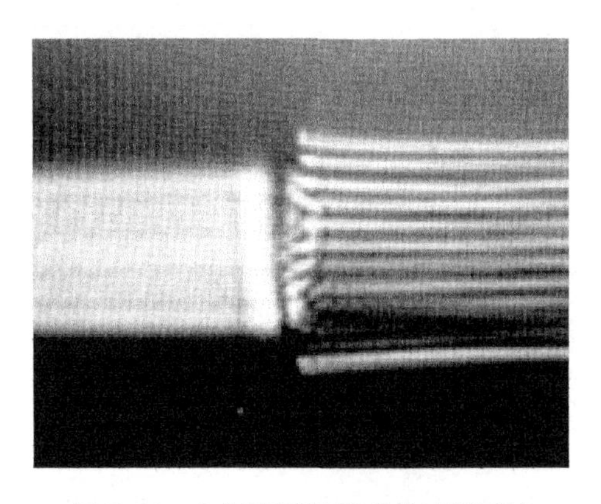

图 7.14　空气孔塌缩形成的过渡区域

孔逐渐塌缩的过渡区域，从而可以有效地降低两光纤间模场不匹配引起的熔接损耗。由于空气孔塌缩的不可控制性，采用这种方法尝试不同的设置参数进行了多次实验，测得两种光纤的最小熔接损耗可以达到 3.8 dB，即约有 42%功率的光通过熔接点，小于以上理论计算的直接熔接损耗 5.0 dB。

7.4.3 实验结果

首先，研究在 PCF 前面熔接一小段入射光纤对激光器输出光的影响。图 7.15 为从这段入射光纤输出的光谱，输出光仍为中心波长～1 064 nm、线宽～1 nm 的窄带光源。用红外夜视仪观察输出端的近场光斑为很好的基模光斑，说明激光器输出光经过这小段入射光纤没有激发出高阶模。由此可见，在 PCF 的前面熔接一小段入射光纤，没有影响到激光器输出的中心波长、线宽以及模式特征。

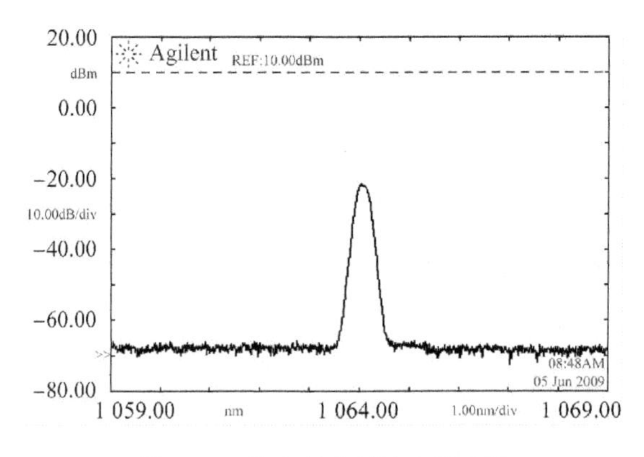

图 7.15　从入射光纤输出的光谱

然后，保持 PCF 的长度 12 m 不变，逐渐增加激光器的泵浦功率，观察 PCF 输出端光谱的变化。由于实验光路搭建好以后，难以测量泵浦进 PCF 的功率，方便测量的是 PCF 输出端的功率 P_{out}，因此，可以近似地认为 PCF 输出端功率的增加，对应于泵浦进 PCF 功率的增加。图 7.16 显示了随着泵浦功率的增加，超连续谱的产生过程。当 $P_{out}=$ 150 mW 时，如图 7.16(a)所示，在波长 1 118 nm 和 1 166 nm 附近出现了两个小尖峰，可以计算谱线 1 118 nm 的对应频率与泵浦光 1 064 nm 的对应频率相差～13 THz，而谱线 1 166 nm 的对应频率与泵浦光 1 064 nm 的频率相差～24 THz，两条谱线正好对应基于石英材料光纤拉曼增益谱的最大值、次大值与泵浦光频率相比的下移频率 13.2 THz、24 THz。[35]由光谱可知，此时泵浦进 PCF 的功率超过了受激拉曼散射的功率阈值，激光在 PCF 传输中开始产生了受激拉曼散射。因此，同 7.3 节中十几皮秒泵浦一样，纳秒脉冲在 PCF 的正常色散区泵浦时，受激拉曼散射在光谱加宽的最初阶段同样发挥了重要作用。

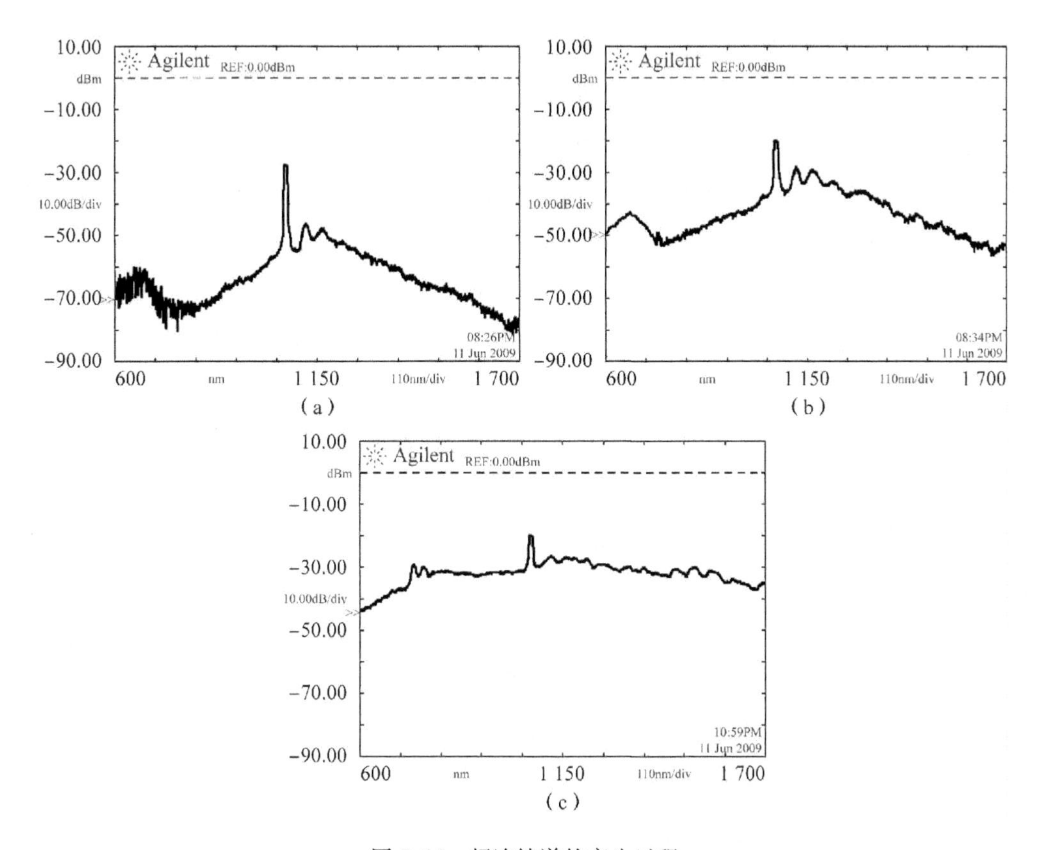

图 7.16　超连续谱的产生过程

(a) P_{out}=150 mW　(b) P_{out}=250 mW　(c) P_{out}=1 200 mW

继续增加泵浦功率，当 P_{out}=250 mW 时如图 7.16(b)所示，谱线 1 166 nm 的功率在增大，促使在波长 1 226 nm、1 298 nm 等处的高阶斯托克斯谱线清晰可见，可以计算谱线 1 166 nm、1 226 nm、1 298 nm 对应频率间隔～13 THz，正好对应石英光纤的分子振动能级频率。这些谱线的出现表明受激拉曼散射的级联效应正在加宽光谱。同时在 PCF 末端观察到红光输出，说明频谱中已有红光成分产生。对应图 7.16(b)在波长 665 nm 处出现了一个小尖峰。这是由于高阶斯托克斯谱线已经延伸到 PCF 的反常色散区，比如谱线 1 166 nm，调制不稳定性导致长脉冲分解成多重的超短脉冲，频谱中表现为在泵浦光 1 166 nm 的两侧出现两个对称的旁瓣，旁瓣的频移可以由式(4.74)来估计。由于所用 PCF 的非线性系数 $\gamma=8.2W^{-1}km^{-1}$，1 166 nm 处的二阶色散系数 $\beta_2=-1.25(ps^2/km)$，P_0 是波长 1 166 nm 处脉冲的峰值功率，结合熔接损耗、光纤损耗以及 1 166 nm 处的转换效率，可大致估算 P_0 在 1 W 左右，计算两个旁瓣分别出现在 1 187 nm 和 1 145 nm 附近。如图 7.16(c)所示，在 1 187 nm 附近有一个小尖峰，而在 1 145 nm 处旁瓣由于淹没在拉曼增益谱中分辨不出来。

调制不稳定性分解产生的超短脉冲在负的群速度色散和自相位调制的共同作用下而演化成基孤子或者高阶孤子，而高阶孤子在高阶色散的扰动下发生孤子分解[36-37]，分解成红移基孤子的同时，释放出蓝移非孤子辐射。这些蓝移非孤子辐射(色散波)的频移可以由式(3.84)的以下化简式近似计算：[38]

$$\Omega_{NSR} = -3\beta_2/\beta_3 \tag{7.8}$$

其中，三阶色散系数 $\beta_3 = 0.022(ps^3/km)$，可计算蓝移非孤子辐射的波长在 663 nm 附近，与实验波长 665 nm 非常接近。

增加泵浦功率到输出功率 $P_{out} = 800$ mW 时，近场光斑明显变亮，如图 7.17 所示，说明可见光成分在增加。进一步增加泵浦功率，如图 7.16(c)所示，当 $P_{out} = 1\,200$ mW 时，超连续谱变得非常平坦，10 dB 的带宽从 710 nm 一直延伸到 1 700 nm。图 7.18 为此时超连续谱点亮的光纤线圈，我们认为产生这个现象的原因可能是：第一，PCF 包层的空气孔结构存在限制损耗，致使光谱成分泄漏，从外面看就如图 7.18 所示的图像；第二，所用的 PCF 纤芯大约 7 μm，就使超连续谱中的短波成分比如黄光、绿光成分，可能激发出高阶模式而泄漏出来。图 7.19 显示了 $P_{out} = 1\,200$ mW 时 PCF 输出端的近场光斑，由此可以看出，确实有部分光泄漏进了包层。

图 7.17　$P_{out} = 800$ mW 时的近场光斑

超连续谱的产生，一方面是由于以上讨论的高阶孤子分解[36-37]展宽了光谱；另一方面是由于长波区与短波区新产生的频率成分，在满足群速度匹配的条件下，即两种新频率光的群折射率 n_g 相等，那么这两种频率光将发生交叉相位调制[39]，从而使光谱趋于平坦。图 7.20 是 PCF 群速度折射率 n_g 随波长的变化曲线，可以清楚判断满足群速度匹配长波区与短波区的对应谱线。短波段 710～1 040 nm 由图 7.16(b)到图 7.16(c)变

图 7.18　P_{out}＝1 200 mW 时超连续谱点亮的光纤线圈

图 7.19　P_{out}＝1 200 mW 时 PCF 输出端的近场光斑

得如此平坦，正是由于和长波段 1 120～1 860 nm 发生了交叉相位调制，由于光谱仪测量波长范围限制，没有记录下 1 700～1 860 nm 波段的光谱。另外，随着光谱中新频率的不断产生，满足相位匹配条件的四波混频效应[40-41]也会在展宽和平滑光谱方面发挥作用。

总之，本节实验研究了纳秒脉冲在 PCF 正常色散区泵浦超连续谱的产生。首先，设计了激光器空间光输出与入射光纤之间的耦合系统，耦合效率可以达到 60％。其次，实现了普通光纤与 PCF 的低损耗熔接，实验测得的熔接损耗为 3.8 dB，低于两种模场不匹配光纤间的理论熔接损耗 5 dB。最后，研究了随着泵浦功率的增加，超连续谱的产生过程；结果表明：受激拉曼散射是纳秒脉冲在 PCF 正常色散区泵浦超连续谱产生的最初物理机制，而高阶孤子分解和交叉相位调制促使超连续谱趋于更宽、更平坦。

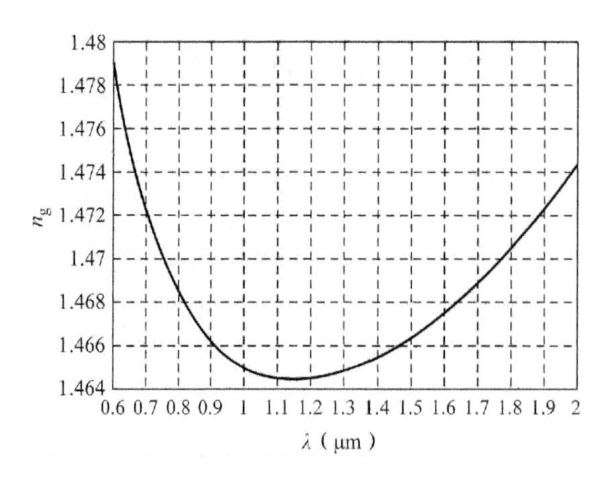

图 7.20　群速度折射率随波长的变化曲线

7.5　连续光泵浦超连续谱产生的尝试

鉴于第三章、第五章理论研究中提到的，连续光泵浦机制产生的超连续谱相比于脉冲泵浦机制，展现出两个突出的优点：较高的功率谱密度和相对平滑的光谱。因此，本节在实验室现有的条件下，进行了连续光泵浦 PCF 超连续谱产生的尝试。根据激光器不同的输出尾纤，主要采用了两个实验方案：一是输出尾纤为 15/130（纤芯直径和包层直径）连续光激光器的泵浦实验方案；二是输出尾纤为 30/250 连续光激光器的泵浦实验方案。

7.5.1　输出尾纤为 15/130 激光器的实验

输出尾纤为 15/130 激光器泵浦 PCF 产生超连续谱的实验方案与图 7.9 相似，不同点在于：第一，泵浦源是连续光激光器，其结构与文献[217]中描述的 MOPA 结构皮秒激光器相同，只是将种子源由脉冲光改为连续光；第二，采用的 PCF 结构参数相同，但连续光泵浦机制，为增大非线性效应的积累，以利于宽带超连续谱的产生，PCF 的长度增加为 40 m。实验装置如图 7.21 所示，激光器输出尾纤与塌缩两内圈空气孔 PCF 的熔接点以及后处理过的 PCF 与 PCF 熔接点处都涂有导热硅胶，并放置在水冷铝盘上进行冷却。

首先，标定该连续光激光器二级放大级电流 I(A)与激光器输出功率 P(W)的对应关系，如表 7.1 所示。其中，I 为 0 A 时的 2.4 W 为种子光经过一级放大的输出功率；当 I 为 70 A 时，该激光器达到最大输出功率 53 W，图 7.22(a)为此时的输出光谱，(b)是采用示波器在时域无限大的连续光上截取的时间窗口为 200 ms 的一个片段，片段上确实存在着随机的起伏（噪声），可见，模拟中在选取的连续光片段上添加噪声是合理的。

图 7.21　尾纤为 15/130 激光器泵浦 PCF 产生超连续谱的实验装置

表 7.1　尾纤为 15/130 激光器的实验数据

I(A)	0	10	15	20	25	30	35	40	45	50	55	60	65	70
P	2.4	3.45	5.45	8.13	11.2	15.1	19.7	24.3	30.1	35.2	40.5	45.1	50.1	53
P_{out}	1.8	2.7	4.2	5.5	7.7	11.0	14.8	17.6						
η	75%	78%	77%	67%	68%	72%	75%	72%						

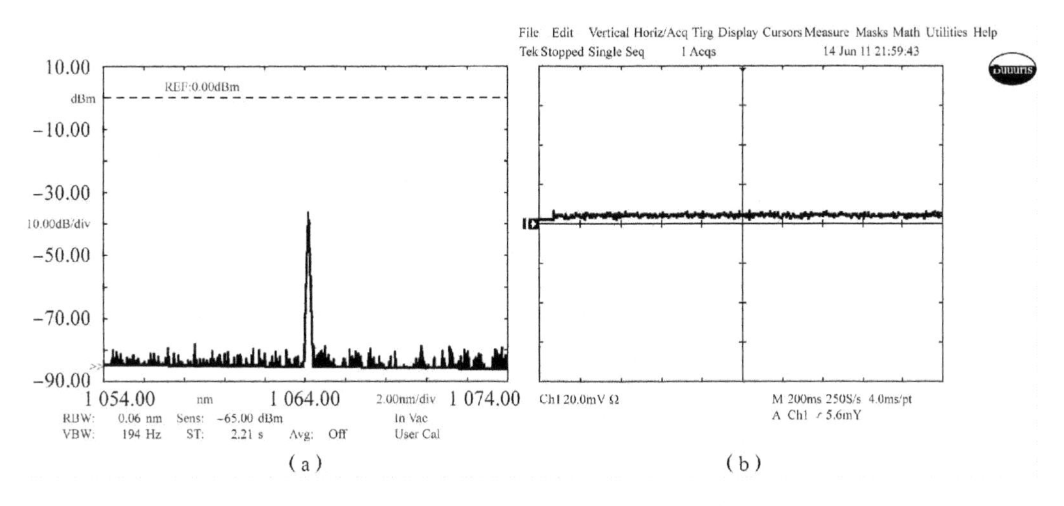

图 7.22　连续光激光器的频域和时域输出

(a) 续续光激光器频域输出　(b) 连续光激光器时域输出

然后，将后处理过的 PCF 与 40 m 的未经过处理的 PCF 熔接在一起，进行超连续谱产生的实验。由于 PCF 难以控制的空气孔塌缩，导致它们之间的熔接损耗达到 0.45 dB，即相当于 90 %的光通过熔接点，而 10 %的光在熔接点处形成热积累。也就意味着，当该连续光激光器在最大输出功率 53 W 工作时，有近 5 W 的光功率转化成了热积累。为了减小熔接点处的受热时间，先将放大电流调为 70 A，即对应激光器最大的输出功率 53 W，测量此时的输出光谱为图 7.23 所示。短波段由于四波混频效应的作用，只是在 1 045 nm 附近出现一个小尖峰；而长波段有一定程度的展宽，由于受激拉曼散射的作用，1 120 nm 附近的斯托克斯峰非常明显，紧接着由于部分光落入 PCF 的反常色散区，孤子自频移开始展宽光谱。

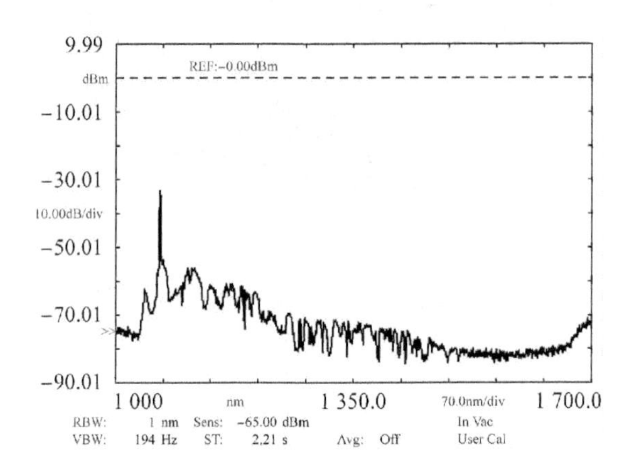

图 7.23　泵浦功率为 53 W 时从 PCF 输出的光谱

最后，测量从 40 m 长的 PCF 末端输出的功率 P_{out}，它的部分数据以及 PCF 末端功率与激光器输出功率的百分比 $\eta=P_{out}/P$ 也在表 7.1 中给出。当测到放大电流 $I=40$ A 时，熔接点由于热量积累过多而起火，图 7.24 黑色椭圆内即为烧毁的熔接点。分析百分比 η 的数据发现，在 $I=15$ A 和 $I=20$ A 之间有个拐点，即 η 的值有个明显的减小。说明当激光器的泵浦功率较低时，PCF 中还没有非线性效应的产生，而只有传输损耗，所以百分比 η 比较大；当激光器的泵浦功率提高时，一些非线性效应诸如受激拉曼散射、四波混频效应开始产生，会消耗一部分的泵浦功率，所以 η 开始减小。如图 7.23 所

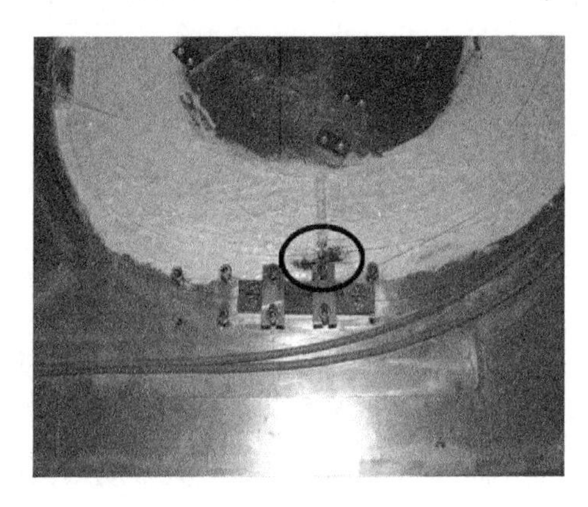

图 7.24　烧毁的熔接点(黑色椭圆内)

示，最终输出光谱没有实现较大程度的展宽，主要原因在于两个方面：首先，所用 PCF 的纤芯 7 μm，与一些关于连续光泵浦产生超连续谱文献[42-43]中所用 PCF 相比，纤芯过大，导致光纤的非线性系数较小，如果要积累足够的非线性效应，就需要增加 PCF 的长度或者增加激光器的输出功率；其次，泵浦波长 1064 nm 与所用 PCF 的零色散点 1117 nm 偏差较大，并且在 PCF 的正常色散区，不利于基于孤子的非线性效应产生。

7.5.2　输出尾纤为 30/250 激光器的实验

由于实验室条件和熔接技术的限制，PCF 只能选择上述同样参数的 PCF；要实现光谱较大程度的展宽，只能增加该 PCF 的长度和采用更高输出功率的连续光激光器。为此，选用本实验室自行设计的二级放大输出功率近 90 W 的连续光激光器，PCF 的长度也增加至 100 m。

由于该激光器的输出尾纤(output fiber，OF)参数为 30/250，因此实验方案如图 7.25 所示，AB 段是参数为 30/250 的输出尾纤，CD 段是利用熔融拉锥机将输出尾纤拉到 15/125，DE 段是塌缩两内圈空气孔的 PCF，FG 是未经处理的 PCF。熔接点有三处，分别位于 B 点和 C 点之间、D 点处、E 点和 F 点之间。为保证各熔接点和激光器的安全，需要首先测量各点处的熔接损耗和监测反射回激光器的光功率，因此，在低泵浦功率下采用截断法从 G 点依次测回 B 点，由于过渡区的长度太短，因此 D 点处的功率没有测量，其他点处的数据如表 7.2 所示。

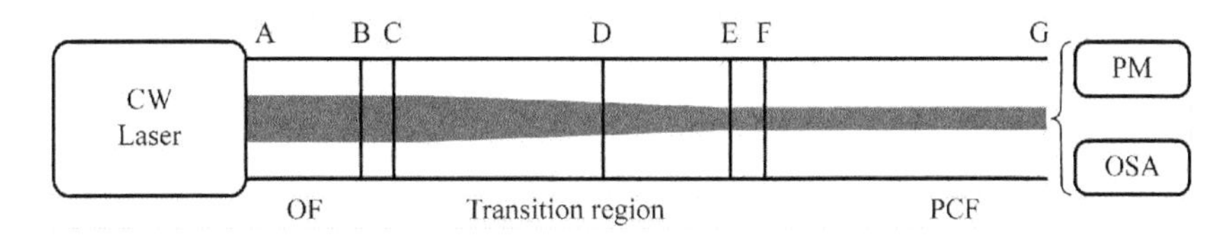

图 7.25　尾纤为 30/250 激光器泵浦 PCF 产生超连续谱的实验方案

表 7.2　尾纤为 30/250 激光器的实验数据

I(A)	1	2	3	4	5	6	7
P_B(W)	2.0	3.3	5.2	7.1	9.6	13.5	18
P_C(W)	1.89	3.2	5.0	6.7	9.1	11.8	16.8
P_E(W)	1.55	2.6	3.72	4.9	6.36	8.7	11.5
P_F(W)	1.22	2.08	3.12	4.5	6.1	7.8	9.8
P_G(W)	1.15	1.9	2.6	3.42	4.4	5.7	7.4
η	57.5%	57.6%	50%	48.2%	45.8%	42.2%	41.1%

由表 7.2 进行分析，P_B(W)即为激光器的输出功率，CE 段为输出尾纤与 PCF 间的过渡区，P_G(W)为最后从 PCF 末端的输出功率，百分比 $\eta = P_G(W)/P_B(W)$。从 η 值可以看出，随着泵浦功率的增加，整个系统的损耗也在增大。依次比较各点处的功率，发现损耗主要存在以下几个方面：

第一，比较 P_G(W)与 P_F(W)发现，在 100 m 的 PCF 中存在较大的传输损耗。

第二，比较 P_F(W)与 P_E(W)发现，相同的 PCF 之间熔接由于空气孔不可控的塌缩也存在损耗。

第三，比较 P_E(W)与 P_C(W)发现，过渡区的损耗最大，我们认为这一方面与激光器的光束质量有关，另一方面还与光纤中是否激发出高阶模有关。

第四，比较 P_C(W)与 P_B(W)发现，相同 30/250 光纤间的熔接也存在少量的损耗。

实验中为了激光器的安全，也检测了回向激光器的光功率，如表 7.3 所示。在测量 P_G(W)发现，当放大电流增大到 7 A 时，回光功率已经增大到了 100 mW，继续增大放大电流可能对激光器有威胁，也就导致了本实验不能顺利进行。为了查找回光的原因，表 7.3 中分有无过渡区 CE 两种情况测量了回光的功率。因此，从 30/250 尾纤向 7/125 PCF 的过渡区是导致回光的主要原因。要解决好回光的问题，一方面要提高激光器输出光束的性能，但是在连续光泵浦机制中为了产生宽带的超连续谱，激光器的输出功率又要求尽可能高，这样输出尾纤的纤芯必然较大，因此高阶模难以避免，与 PCF 间的模场不匹配也就难以消除，因此二者存在一个优化的问题。另一方面，从 30/250 输出尾纤向 7/125 PCF 过渡区的处理需要进一步改进，以减小回光，减小熔接点处的热量积累。

表 7.3　回光的监测

I(A)	1	2	3	4	5	6	7
有 CE(mW)	0.2	6.3	12.8	33	55	77	100
无 CE(mW)	0.2	0.4	0.7	0.9	1.3	1.8	2.2

7.6　本章小结

本章在课题组现有的条件下，实验研究了 PCF 中超连续谱的产生。主要内容概括如下：

(1) 简单介绍研究超连续谱产生的两种常见实验方案：基于透镜耦合的方案和全光纤结构的方案。

(2) 为了减小光纤间模场不匹配而引入的熔接损耗，提出一种通过加热塌缩PCF空气孔增加其模场直径的方法，模拟和实验结果都表明塌缩区域在满足波导渐变的条件下引入的能量损耗非常小，并且分析研究了模场直径随空气孔塌缩的增大情况，以及模场直径增大后的潜在应用价值。

(3) 实验研究了十几皮秒量级的脉冲泵浦PCF超连续谱的产生，通过逐渐塌缩PCF两内圈空气孔而保持其他空气孔不变来增大PCF的纤芯，实现了它和激光器双包层输出尾纤的低损耗熔接，采用输出功率可达15 W的MOPA结构激光器泵浦该PCF产生了15 dB带宽从600 nm以下一直延伸到1 700 nm以上的、输出功率高达12.8 W的超连续谱，并且首次报道高达85%的泵浦光向超连续谱光的转换效率。

(4) 采用基于透镜耦合的实验方案研究了纳秒脉冲泵浦PCF超连续谱的产生，依据透镜耦合的基本条件设计了激光器与入射光纤之间的耦合系统，设置合适的光纤熔接机参数实现了模场不匹配的普通光纤与PCF的低损耗熔接，通过逐渐增加激光器的泵浦功率，研究了超连续谱的形成过程，并且产生了平均功率1.2 W、10 dB的带宽从710 nm一直延伸到1 700 nm的超连续谱。

(5) 进行了连续光泵浦PCF超连续谱产生的尝试，根据激光器不同的输出尾纤，主要采用了两个实验方案：第一，输出尾纤为15/130(纤芯直径和包层直径)连续光激光器的实验方案；第二，输出尾纤为30/250连续光激光器的实验方案，并且分析了连续光泵浦机制在实验中出现的问题，比如熔接点处的热量积累和尾纤与PCF之间的过渡处理，以及在展宽光谱方面的改进，为产生高功率密度的、宽带超连续谱提供有益的参考。

参考文献

[1] 谌鸿伟，陈胜平，侯静. 国产光子晶体光纤实现4.6 W全光纤超连续谱输出[J]. 光学学报，2010，30(9)：2541-2543.

[2] 陈胜平，谌鸿伟，侯静，等. 30 W皮秒脉冲光纤激光器及高功率超连续谱的产生[J]. 中国激光，2010，37(8)：1943-1949.

[3] 陈胜平，王建华，谌鸿伟，等. 35.6 W高功率高效率全光纤超连续谱光源[J]. 中国激光，2010，37(12)：3018.

[4] H. W. Chen, S. P. Chen, J. Hou. 7 W all-fiber supercontinuum source [J]. Laser Physics, 2011, 21(1): 191-193.

[5] 宋锐，陈胜平，侯静，等. 70 W全光纤超连续谱光源[J]. 强激光与粒子束，2011，23(3)：569-570.

[6] Ranka J. K, R. S. Windeler and A. J. Stentz. Visible continuum generation in air-silica microstructure optical fibers with anomalous dispersion at 800 nm [J]. Opt. Lett., 2000(25):

25-27.

[7] Stéphane Coen, Alvin Hing Lun Chau, Rainer Leonhardt and John D. Harvey. White-light supercontinuum generation with 60-ps pump pulses in a photonic crystal fiber [J]. Opt. Lett., 2001, 26: 1356-1358.

[8] John M. Dudley, Laurent Provino, Nicolas Grossard and HervéMaillotte. Supercontinuum generation in air-silica microstructured fibers with nanosecond and femtosecond pulse pumping [J]. J. Opt. Soc. Am. B., 2002, 19(4): 765-771.

[9] A. V. Avdokhin, S. V. Popov and J. R. Taylor. Continuous-wave, high-power, Raman continuum generation in holey fibers [J]. Opt. Lett., 2003, 28: 1353-1355.

[10] J. C. Travers, A. B. Rulkov, B. A. Cumberland, S. V. Popov and J. R. Taylor. Visible supercontinuum generation in photonic crystal fibers with a 400 W continuous wave fiber laser [J]. Opt. Express., 2008, 16: 14435-14447.

[11] C. L Xiong, Z. L Chen and W. J. Wadsworth. Dual-Wavelength-Pumped supercontinuum Generation in an All-Fiber Device [J]. Journal of lightwave tech., 2009, 27: 1638-1643.

[12] Jae Hun Kim and Meng-Ku Chen. Broadband supercontinuum generation covering UV to mid-IR region by using three pumping sources in single crystal sapphire fiber [J]. Opt. Express., 2008, 16(19): 14792-14800.

[13] Pierre-Alain Champert, Vincent Couderc. White-light supercontinuum generation in normally dispersive optical fiber using original multi-wavelength pumping system [J]. Opt. Express., 2004, 12(19): 4366-4371.

[14] 王彦斌,侯静,梁冬明,陆启生,陈子伦,李霄,刘诗尧,袁立国. 光子晶体光纤正常色散区超连续谱产生的研究[J]. 中国激光,2010,37(4):1073-1077.

[15] J. Chandalia, B. Eggleton, R. Windeler, et al. Adiabatic coupling in tapered air-silica microstructured optical fiber [J]. IEEE Photonics Technology Letters, 2001, 13(1): 52-54.

[16] Jesper Lægsgaard, and Anders Bjarklev. Reduction of coupling loss to photonic crystal fibers by controlled hole collapse: a numerical study [J]. Opt. Communication., 2004, 237, 431-435.

[17] 王彦斌,陈子伦,侯静,陆启生,梁冬明,张斌,彭杨,刘晓明. 光子晶体光纤模场直径增加方法[J]. 强激光与粒子束,2010,22(7):1491-1494.

[18] G. E. Town and J. T. Lizier. Taperd holey fibers for spot-size and numerical-aperture conversion [J]. Opt. Lett., 2001, 26: 1042-1044.

[19] M. J. Gander, R. McBride, J. C. C. Jones, et al. Measurement of the wavelength dependence of beam divergence for photonic crystal fiber [J]. Opt. Lett., 1999, 24: 1017-1019.

[20] Jay W. Dawson, Michael J. Messerly, Raymond J. Beach, et al. Analysis of the scalability of diffraction-limited fiber lasers and amplifiers to high average power [J]. Opt. Express., 2008,

16：13240-13266.

[21] Xiao Li-min, M. S. Demokan, Jin Wei, et al. Fusion Splicing Photonic Crystal Fibers and Conventional Single-Mode Fibers: Microhole Collapse Effect [J]. Journal of lightwave technology., 2007,16：3563-3574.

[22] Bruno Bourliaguet, Claude Paré, Frédéric Émond, et al. Microstructured fiber splicing [J]. Opt. Express., 2003, 11：3412-3417.

[23] J. H. Chong and M. K. Rao. Development of a system for laser splicing photonic crystal fiber [J]. Opt. Express., 2003,11：1365-1370.

[24] A. Kudlinski and A. Mussot. Visible cw-pumped supercontinuum [J]. Opt. Lett., 2008, 33：2407-2409.

[25] A. Kudlinski, V. Pureur, G. Bouwmans and A. Mussot. Experimental investigation of combined four-wave mixing and Raman effect in the normal dispersion regime of a photonic crystal fiber [J]. Opt. Lett., 2008, 33(21)：2488-2490.

[26] J. C. Travers, A. B. Rulkov, B. A. Cumberland, S. V. Popov and J. R. Taylor. Visible supercontinuum generation in photonic crystal fibers with a 400W continuous wave fiber laser [J]. Opt. Express., 2008, 16：14435-14447.

[27] B. A. Cumberland, J. C. Travers, S. V. Popov and J. R. Taylor. 29 W High power CW supercontinuum source [J]. Opt. Express., 2008, 16：5954-5962.

[28] Chen Z, Xiong C, Xiao L M, Wadsworth W J, and Birks T A. More than threefold expansion of highly nonlinear photonic crystal fiber cores for low-loss fusion splicing [J]. Opt. Lett., 2009, 34(14)：2240-2242.

[29] Wang Yan-Bin, Hou Jing, Chen Zi-Lun, Chen Sheng-Ping, Song Rui, Li Ying, Yang Wei-Qiang, Lu Qi-Sheng. High-Efficiency Supercontinuum Generation at 12.8 W in an All-Fiber Device [J]. CHIN. PHYS. LETT. 2011, 28(7)：1-4.

[30] S. P. Chen, H. W. Chen, J. Hou, and Z. J. Liu. 100 W all fiber picosecond MOPA laser [J]. Opt. Express., 2009, 17(26)：24008-24012.

[31] Boris T. Kuhlmey Thomas P. White Gilles Renversez and Daniel Maystre Lindsay C. Botten C. Martijn de Sterke Ross C. McPhedran, Multipole method for microstructured optical fibers. Ⅱ. Implementation and results [J]. J. Opt. Soc. Am. B., 2002, 19(10)：2331-2340.

[32] Ranka J K, Windeler R S, and Stentz A J. Optical properties of high-delta air silica microstructure optical fibers [J]. Opt. Lett., 2000, 25(11)：796-798.

[33] Jeunhomme L B. Single-Mode Fiber Optics [M]. MarcelDekker: New York., 1990：86-90.

[34] Akhmediev N and Karlsson M. Cherenkov radiation emitted by solitons in optical fibers [J]. Phys. Rev. A., 1995, 51(3)：2602-2607.

[35] 阿戈沃(G. P. Agrawal)著,贾东方,余震虹,等译. 非线性光纤光学原理及应用(第二版)[M]. 北京:电子工业出版社,2010:6.

[36] A. V. Husakou and J. Herrmann. Supercontinuum generation of higher-order solitons by fission in photonic crystal fibers [J]. Phys. Rev. Lett., 2001, 87: 203901-203904.

[37] A. V. Husakou and J. Herrmann. Supercontinuum generation of higher-order solitons by fission in photonic crystal fibers [J]. Phys. Rev. Lett., 2001, 87: 203901-203904.

[38] Akheelesh K. Abeeluck and Clifford Headley. Continuous-wave pumping in the anomalous- and normal-dispersion regimes of nonlinear fibers for supercontinuum generation [J]. Opt. Lett., 2005, 30(1): 61-63.

[39] E. Räikkönen, G. Genty, O. Kimmelma, and M. Kaivola. Supercontinuum generation by nanosecond dual-wavelength pumping in microstructured optical fibers [J]. Opt. Express., 2006, 14: 7914-7923.

[40] A. Kudlinski, A. K. George, J. C. Knight, J. C. Travers, A. B. Rulkov, S. V. Popov and J. R. Taylor. Zero dispersion wavelength decreasing photonic crystal fibers for ultraviolet-extended supercontinuum generation [J]. Opt. Express., 2006, 14: 5715-5722.

[41] J. C. Travers, S. V. Popov and J. R. Taylor. Extended blue supercontinuum generation in cascaded holey fibers [J]. Opt. Lett., 2005, 30(23): 3132-2134.

[42] A. V. Avdokhin, S. V. Popov and J. R. Taylor. Continuous-wave, high-power, Raman continuum generation in holey fibers [J]. Opt. Lett., 2003, 28: 1353-1355.

[43] J. C. Travers, R. E. Kennedy, S. V. Popov and J. R. Taylor. Extended continuous-wave supercontinuum generation in a low-water-loss holey fiber [J]. Opt. Lett., 2005, 30: 1938-1940.

第 8 章　超连续谱的应用

超连续谱的突出优点是光谱范围极宽和相干性好，这使得它广泛应用于多信道通信光源、非线性光谱学、光学相干层析、光频率计量学、光电对抗等众多领域和方面。

8.1　多信道通信光源

波分复用(Wavelength Division Multiplex，WDM)技术是将一系列载有信息、但是波长不同的光信号合成一束，沿着单根光纤传输；在接收端再采用某些方法，将各个不同波长的光信号分开的通信技术。这种技术可以同时在一根光纤上传输多路信号，每一路信号都由某种特定波长的光来传送，这就是一个波长信道；需要每个信道都用窄带宽的激光器，例如分布反馈(distributed feedback，DFB)半导体激光器。两个相邻信道间的波长差或者载频差称为信道间隔，其典型值从 25 GHz 到 100 GHz 不等，实际应用中所选择的激光波长要与国际电信联盟(International TelecommunicationUnion，ITU)规定的载频差精确匹配。

当信道数目较多时，对每一个信道都使用单独的光发射机就变得不太现实，因为这些光发射机都包含一个固定波长的 DFB 激光器，这在密集波分复用系统中很常见。20 世纪 90 年代，人们找到了一种独特的解决方法[1-4]，就是通过利用光纤中的超连续谱技术来产生宽带光谱，然后使用均匀频带间隔的光学滤波器进行谱切片。为增加超连续谱的谱宽而特别设计的高非线性光纤，很快就得到发展并应用于基于超连续谱的 WDM 光源。[5-10]2003 年，利用此方法实现的多信道 WDM 发射机已可提供符合 ITU 标准的 1 000 个信道。[11-14]

在此基本思想的一个早期实现中，T. Morioka 等人利用增益开关半导体激光器产生的皮秒脉冲首先经过掺铒光纤放大器(Erbium Doped Fiber Amplifier，EDFA)放大，然后通过 4.9 km 长的标准单模光纤进行频谱展宽，最终实现了 80 nm 宽的超连续谱。[2]

输出脉冲通过一个能够解复用作用的双折射周期光学滤波器后产生信道间隔为 1.2 nm 的 40 个信道，覆盖了 1 525～1 575 nm 波长范围的所谓 C 波段。在 1996 年的一个实验中，T. Morioka 等人又采用 10 GHz 重复频率的谐波锁模光纤激光器来产生单一的超连续 WDM 光源，并成功用于 1 Tbps 的光波系统中。[4] 图 8.1 为此光源的设计示意图，其中 ML-EDFRL 代表环形腔锁模掺铒光纤激光器。此实验和稍后的实验均使用了基于硅基二氧化硅技术制造的 AWG(阵列波导光栅)滤波器，可产生信道间隔小于或等于 1 nm 的多个 WDM 信道。

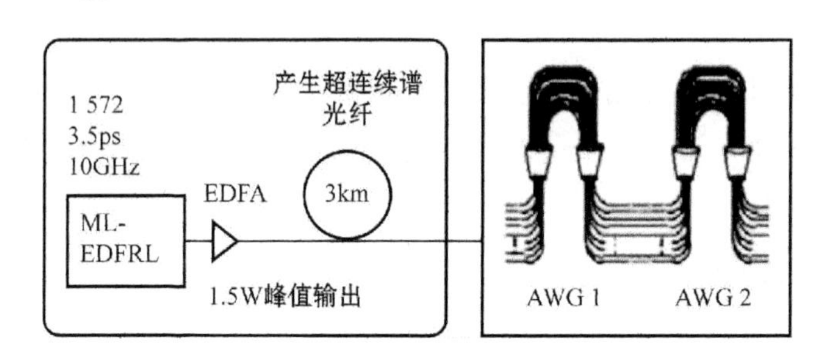

图 8.1　基于超连续谱谱切片的光纤 WDM 光源

在 2000 年 H. Takara 等人[8]基于超连续谱技术可用来产生 1 000 个信道，信道间隔仅为 12.5 GHz。2003 年，F. Futami 等人基于此技术的光发射机产生了信道间隔为 50 GHz 的符合 ITU 标准的光载波，频谱范围从 1 425 nm 延伸到 1 675 nm，覆盖了 S、C 和 L 这 3 个波段。[12] 2005 年，H. Takara 等人利用信道间隔仅为 6.25 GHz 的单一超连续 WDM 光源，实现了 2.67 Gbps 比特率的 1 000 多个信道的现场传输实验。[13] 此实验并没有使用锁模激光器，而是对半导体激光器输出的连续光以 6.25 GHz 频率进行相位调制。图 8.2 为 T. Ohara 等人实现此 WDM 光源的示意图[14]，标准单模光纤的色散将相位调制转化为振幅调制，从而产生了 6.25 GHz 的脉冲序列，此脉冲序列被放大后注入具有凸形色散曲线的保偏色散渐减光纤(即图中的 SC 光纤)中，结果产生了 80 nm 宽的超连续谱。尽管在整个频谱范围内各信道的功率并不相同，但还是成功地将数据在光纤中传输了 126 km。

8.2　非线性光谱学

光谱学是一门通过光谱来研究电磁波与物质相互作用的学科，非线性光谱学是借助介质的各种非线性效应产生和利用光谱而发展起来的一个分支。超连续谱的一个重要应用就是光谱学，事实上，基于光纤的超连续谱光源在泵浦-探测光谱学[15]、相干拉曼

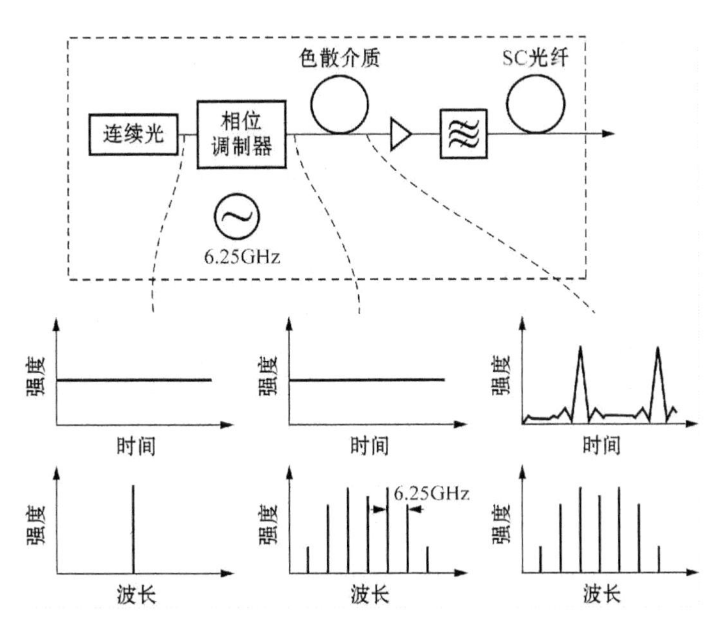

图 8.2　1 000 个信道的 WDM 发射机，3 个图分别表示虚线所指位置的时域频域图

光谱学[16]、近场光学显微术[17]和其他相干非线性光谱学中有不同的应用，这些技术可应用于生物样品成像和未知分子种类的识别。早在 2002 年就有了飞秒光谱仪，V. Nagarajan 等人利用超连续谱作为宽带探针，通过交叉相位调制与超短泵浦脉冲在样品内相互作用。[15]后来，M. Punke 等人采用类似的方案用于半导体激光器中载流子动力学的超快测量[18]。

非线性成像的一种常用技术是利用相干反斯托克斯拉曼散射（Coherent Anti-Stokes Raman Scattering，CARS）显微镜[19-28]，其工作原理如图 8.3 所示。将泵浦脉冲和斯托克斯脉冲聚焦到样品上，这两种脉冲源于同一锁模激光器，但探测脉冲被入射到微结构光纤中，H. N. Paulsen 等人利用超连续谱产生进行频谱展宽[19]。当它们的频率差 $\omega_p-\omega_s$ 恰好接近特定分子的振动共振频率时，通过类似 FWM 的过程就会产生一个频率为 $2\omega_p-\omega_s$ 的蓝移的反斯托克斯信号。由于探测谱的宽带特性，不同分子通过 CARS 过程辐射不同波长的波，于是通过样品成像就可以容易区分它们。

在 2003 年的一个实验中，将锁模钛宝石激光器发射的 50 fs 脉冲注入 4 cm 长的 PCF 中，所得超连续谱从 625 nm 延伸到 900 nm，如图 8.4(a)所示，其中的小插图为输入的 50 fs 脉冲的频谱图。泵浦脉冲和斯托克斯脉冲通过 CARS 显微镜，并对玻璃板上一层直径为 4.8 μm 的聚苯乙烯珠粒成像。最终的 CARS 信号和图像如图 8.4(b)所示，可以看到此实验的分辨率在 5 μm 以下。

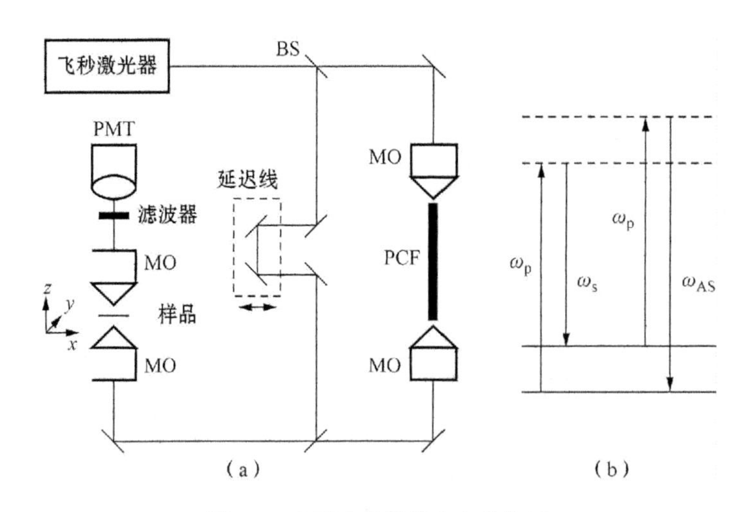

图 8.3 CARS 显微镜和相关能级

(a) BS、MO 和 PMT 分别表示分束器 (b) 显微物镜和光电倍增管

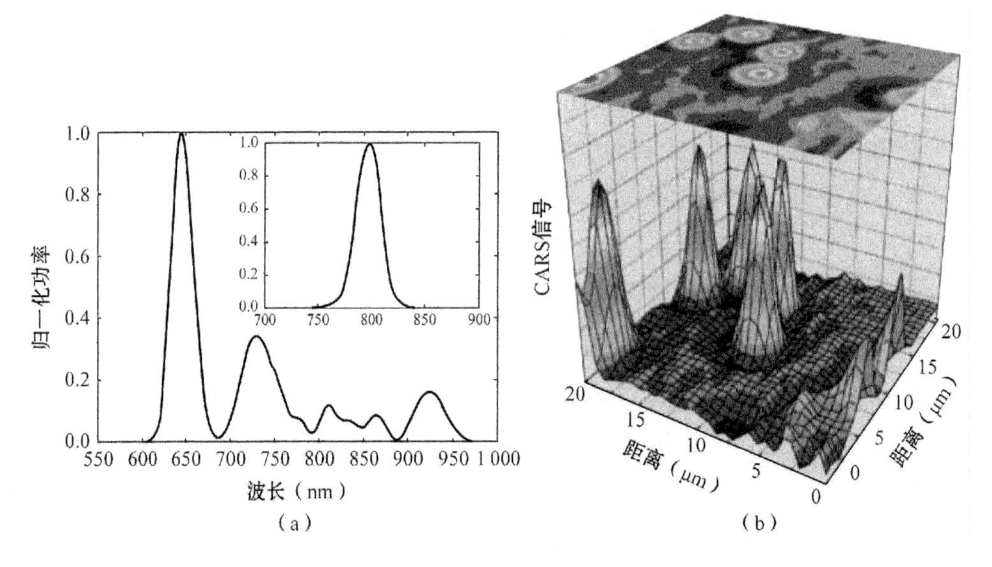

图 8.4 用 4 cm 长的 PCF 产生的超连续谱及用其对聚苯乙烯珠粒成像

(a) 产生的超连续谱 (b) 对聚苯乙烯珠粒的成像

CARS 显微镜广泛用于生物样品成像,而光纤超连续谱的使用让这一方法变得相当实用。在 2005 年的一个实验中,H. Kano 等人将 CARS 技术用于对一个活体酵母细胞成像[23]。因为斯托克斯脉冲的超宽带频谱,所以可同时探测多个振动共振。H. Kano 等人后来发现,除了 CARS 信号之外,多电子态也可以通过双光子吸收过程激发,从而产生双光子荧光信号[25]。这两种非线性信号的组合使对活体细胞内部结构的清晰成像成为可能。图 8.5 为活体酵母细胞成像图,其细胞核被绿荧光蛋白质标记。此图

可分辨线粒体、隔膜和细胞核等细胞器。图8.5(a)中的CARS光谱为图8.5(b)中两打叉处的光谱，对应2840 cm^{-1}拉曼位移的主峰为CH_2分子的伸缩振动模式。

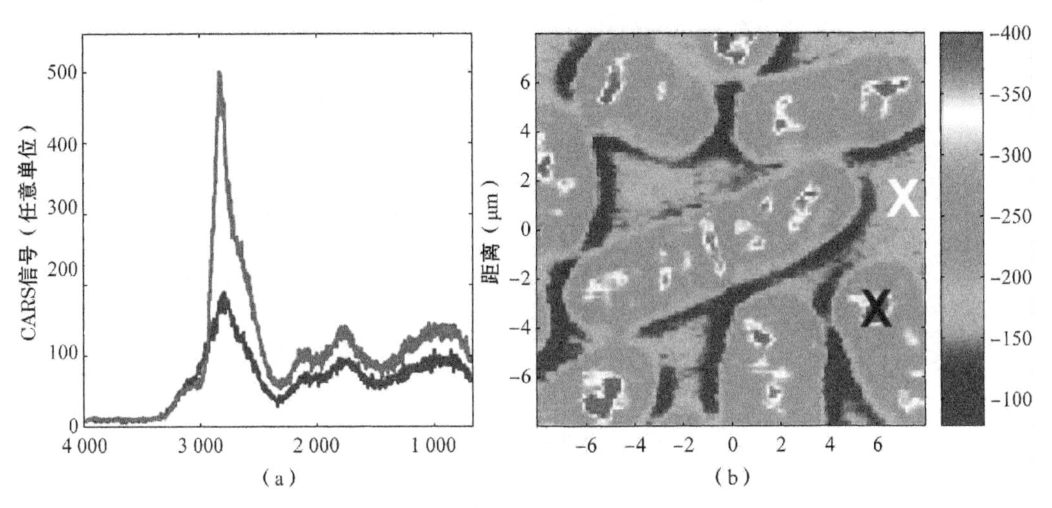

图8.5　活体酵母细胞(红色线)和周围水(蓝色线)的CARS；2840 cm^{-1}拉曼位移的CARS图像
(a) 拉曼位移(cm^{-1})　(b) 距离(μm)

2002年，N. Dudovich等人在《自然》提出了一种利用相干控制概念的单光束CARS技术[29]。后来，B. von Vacano等人将此技术用于光纤超连续谱光源[26]，该方案的基本思想如图8.6所示，它由超连续谱发生器[见图8.6(a)]、脉冲整形器[见图8.6(b)]和成像机构[见图8.6(c)]组成。FI、XYZ、BS、FL、MO1、FM、SLM、SM1、KE和G1分别代表法拉第隔离器、压台、分束器、聚焦透镜、显微物镜、回转镜、空间光调制器球形镜、刀口和光栅。通常，CARS过程需要不同频率ω_p、ω_s和ω_{pr}的三条光束来产生频率为$\omega_p-\omega_s+\omega_{pr}$的CARS信号。当泵浦光起到频率为$\omega_{pr}$的探测器的作用时，只需要泵浦光和斯托克斯光。如果参与CARS过程的泵浦频率和斯托克斯频率可从一束宽频谱光中提取出来，那么就可以只使用这一束宽频谱光。使用共线结构可以成功地实现这种单束CARS技术，即通过将单光束聚焦于样品(通过显微物镜)产生CARS信号，在样品后插入一个带通滤波器即可只让CARS信号通过，从而对样品成像。

图8.6中的脉冲整形段[见图8.6(b)]为单光束CARS显微镜的关键部分。这里，用一个光栅将超连续谱中不同波长的分量在空间上分开，然后用空间光调制器改变不同频谱分量的相位，刀口阻断超连续谱中的蓝翼部分，以避免它干扰样品中的CARS信号。剩余频谱分量通过第二个光栅压缩成20 fs的短脉冲，空间光调制器引入的谱相位调制可以主动地将超连续谱整形为所需的任意形式。特别是，它可用来产生不同波长

的两个脉冲，分别作为样品中的泵浦脉冲和斯托克斯脉冲[27]。

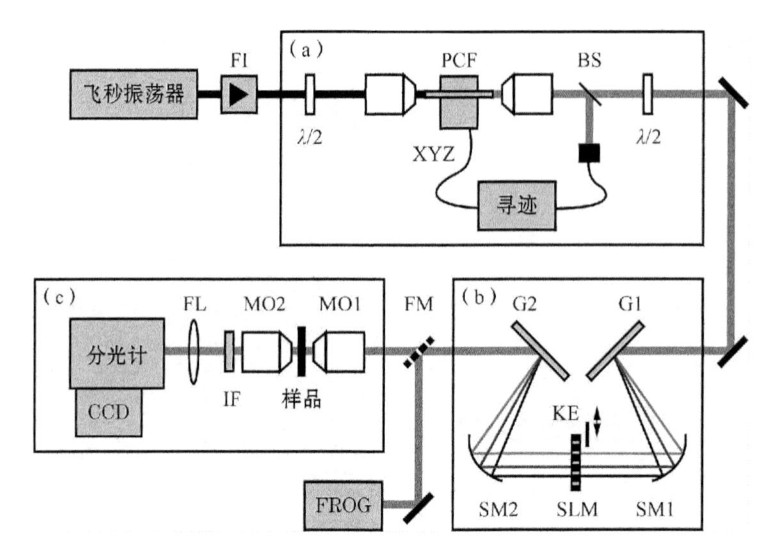

图 8.6 单光束 CARS 显微镜的实验装置图

8.3 光学相干层析

光学相干层析(Optical Coherence Tomography，OCT)是 20 世纪 90 年代逐步发展而成的一种新的三维层析成像技术，它利用宽带宽光源的短相干时间来改进成像分辨率[30-32]，能够提供高分辨率的生物组织甚至是活体的成像。最初用于 OCT 成像的超发光二极管可提供 40 nm 带宽，其分辨率可达 10～15 μm。此种光源不能分辨亚细胞结构，一些情况下甚至连单体细胞也不能分辨。由于飞秒锁模脉冲激光器具有宽带宽和短相干时间，因此可显著提高 OCT 的分辨率。在 1995 年 B. Bouma 等人的一个实验中[33]，使用钛宝石锁模激光器使 OCT 的分辨率达到了 3.7 μm。1999 年，W. Drexler 等人使用 5 fs 脉冲(谱宽超过 250 nm)对活体生物样品成像，分辨率接近 1 μm。[34]

图 8.7 是 W. Drexler 等人的一个利用飞秒脉冲的高分辨率 OCT 系统实验装置图[34]，其中 CL、D1、FC、PC、OL、BK7 和 FS 分别代表耦合透镜、检测器、光纤耦合器、偏振控制器、物镜、玻璃棱镜和熔石英。它实际上是一台迈克尔逊干涉仪，生物样品作为其中一臂的反射镜。通过 XY 平台，样本被二维扫描。因光聚焦在样品上位置的不同，样品的反射率也不同，因此可以对样品扫描成像。只有当两臂光程差小于相干长度 $l_c = c/(n_s \Delta\nu)$ 时，才能形成干涉图样，其中 n_s 为样品折射率，$\Delta\nu$ 为光源带宽。要达到 1 μm 的纵向分辨率就要求 $\Delta\nu$ 接近 200 THz。即使是 100 fs 的脉冲，其带宽也小于 10 THz。

事实上，在1999年的实验中，为实现1 μm的分辨率，使用了钛宝石激光器，其发射的脉冲宽度小于两个光学周期(小于6 fs)。

使用超短脉冲的一个基本限制是色散效应。如果参考臂和样品臂之间存在较大的色散失配，就会降低OCT系统的分辨率。因此图8.7中的参考臂加入BK7棱镜和可变厚度熔石英平板，以保证两干涉臂的色散匹配。[34]通过调节石英板厚度来补偿光纤长度的差异，BK7棱镜用于抵消高阶色散效应。为尽可能减小强度起伏所产生的影响，采用了平衡探测器方案。图8.7所示的OCT系统有超高分辨率，可对活体亚细胞结构成像。需要强调的是，对于现场应用来说，即使是这样的系统仍不能做到真正实用。

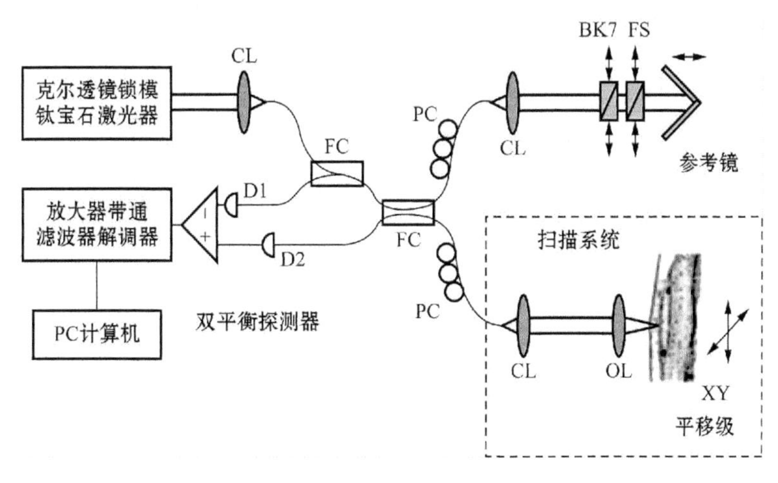

图8.7　使用锁模钛宝石激光器作为宽带光源的OCT系统

随着高非线性光纤的出现，2000年情况就发生了变化，因为利用100 fs甚至更宽的脉冲泵浦高非线性光纤，可得到带宽超过200 THz的超连续谱。此时可将图8.7所示的系统装置稍作改变，即在锁模激光器后加入一小段微结构光纤。事实上，在实验室中产生超连续谱不久，就采用了这种方法[35-44]。2001年，在最初I. Hartl等人的一个实验中，从锁模钛宝石激光器得到的100 fs脉冲被耦合进1 m长的微结构光纤中。[40]尽管产生了从400 nm延伸到1 600 nm的超连续谱，但仍使用中心波长为1 300 nm的干涉滤波器选择出370 nm宽的谱切片，它用于OCT系统时可提供2 μm的纵向分辨率。

2002年，B. Povazay等人将波长为800 nm且脉宽为亚10 fs的脉冲注入6 mm长的PCF中，产生从550 nm延伸到950 nm的超连续谱，将其用于OCT系统可得到约为0.5 μm的分辨率[35]。如果用锁模光纤激光器作为飞秒脉冲源，则可以避免使用体积庞大的钛宝石激光器。早在2003年，一种结构紧凑的光源就被用于OCT成像，它使用脉冲掺铒光纤激光器和微结构光纤来产生 1 100～1 800 nm 的超连续谱[37]，使 OCT 成像的纵向分辨率达到了 1.4 μm。在 2004 年的一个实验中[39]，使用一台工作于 1.55 μm 波长的被动锁模掺铒光纤激光器来产生 1.4～1.7 μm 的超连续谱，但分辨率被限制在 5.5 μm 左右。在后来的一个实验中，使用了 1 050 nm 波长的锁模掺镱光纤激光器[41]。图 8.8 所示为将脉冲首先用掺镱光纤放大器放大，然后注入 2 m 长的 PCF 中所产生的超连续谱。

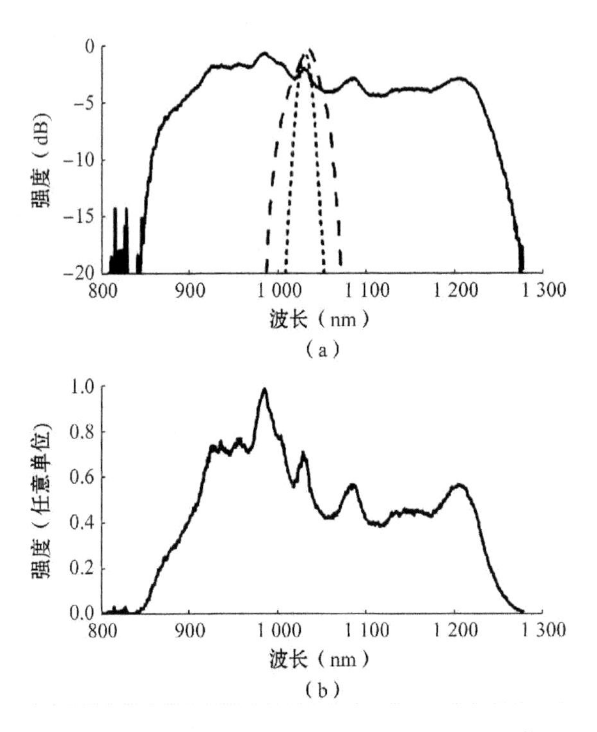

图 8.8　采用对数标度和线性标度的超连续谱①
(a) 对数标度　(b) 线性标度

由于图 8.8 中的超连续谱带宽超过了 300 nm，预期纵向分辨率可接近 1 μm，然而由于强度曲线不均匀和其他一些因素，导致生物组织内的实际分辨率在 1.5 μm 左右。图 8.9 为通过这个基于光纤的系统得到的 OCT 图像[41]。其中，图 8.9(a)图像为(2×0.4)mm 的牛骨，图 8.9(b)的图像为(2×0.4)mm 的洋葱皮，图 8.9(c)的图像为活体非洲蝌蚪眼附近(1×0.4)mm 的面积，每个图中的比例条都代表 100 μm。这些结果表明这是一台便携式光纤 OCT 系统，这样的生物医学设备在医疗机构中极为有用。

---

① 虚线和点线分别表示激光脉冲和放大脉冲的频谱。

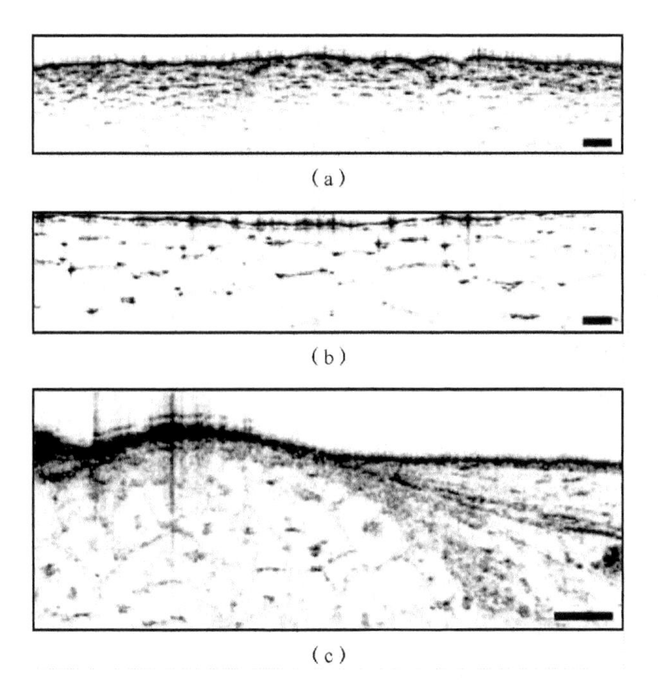

图 8.9 用掺镱光纤激光器的 OCT 系统获得的生物样品图像
(a) (2×0.4)mm 的牛骨 (b) (2×0.4)mm 的洋葱皮
(c) 活体非洲蝌蚪眼附近(1×0.4)mm 的面积

微结构光纤应用于 OCT 的另一项好处是它允许色散修饰。正如 9.1 节讨论的微结构光纤可以有两个比较靠近的零色散波长,在这两个零色散波长之间群速度色散参量 β_2 有较小的负值(反常 GVD)。当在 1 060 nm 波长泵浦时,通过适当设计的这种光纤能产生分别以 800 nm 和 1 300 nm 为中心的两个较宽的谱带。图 8.10 为将钕玻璃激光器产生的 85 fs 脉冲注入 1 m 长的 PCF 中所产生的超连续谱[42],该 PCF 以 1 060 nm 为中心有两个距离较近的零色散波长,当用 78 mW 的平均功率泵浦光纤时可同时产生两个谱带,其中以 800 nm 为中心的谱带的半极大全宽度为 116 nm,以 1 300 nm 为中心的谱带的宽度为 156 nm。由于它们的带宽足够大,因而可以用该光源两个不同谱带产生 OCT 图像,其中 800 nm 处的分辨率为 5 μm,1 300 nm 处的分辨率为 3 μm。

用微结构光纤产生超连续谱的缺点是,超连续谱有很大噪声并伴有明显的内在结构,这取决于输入条件。OCT 应用要求频谱平滑的宽带光源,因此能够产生平滑频谱的输入条件引起人们的极大关注。总体上说,如果输入脉冲在光纤的正常色散区($\beta_2>0$),那么所得频谱就会平滑得多,尽管这会减少其带宽;如果为了增大带宽而必须要求脉冲在光纤反常色散区,那么产生平滑频谱一般就需要短泵浦脉冲。[45]如果光纤中存在双折射,则还可以通过调整泵浦脉冲的偏振态来得到平滑的频谱。在一项研究中使用

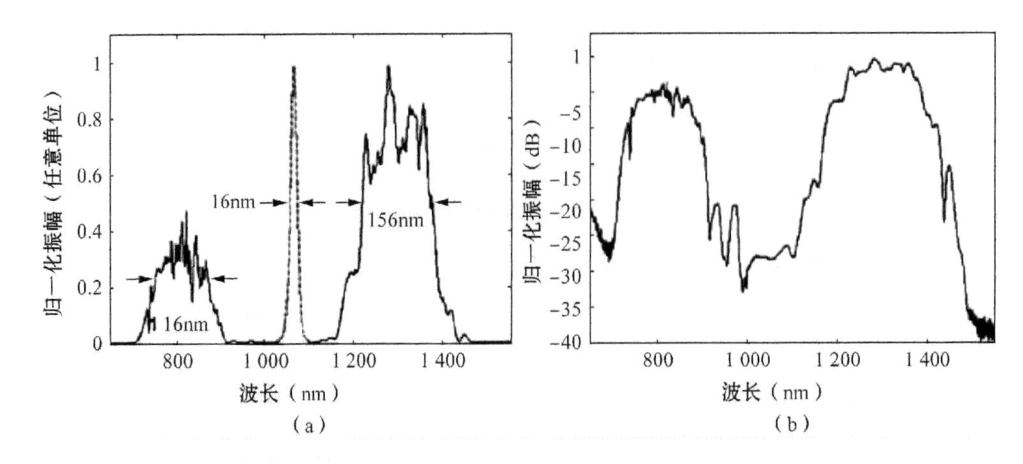

图 8.10　由钕玻璃激光器产生的 85 fs 脉冲注入 1 m 长的 PCF 中产生的超连续谱
(a) 线性显示　(b) 对数显示

了所有这些技巧，旨在优化类似图中的双带超连续谱。[43]

在 2007 年的一个实验中[44]，使用了专门设计的长为 0.8 m、芯径为 2.3 μm 且没有零色散波长的 PCF。图 8.11 给出了色散参量 D 随波长的变化及 PCF 的结构。此光纤对任意波长均表现为正常色散($\beta_2>0$)，β_2 的最小值出现在 1 μm 波长附近。将钕玻璃激光器产生的 1 060 nm 波长的 130 fs 脉冲注入此光纤中，得到了 800～1 300 nm 的平滑频谱，将其用于 OCT 成像时，空气中的纵向分辨率接近 2.8 μm(生物组织中的纵向分辨率小于 2.5 μm)。需要指出的是，通过修饰微结构光纤的色散特性，可相当灵活地对 OCT 系统的性能进行优化。

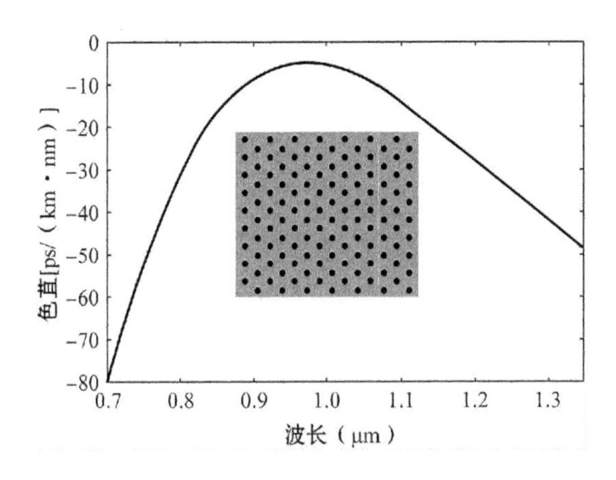

图 8.11　PCF 的色散参量 D 与波长的关系，插图给出了 PCF 的结构

8.4　光频率计量学

超连续谱的一个重要的应用是在频率计量学领域，该领域主要开发精确测量频率的技术。[46-48]对这种精确计量的需求源于基本时间单位(或时间标准)“秒”，它是根据铯原子在基态两个超精细结构能级对应的微波跃迁辐射的 9192631770 个周期来定义的，所谓的国际原子时间就是基于大量铯原子钟的统计平均值的一个时间尺度。

人们已经认识到，使用基于适当的原子跃迁的光学频率标准可改进时间标准的精度，并提出了几种可利用的原子跃迁。[46]然而，在任何新频率标准被采用之前，我们应该尽可能精确地测量光频。为此，通常使用频率梳[48]。频率梳由大量等间隔谱线组成，可作为频率测量的尺度。

20 世纪 90 年代，人们努力发展了多种频率梳技术[49-55]，甚至用光纤中的自相位调制来扩展光梳的频率范围。在 1998 年的一项研究中，自相位调制感应的频谱展宽使频率梳覆盖了 30 THz 范围。[51]当使用 $LiNbO_3$ 调制器以 6.06 GHz 的频率对连续半导体激光器的输出进行调制时，所得脉冲序列的频率梳达到了 7 THz。再将此脉冲序列在 1 km 长的色散平坦光纤中传输，自相位调制将频率梳范围增加到 50 THz。[52]这通常被看成超连续谱应用于光频率计量学领域的最初尝试。

锁模激光器提供了一个极好的频率梳的例子，因为锁模脉冲的频谱从本质上看是等间隔谱线的形式[53]，谱线间隔等于脉冲重复频率(取决于腔长，可精确控制)。绝大多数锁模激光器的重复频率为 100 MHz 左右，但通过缩短腔长可将重复频率增加到 1 GHz。频率梳的频谱范围与锁模脉冲的时域宽度成反比，对于飞秒脉冲，频谱范围很容易超过 1 THz，特别是我们早先看到的钛宝石激光器，它能发射脉宽小于 10 fs 的脉冲，其频率梳范围可达 100 THz。确实，这种飞秒频率梳近年来引起了相当的关注。[56-60]

然而，此类频率梳的一个特点是使用前需要仔细地校对。图 8.12 给出了锁模脉冲序列的时域和频域图[58]，其中虚线为脉冲包络，垂直的虚线代表理想频率梳($\nu_n = nf_{rep}$)。正如图 8.12 所示，脉冲序列的电场周期性地出现峰值，以时间间隔 $T=1/f_{rep}$分开的两相邻脉冲之间的电场为零，这里重复频率为 $f_{rep}=c/L_{opt}$，其中 L_{opt} 为激光腔一次往返的光程。然而，电场的峰值并不与脉冲包络的峰值重合，而是以固定的速率从一个脉冲到下一个脉冲偏移，这就是所谓的载波包络相位失配 $\Delta\Phi$，它产生的原因是在锁模激光器腔内相速度和群速度不同。

图 8.12(b)所示的脉冲序列的频谱是频域中的载波-包络相位失配的结果。理想的

频率梳(垂直虚线)的第 n 条谱线的频率应满足 $\nu_n = nf_{rep}$,而激光频谱(实线)的谱线位置相对 ν_n 有一个与 $\Delta\Phi$ 有关的固定偏移量 f_0:[58]

$$f_0 = f_{rep}\Delta\Phi/(2\pi) \tag{8.1}$$

因为此载波-包络频率偏移,锁模脉冲序列的频率为:

$$f_n = nf_{rep} + f_0 \tag{8.2}$$

因此,如果将实际的锁模激光脉冲的频率梳用于测量,必须对偏移频率 f_0 进行精确测量,并且载波-包络相位 $\Delta\Phi$ 必须稳定,以确保 f_0 不随时间随机变化。

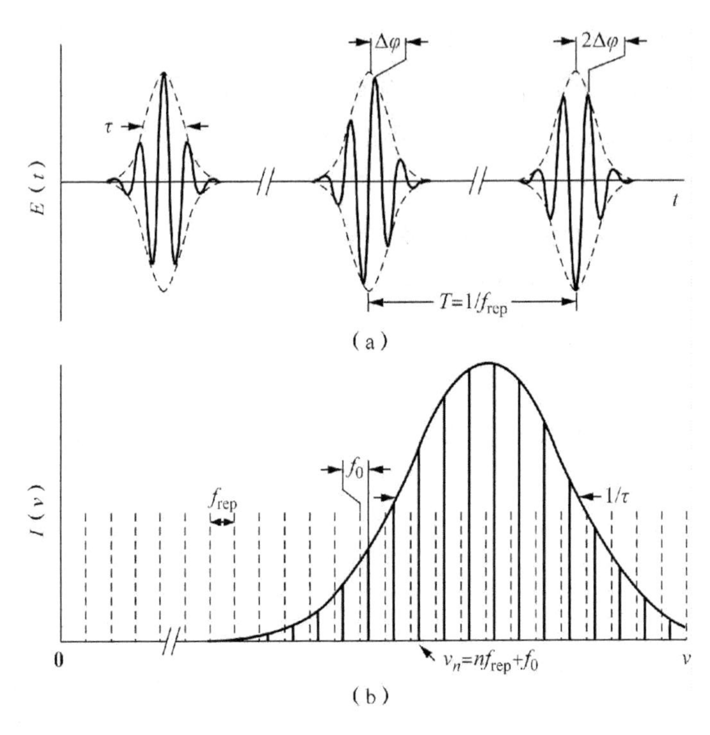

图 8.12 锁模脉冲序列电场的时域图和频域图
(a) 时域 (b) 频域

一种比较合适的测量 f_0 的方法是使用非线性晶体中的二次谐波产生过程。[58]假设频率梳宽到可以覆盖一个倍频程,即最高频与最低频的比值超过 2。如果使用非线性晶体将相对低的频率 f_n 加倍,然后用外差探测器将 $2f_n$ 与 f_{2n}进行相干混合,则得到的微波信号频率为

$$\begin{aligned} 2f_n - f_{2n} &= 2(nf_{rep} + f_0) - (2nf_{rep} + f_0) \\ &= f_0 \end{aligned} \tag{8.3}$$

这就使拍频严格等于偏移频率 f_0。此方案称为自参考(self-referencing),因为它仅使用

同一频率梳的两个频率而不借助外部的参考频率。一台工作频率非常稳定的连续激光器也可用于测量 f_0。

使用自参考方案的唯一问题在于锁模激光脉冲的频谱并不能覆盖一个倍频程，除非脉宽被压缩到一个光学周期以下。在实际应用中这并不容易实现，尽管钛宝石激光器的输出脉宽能够小于两个光学周期。此时就需要用光纤中的超连续谱产生技术来解决，正如在前面看到的，微结构光纤可以很轻易地将锁模激光脉冲的频谱展宽到一个倍频程以上。实际上，在 2000 年的一个实验中[61]，用 75 cm 长的微结构光纤将 100 fs 输入脉冲的频谱展宽，覆盖了 400～1 500 nm 的带宽。不久，此种微结构光纤就被用于测量偏移频率 f_0。[62-64]

在 2000 年的一个初期实验中[62]，将钛宝石激光器发射的 800 nm 波长的重复频率 100 MHz 的 10 fs 脉冲入射到 10 cm 长的微结构光纤中，图 8.13 对比了平均功率为 40 mW 的锁模脉冲输入频谱（虚线）和输出的超连续谱（实线），可见用如此短的光纤就可以将频谱展宽到覆盖一个倍频程。在此实验中，用式(8.3)所示的方法对一台碘稳频的 Nd：YAG 激光器的频率进行直接测量；同样的飞秒频率梳用于测量其他两台波长分别为 633 nm 和 778 nm 的激光器的光频，精度达到了 3 kHz。这些测量表明，频率梳的误差上限仅为 3×10^{-12}。在另一个实验中[64]，用 8 cm 长的 PCF 产生超连续谱，参考频率为 10 MHz。此实验的测量误差上限仅为 10^{-15}。很明显，通过微结构光纤中的非线性效应，极大地革新了光学频率计量学。

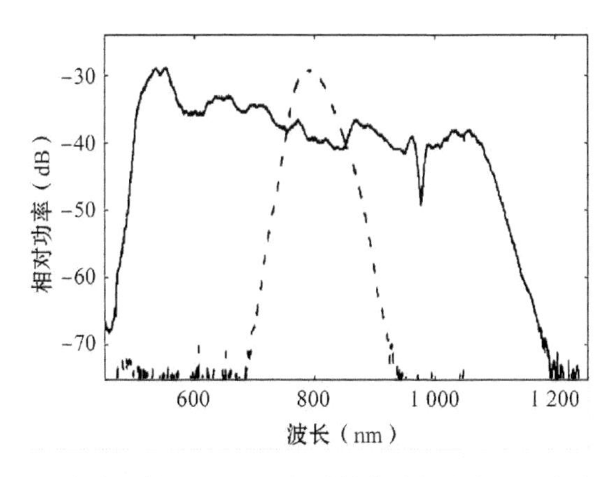

图 8.13　10 fs 脉冲入射到 10 cm 长的微结构光纤中产生的全光纤超连续谱

最近，使用锁模光纤激光器发展频率梳技术引起极大关注。[65-79]由于光纤激光器通常使用半导体激光器泵浦，因此它比钛宝石激光器更加轻便和紧凑，在频率计量中最常用的是波长为 1 550 nm 的掺铒光纤激光器。[66]2003 年，用图 8.14 所示的实验装置实现了覆盖一个倍频程的全光纤超连续谱光源[67]，图中被动锁模掺铒光纤激光器的重复频率为 33 MHz，它产生了中心波长为 1550 nm 的脉宽小于 200 fs 的脉冲，但平均功率限制在 7 mW 左右。

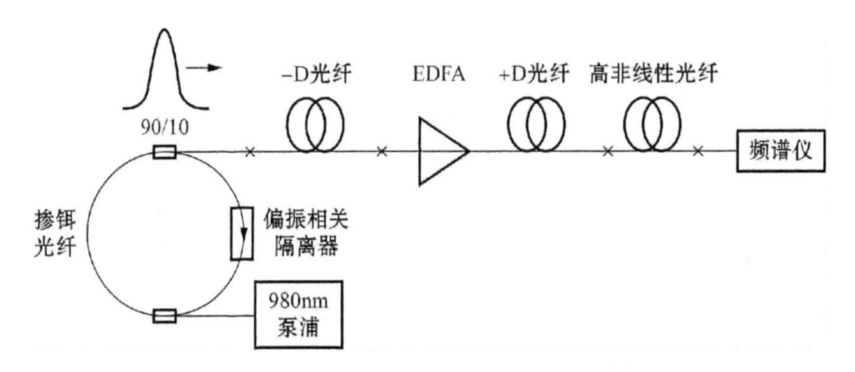

图 8.14 产生跨越一个倍频程的全光纤超连续谱的实验装置图

如此就很有必要使用掺铒光纤放大器(erbium-doped fiber amplifier，EDFA)并结合啁啾脉冲放大技术来提升平均激光功率。[67]在图 8.14 中，将 EDFA 夹在群速度色散分别为－D(正常色散)和＋D(反常色散)的两段光纤之间，可将锁模脉冲序列的平均功率提高到 50 mW，这足以在 $\gamma=8.5\ \mathrm{W}^{-1}/\mathrm{km}$ 的 6 m 长的普通高非线性光纤(非微结构光纤)中产生跨越一个倍频程的超连续谱。在此实验中，沿光纤长度方向改变色散大小是必要的，这是通过将 1550 nm 处的色散值分别为 3.8 ps/(km·nm)、2.2 ps/(km·nm)、0 和－2 ps/(km·nm)的四段光纤(每段 1.5 m 长)组合在一起实现的。图 8.15 对比了光脉冲分别从 6 m 长的色散修饰混合光纤的正反两端注入时的输出频谱，中间曲线为在

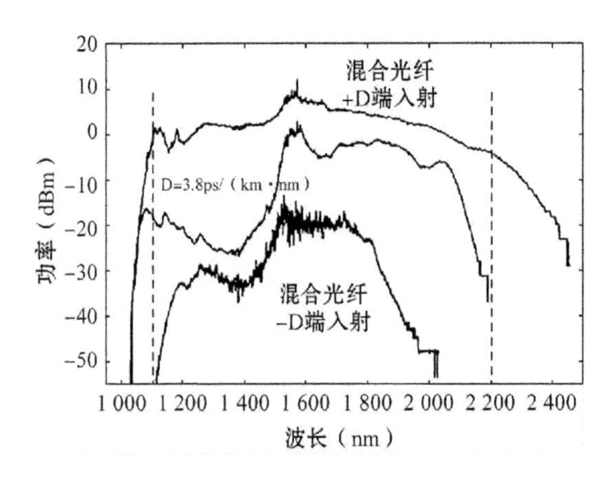

图 8.15 在 6 m 长的色散修饰混合光纤和 10 m 长的恒定色散光纤中产生的超连续谱

色散值恒为3.8ps/(km·nm)的10m长的光纤中产生的超连续谱,虚线标记了一个倍频程的范围。

在2004年的一个实验中[68],使用了8字形光纤激光器,它能提供重复频率为50MHz、脉宽为130fs且能量为50pJ的锁模脉冲,其平均功率为3mW。和前面一样,通过啁啾脉冲放大技术将其平均功率放大至100mW,脉宽被压缩至70fs,再将得到的脉冲序列注入23cm长的色散平坦光纤中,以产生跨越一个倍频程的超连续谱。用先前讨论过的自参考技术来表征由此得到的频率梳的特征,偏移频率f_0(约为15MHz)的测量误差为10mHz。

在另一个实验中[69],通过在掺铒光纤激光器的环形谐振腔中加入可调谐延迟线,实现了重复频率从49.3MHz到50.1MHz的调谐,图8.16为超连续谱产生和通过自参考方法测量f_0的实验装置,其中PZT、HNLF、BPF和SHG分别代表压电换能器、高非线性光纤、带通滤波器和二次谐波产生。掺铒光纤激光器产生210fs的孤子脉冲,然后将脉冲的平均功率放大到60mW,脉宽压缩到90fs,再将此脉冲注入$\gamma=10.6\,W^{-1}/km$的40cm长的高非线性光纤(非微结构)中,产生跨越一个倍频程的超连续谱。载波-包络的偏移频率是通过将2060nm波长和其二次谐波1030nm在干涉仪中混频来测量的。图8.17(a)为超连续谱,图8.17(b)为功率谱,其重复频率f_r附近的两个边带是由偏移频率f_0造成的。

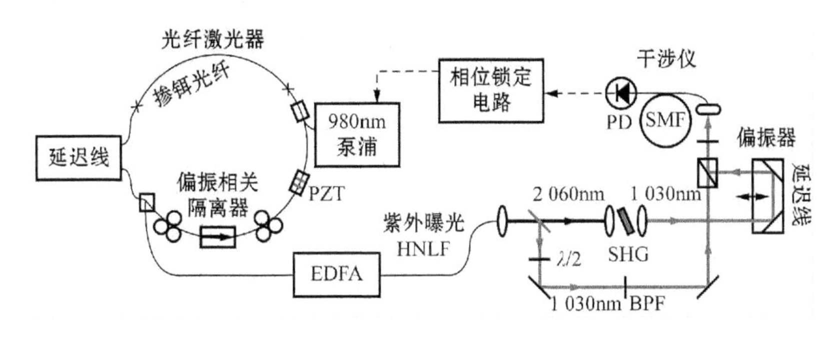

图8.16　使用锁模光纤激光器产生频率梳的实验装置图

2004年,展示了一种交钥匙的全光纤频率测量系统,它通过相位锁定技术将重复频率和载波-包络偏移频率锁定在氢微波激射器上,并用铯原子钟校准氢微波激射器的频率[70]。用这套设备可得到极为精确的全相位锁定光学频率梳,它被用于测量波长分别为1064nm和1542nm的两束激光的光频,相对准确度为2×10^{-14}。在另一个不同的方案中,锁模脉冲从同一台光纤激光器中产生,经3dB分束器分成两路后分别用两台并行的放大器进行放大。[71]一台放大器的输出用于相位锁定载波-包络偏移频率f_0,另一

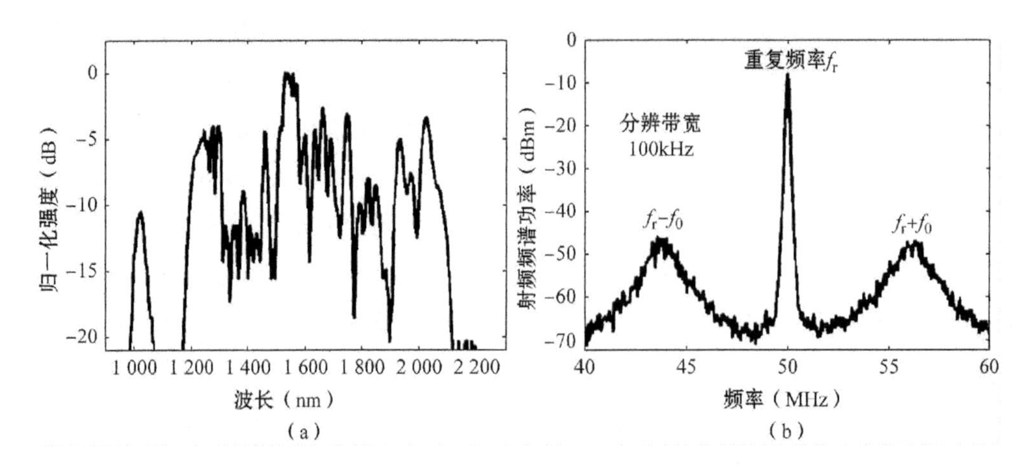

图 8.17　跨越一个倍频程的超连续谱和观察到的功率谱
(a) 超连续谱　(b) 功率谱

台放大器的输出可在可见光和近红外波段精确测量频率。在另一项研究中[72]，对两个基于光纤的频率梳进行了超过 10 小时的对比实验，测量频率的平均相对准确度在 6×10^{-16}以内。

测量载波-包络偏移频率所需的二次谐波是由非线性晶体产生的，它不易于集成到全光纤交钥匙系统中。在 2005 年的一个实验中[73]，用图 8.18 所示的实验装置解决了这个问题，其中 SA、EDF、FBG、HNLF、DCF 和 IF 分别表示可饱和吸收体、掺铒光纤、光纤布拉格光栅、高非线性光纤、色散补偿光纤和干涉滤波器。它用周期极化的 $LiNbO_3$ 波导(极化周期为 26.45 μm)对 2 128 nm 波长的激光倍频，锁模掺铒光纤激光器采用了由可饱和吸收镜和光纤布拉格光栅组成的 F-P 腔结构。

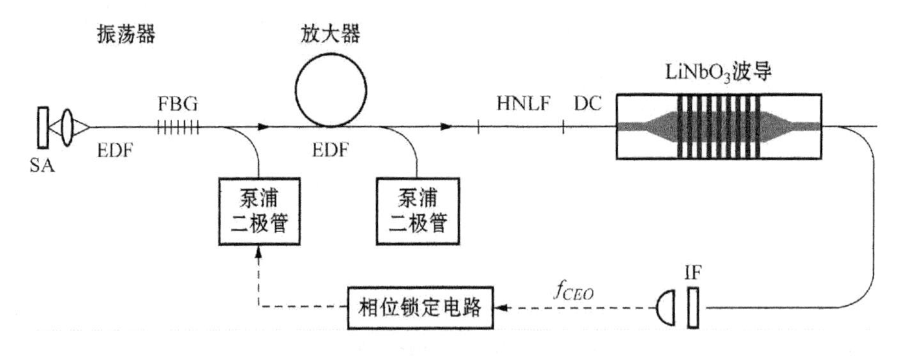

图 8.18　集成光纤基频率梳系统的实验装置图

所有基于光纤激光器的频率梳面临的一个共同问题是，用于泵浦光纤激光器的半导体激光器的强度噪声所引起的频率抖动。[74]泵浦激光噪声同时影响重复频率 f_r 和载波-包络偏移频率 f_0，表现为频率梳在激光输出的中心频率附近呈呼吸模运动。它导致频率梳的每条谱线都产生实质性的频谱展宽，尤其在整个频率梳的两翼，这种展宽表现更为明显，这就是图 8.17(b)中有相对宽的边带的原因。在 2006 年的一个实验中[75]，通过分布反馈环来减小泵浦激光的强度噪声，从而使这些边带的带宽从 250 kHz 减小到 1 Hz 以下。利用这种主动稳定机制，光纤基频率梳的噪声被有效降低；当平均测量时间持续 25 小时以上时，频率测量的相对准确度达到 5.7×10^{-15}[76]，而且系统的稳定性允许持续测量时间超过一星期。基于光纤激光器的频率梳的每条谱线的线宽已减小到 1 Hz，对应锁模脉冲的时间抖动小于 1 fs[77]，此项指标已经可以和用钛宝石激光器实现的频率梳相媲美。

8.5　超连续谱在光电对抗中的应用

电荷耦合器件(Charge-Coupled Device，简称 CCD)，由美国贝尔实验室 W. S. Boyle 和 G. E. Smith 于 1969 年首次提出[80]，并于 1970 年研制成功[81]。由于 CCD 具有光电转换、信息储存等功能，迅速进入人们的视野，引起了科研机构和研制厂家的广泛关注[82-86]。发展至今，已具有体积小、功耗低、寿命长、灵敏度高、分辨率高、动态范围大等优点，而被广泛应用于工业、农业、科研、军事等各个领域[87-90]。2002 年，著名激光技术专家赵伊君院士在国内激光应用研讨会上提出，超连续谱激光源光谱可控、范围极宽，能够覆盖光电传感/探测设备的整个工作波段，无法进行防护，堪称未来光电对抗的“完美光源”。因此，有关超连续谱激光源对抗 CCD 的研究很快展开。[91]

8.5.1　超连续谱对抗 CCD 的实验组成与布局

图 8.19 是超连续谱激光源对抗 CCD 的实验组成与布局图[91]。首先，介绍实验的各部分组成。超连续谱激光源 SC-450-8，其输出光谱如图 8.20 所示，波长范围从 454 nm 到 1 750 nm，中心波长为 1 060 nm。分光镜是 20/80 型号的分光镜，可将激光分成两路，20％的激光能量入射到功率计上，用于实时测量激光器的输出功率，并通过计算得到面阵 CCD 相机入瞳处的光功率密度；80％的激光能量用于开展对抗 CCD 实验。实验使用的可见光面阵 CCD 相机的型号为 BC131A1，面阵 CCD 所用的芯片为 SONY ICX405AL 黑白图像传感器，该芯片的具体规格参数为：感光面积 5.59 mm×4.68 mm，像元大小 9.8 μm(水平)×6.3 μm(垂直)；衬底材料为 Si，在 F 数为 1.2 时的最低照度 0.05 Lux，光谱响应曲线如图 8.21 所示。比较图 8.20 超连续谱的输出光谱和图 8.21 面阵 CCD 的光谱

响应曲线,可以发现超连续谱的波长范围完全覆盖 CCD 的整个工作波段,因而是未来光电对抗的“完美光源”。

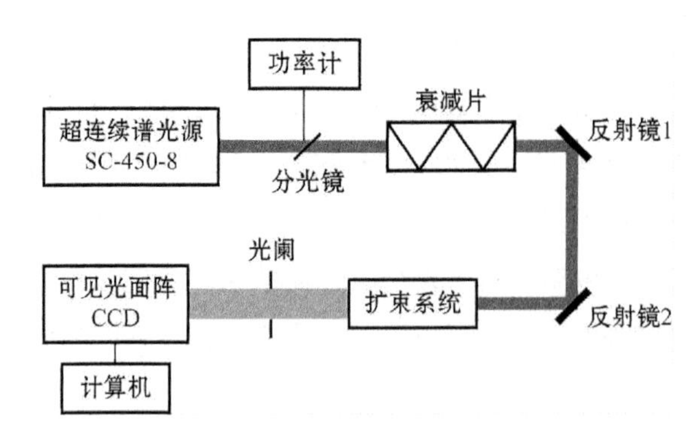

图 8.19 超连续谱对抗 CCD 的实验布局

实验的流程为:如图 8.19 所示,超连续谱激光源的输出光经过 20/80 分光镜分为两路,一路监测功率,一路对抗实验;光路中添加衰减片组,通过改变其种类和数量,来实现对面阵 CCD 相机入瞳处激光功率密度的调节。反射镜 1 和反射镜 2 可滤出主光轴以外的杂散光,还可以改善光束的平行度。紧接着在光路中加入扩束系统,用于对超连续谱激光源扩束,一方面保证光束可覆盖光学镜头口径,另一方面也可改善光束的平行度。可变光阑调节入射到光学镜头上激光束的直径。实验采用的 CCD 为可见光面阵 CCD,在其光敏面前安装一个焦距 $f=50$ mm 的光学镜头,由于物距远大于焦距,近似认为光敏面与镜头焦平面基本重合。调节光学镜头,使得入射光束经镜头会聚后辐照在光敏上的能量尽可能集中。

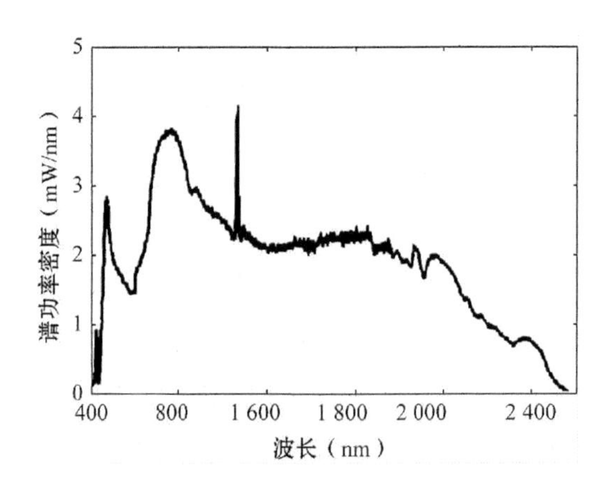

图 8.20 超连续谱激光源的输出光谱

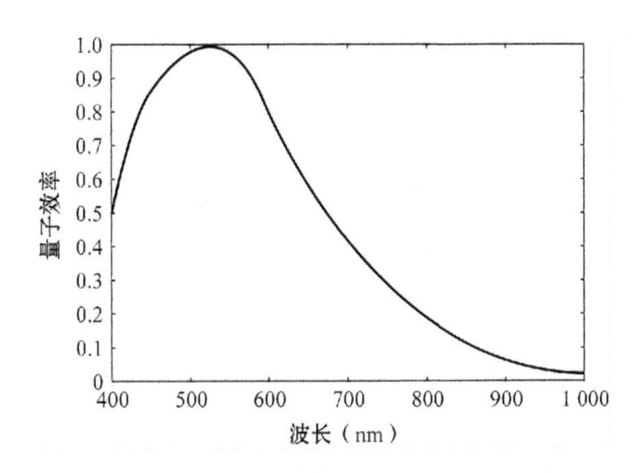

图 8.21　可见光面阵 CCD 的光谱响应曲线

8.5.2　实验现象与分析

调整光路中的反射镜使超连续谱光源正入射可见光面阵 CCD，调节光路中衰减片的数量，逐步提高辐照在可见光面阵 CCD 相机入瞳处的光功率密度，观察超连续谱激光源对抗面阵 CCD 的实验过程。

如图 8.22 所示，当 CCD 相机入瞳处的激光功率密度 $I=1.3\times10^{-10}$ W/cm^2 时，图 8.22(a)CCD 的输出图像中只有一个小圆光斑，通过软件读取像素灰度值可知拍摄得到的光斑在图像中有部分饱和点，即该功率密度的光辐照能使得 CCD 像元达到饱和；如图 8.22(b)所示，当 CCD 相机入瞳处的激光功率密度 $I=4.2\times10^{-8}$ W/cm^2 时，面阵 CCD 图像饱和像元数增加，光斑周围出现细小的亮线，这是光学镜头的衍射效应；如图 8.22(c)所示，当入瞳处辐照光功率密度为 $I=2.4\times10^{-4}$ W/cm^2 时，面阵 CCD 图像开始出现串扰现象，通过读取像素灰度值可知串扰像元达到饱和，同时出现以光斑为中心向四周辐射的十条亮线以及许多对称分布不连续的弥散斑；当入瞳处辐照光功率密度为 $I=3.7\times10^{-3}$ W/cm^2 时如图 8.22(d)所示，串扰区域明显加宽，周围弥散斑减弱，图像中心沿水平方向出现一条亮线，且亮线上下两侧对称存在两条灰白色线条；当入瞳处辐照光功率密度为 $I=6.9\times10^{-3}$ W/cm^2 时如图 8.22(e)所示，图像中一半以上的像元达到饱和，串扰区域的中间出现黑色暗线，过饱和现象明显；当入瞳处辐照光功率密度为 $I=1.2\times10^{-2}$ W/cm^2 时如图 8.22(f)所示，CCD 暂时致盲，输出图像几乎全黑，停止光照后 CCD 仍能正常工作。

实验中 CCD 出现了饱和现象、串扰现象、过饱和现象和暂时致盲现象，现针对这几个现象进行简要分析。光饱和指当辐照光功率密度达到一定程度时，光生信号随光强的增加趋于平缓,成像系统的灵敏度急剧下降的现象。CCD光电成像系统的任何一个子系统达到饱和,都会造成整个成像系统的饱和。通常情况下随着光功率密度的增加,先出现饱和的是视频采集卡及其软件构成的图像采样子系统。[92]图像采集子系统饱和的标志是在光电传感子系统的输出仍随激光增强而大幅度增大的情况下,系统所采图像中像元灰度值达到最大值(比如8 bit量化位数的CCD,最大值为255),系统输出不再随激光增强,图像采集子系统已经达到完全饱和。

串扰现象是面阵CCD传输信号电荷发生的一种噪声。在实验过程中,CCD图像传感器前装有光学镜头,调节光学镜头的焦距使得入射光聚焦于面阵CCD光敏面上,只有少部分像元受到强光辐照。随着辐照光强的增加,受光照的像元产生的信号电荷也会随之增加,但是用于读取和转移信号电荷的垂直CCD可操作信号电荷量有限,当实际产生的信号电荷量大于可操作信号电荷量时,过剩的信号电荷就会向邻近的势阱扩散,称为溢出效应[93]。串扰效应使得光敏面上没有被光照到或者是光照很弱的像素所对应的灰度值较高甚至达到最大。对于可见光面阵CCD,当辐照光源正入射时,受强光辐照的像元产生过量信号电荷是导致CCD图像出现串扰现象的主要原因。

通过对大量的实验现象观察可知,强光辐照下的可见光面阵CCD的串扰现象主要表现为一条沿图像垂直方向的饱和亮线,这是由面阵CCD中信号电荷的转移及扫描方式所决定的。光照产生的信号电荷被转移至垂直CCD中,然而垂直CCD可操作信号电荷量有限,当受强光辐照的像元所产生的电荷量大于可操作信号电荷量时,过剩的电荷便形成串扰电荷,在CCD图像上表现为垂直方向上的亮线。在信号电荷转移的同时受强光辐照的像元仍继续产生串扰电荷,CCD图像是一帧一帧连续均匀输出的,垂直CCD以一定的速度连续不断的转移光电二极管中的信号电荷,因此串扰现象会沿垂直方向从上至下出现。使用超连续谱光源辐照可见光面阵CCD,面阵CCD光敏面的部分像元在强光辐照下达到饱和,同时未被照射的区域沿电荷传输方向出现亮线,随着入瞳处辐照光功率密度的增加,CCD图像中亮线加宽,串扰现象逐渐明显。

图8.22(e)和(f)中出现了过饱和现象和暂时致盲现象。随着面阵CCD相机入瞳处光功率密度的增强,CCD图像饱和像元数不断增多,串扰范围逐渐加宽。当面阵CCD相机入瞳处辐照光功率密度为$I=6.9\times10^{-3}\,\mathrm{W/cm^2}$时,如图8.22(e)所示,在串扰亮线的区域内出现黑色暗线。此时辐照光源的功率密度远高于面阵CCD成像系统的串扰阈值,停止光照后面阵CCD仍然能够正常工作,可称之为过饱和现象。[94]由于CCD芯片复位电平与数据电平叠加有相关的输出噪声,因此CCD成像系统模拟信号处理电路中包含放大、相关双采样(correlated double sampling,CDS)和滤波等基本组成

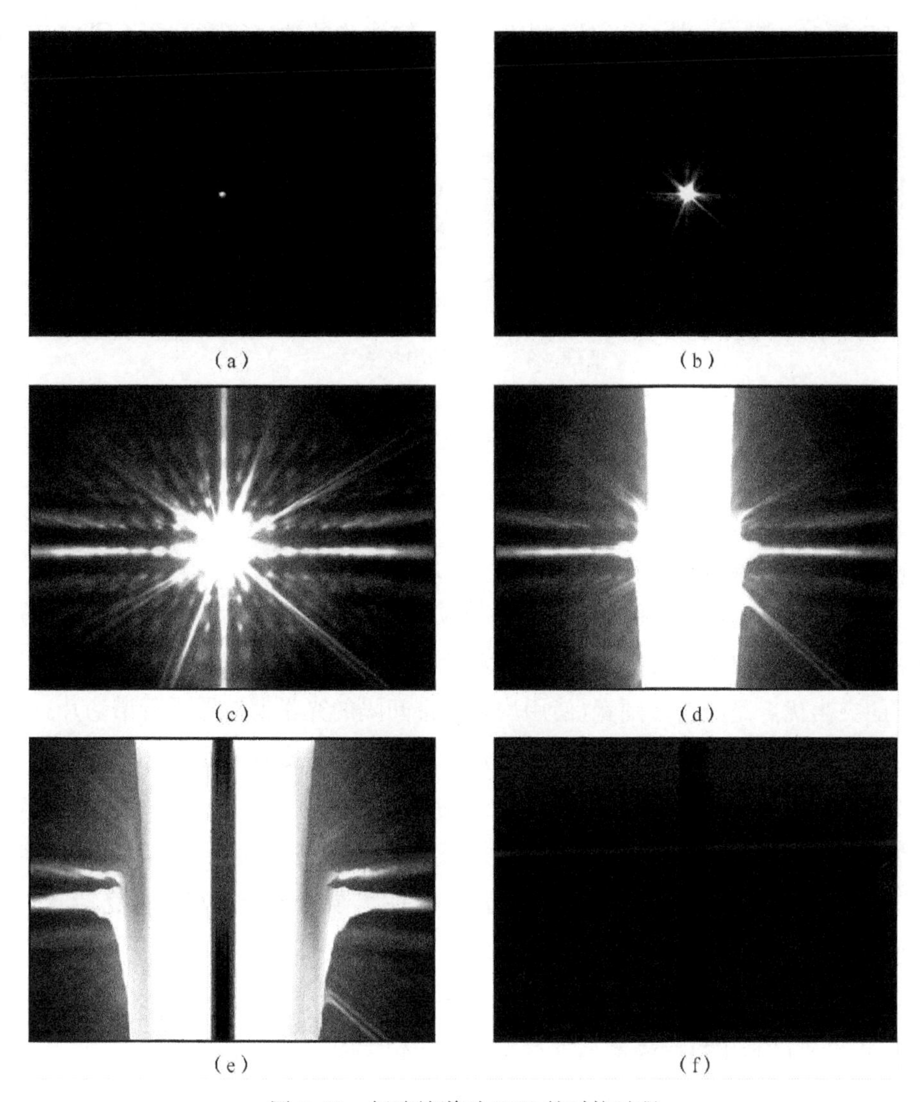

图 8.22　超连续谱对 CCD 的对抗过程

(a) $I=1.3\times10^{-10}$ W/cm^2　(b) $I=4.2\times10^{-8}$ W/cm^2　(c) $I=2.4\times10^{-4}$ W/cm^2
(d) $I=3.7\times10^{-3}$ W/cm^2　(e) $I=6.9\times10^{-3}$ W/cm^2　(f) $I=1.2\times10^{-2}$ W/cm^2

部分。CCD 芯片输出信号进行 CDS 处理，CDS 电路分别对复位电平以及数据电平采样，采样结果同时输入差分运算放大器，输出二者之差 ΔV。当复位电平与数据电平相差 ΔV 为最大值时，图像中相应的像素为饱和点，显示为白色。当复位电平部分大幅度下降，使得复位电平与数据电平相等，都达到饱和的位置，从而在信号经过 CDS 处理后输出结果为零，对应图像中的像素为过饱和点，像素灰度值较小，在图像中显示为黑色。当面阵 CCD 相机入瞳处辐照光功率密度为 $I=1.2\times10^{-2}$ W/cm^2 时，如图 8.22(f)所示，面阵 CCD 输出图像全黑，而停止光照后面阵 CCD 仍然能够正常工作，此现象称为面阵 CCD 暂时致盲，此时面阵 CCD 相机入瞳处辐照光的功率密度高于 CCD 成像系统的过饱和阈值。

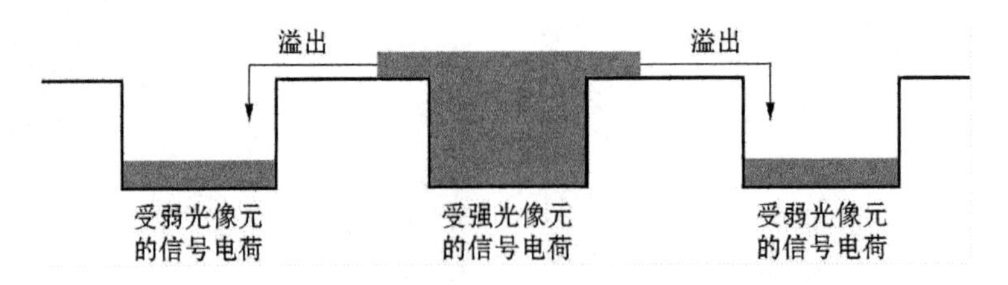

图 8.23　CCD 的串扰效应

8.6　本章小结

本章概述超连续谱的主要应用，主要内容如下：

(1) 超连续谱在多信道通信光源方面的应用，之前的波分复用系统，每个信道都要求采用一个窄带宽的激光器作为发射机，多个信道就需要很多激光器作为发射机。超连续谱的突出优点是光谱范围宽，使用均匀频带间隔的光学滤波器进行谱切片，就可以实现的多信道 WDM 发射机，一举解决了波分复用系统需要多个发射机的难题。

(2) 超连续谱在非线性光谱学方面的应用，非线性光谱学主要是借助泵浦光频率与斯托克斯光的频率差值，接近生物样品的共振频率时产生的反斯托克斯光成像，实现对未知分子种类的识别。超连续谱的光谱范围宽，使得泵浦光频率与斯托克斯光的频率差值范围也宽，易于激发产生反斯托克斯光。

(3) 超连续谱在非线性光谱学方面的应用，光学相干层析是一种新型的三维层析成像技术，正好可以利用超连续谱宽带宽光源的短相干时间来改进提高成像的分辨率，能够提供高分辨率的生物组织甚至是活体的成像。

(4) 超连续谱在光频率计量学方面的应用，光频率计量学是利用频率梳精确测量光频率的学科，超连续谱由于光谱范围极宽，可以轻易覆盖 1～2 个倍频程，因此，制作的频率梳范围极宽，极大地革新了光学频率计量学。

(5) 超连续谱在军事方面的应用，超连续谱激光源光谱可控、范围极宽，能够覆盖光电传感/探测设备的整个工作波段，使其无法采用窄带滤光片进行防护，因而是未来光电对抗的“完美光源”。

参考文献

[1] T. Morioka, K. Mori, and M. Saruwatari. More than 100-wavelength-channel picosecond

optical pulse generation from single laser source using supercontinuum in optical fibers [J]. Electron. , Lett. 1993, 29: 862-864.

[2] T. Morioka, K. Mori, S. Kawanishi, and M. Saruwatari. Multi WDM channel, Gbit/s pulse generation from a single laser source utilizing LD-pumped supercontinuum in optical fibers [J]. IEEE Photon. Technol. Lett. 1994, 6: 365-368.

[3] T. Morioka, K. Uchiyama, S. Kawanishi, S. Suzuki, and M. Saruwatari. Multiwavelength picosecond pulse source with low jitter and high optical frequency stability based on 200 nm supercontinuum filtering [J]. Electron. Lett. 1995, 31: 1064-1066.

[4] T. Morioka, H. Takara, S. Kawanishi, 0. Kamatani, K. Takiguchi, K. Uchiyama, M. Saruwatari, H. Takahashi, M. Yamada, T. Kanamori and H. Ono. 100 Gbit/s4channel [J]. Electron. Lett. 1996, 32: 906.

[5] T. Okuno, M. Onishi, T. Kashiwada, S. Ishikawa, and M. Nishimura. Silica-based functional fibers with enhanced nonlinearity and their application [J]. IEEE Quantum Electron. ,1999, 5: 1385-1391.

[6] L. Boivin, S. Taccheo, C. R. Doerr, L. W. Stulz, R. Monnard, W. Lin, and W. C. Fang. A supercontinuum source based on an electroabsorption-modulated laser for long distance DWDM transmission [J]. IEEE Photon. Technol. Lett. 2000, 12: 1695-1697.

[7] Ö. Boyraz, J. Kim, M. N. Islam, F. Coppinger, and B. Jalali. 10 Gb/s multiple wavelength, coherent short pulse source based on spectral carving of supercontinuum generated in fibers [J]. J. Lightwave Technol. 2000, 18: 2167-2175.

[8] H. Takara, T. Ohara, K. Mori, K. Sato, E. Yamada, Y. Inoue, T. Shibata, M. Abe, T. Morioka, and K. I. Sato. More than 1000 channel optical frequency chain generation from single supercontinuum source with 12. 5 GHz channel spacing [J]. Electron. Lett. 2000, 36 (25): 2089-2090.

[9] F. Futami and K. Kikuchi. Low-noise multiwavelength transmitter [J]. IEEE Photon. Technol. Lett. 2001, 13: 73-75.

[10] Ö. Boyraz and M. N, Islam. A multiwavelength CW source based on longitudinal mode-carving of supercontinuum generated in fibers and noise performance [J]. J. Lightwave Technol. 2002, 20: 1493-1499.

[11] 阿戈沃(G. P. Agrawal). 非线性光纤光学原理及应用(第二版)[M]. 贾东方,余震虹,等译. 北京:电子工业出版社,2010:6.

[12] K. Mori, K. Sato, H. Takara, and T. Ohara. Supercontinuum lightwave source generating 50 GHz spaced optical ITU grid seamlessly over S-, C- and L-bands [J]. Electron. Lett. 2003, 39: 544-546.

[13] H. Takara, T. Ohara, T. Yamamoto, H. Masuda, M. Abe, H. Takahashi and T. Morioka. Field demonstration of over 1000 channel DWDM transmission with super-continuum multi-carrier source [J]. Electron. Lett. 2005, 41: 270-271.

[14] T. Ohara, H. Takara, T. Yamamoto, H. Masuda, T. Morioka, M. Abe, and H. Takahashi. Over-1000-channel ultradense WDM transmission with supercontinuum multicarrier source [J]. J. Lightwave Technol. 2006, 24: 2311.

[15] V. Nagarajan, E. Johnson, P. Schellenberg, W. Parson, and R. Windeler. A compact versatile femtosecond spectrometer [J]. Rev. Sci. Instrum. 2002, 73: 4145-4149.

[16] H. Kano and H. Hamaguchi. Characterization of a supercontinuum generated from a photonic crystal fiber and its application to coherent Raman spectroscopy [J]. Opt. Lett. 2003, 28(23): 2360-2362.

[17] T. Nagahara, K, Imura, and H. Okamotoa. Time-resolved scanning near-field optical microscopy with supercontinuum light pulses generated in microstructure fiber [J]. Rev. Sci. Instrum. 2004, 75: 4528-4533.

[18] M. Punke, F. Hoos, C. Karnutsch, U. Lemmer, N. Linder, and K. Streubel. High-repetition-rate white-light pump-probe spectroscopy with a tapered fiber [J]. Opt. Lett. 2006, 31: 1157-1159.

[19] H. N. Paulsen, K. M. Hilligse, J. Thgersen, S. R. Keiding, and J. Larsen. Coherent anti-Stokes Raman scattering microscopy with a photonic crystal fiber based light source [J]. Opt. Lett. 2003, 28: 1123-1125.

[20] H. Kano and H. Hamaguchi. Femtosecond coherent anti-Stokes Raman scattering spectroscopy using supercontinuum generated from a photonic crystal fiber [J] Appl. Phys. Lett. 2004, 85: 4298-4300.

[21] H. Kano and H. Hamaguchi. Ultrabroadband ($>$2 500 cm^{-1}) multiplex coherent anti-Stokes Raman scattering microspectroscopy using a supercontinuum generated from a photonic crystal fiber [J] Appl. Phys. Lett. 2005, 86: 12113.

[22] S. O. Konorov, D. A. Akimov, E. E. Serebryannikov, A. A. Ivanov, M. V. Alfimov, and A. M. Zheltikov. Cross-correlation FROG CARS with frequency-converting photonic-crystal fibers [J]. Phys. Rev. E. 2004, 70: 057601.

[23] H. Kano and H. Hamaguchi. Vibrationally resonant imaging of a single living cell by supercontinuum-based multiplex coherent anti-Stokes Raman scattering microspectroscopy [J]. Opt. Express. 2005, 13: 1322.

[24] R. Shimada, H. Kano, and H. Hamaguchi. Hyper-Raman microspectroscopy: a new approach to completing vibrational spectral and imaging information under a microscope [J]. Opt. Lett.

2006，31(3)：320-322.

[25] H. Kano and H. Hamaguchi. In-vivo multi-nonlinear optical imaging of a living cell using a supercontinuum light source generated from a photonic crystal fiber [J]. Opt. Express. 2006, 14(7)：2798-2804.

[26] B. von Vacano，W. Wohlleben，M. Motzkus. Actively shaped supercontinuum from a photonic crystal fiber for nonlinear coherent microspectroscopy [J]. Opt. Lett. 2006，31：413-415.

[27] B. von Vacanoa and M. Motzkus. Time-resolved two color single-beam CARS employing supercontinuum and femtosecond pulse shaping [J]. Opt. Commun. 2006，264：488-493.

[28] K. Shi，P. Li，and Z. Liu. High Q optical resonances [J]. Appl. Phys. Lett. 2007，90：141116.

[29] N. Dudovich，D. Oron，and Y. Silberberg. Single-pulse coherently controlled nonlinear Raman spectroscopy and microscopy [J]. Nature. 2002，418：512-514.

[30] D. Huang，E. Swanson，C. P. Lin，J. S. Schuman，W. G. Stinson，W. Chang，M. R. Hee，T. Flotte，K. Gregory，C. A. Puliafito，and J. G. Fujimoto. Optical coherence tomography [J]. Science. 1991，254：1178-1181.

[31] J. G. Fujimoto，M. E. Brezinski，G. J. Tearney，S. A. Boppart，B. E. Bouma，M. R. Hee，J. F. Southern，and E. A. Swanson. Ultrahigh resolution ophthalmic optical coherence tomography [J]. Nature Med. 1995，1：970-972.

[32] M. E. Brezinski. Optical Coherence Tomography：Principles and Applications [M]. Academic Press，Boston，2006.

[33] B. Bouma，G. J. Tearney，S. A. Boppart，and M. R. Hee，M. E. Brezinski，and J. G. Fujimoto. High-resolution optical coherence tomographic imaging using a mode-locked Ti：Al_2O_3 laser source [J]. Opt. Lett. 1995，20：1486-1488.

[34] W. Drexler，U. Morgner，F. X. Kärtner，C. Pitris，S. A. Boppart，X. D. Li，E. P. Ippen，and J. G. Fujimoto. In vivo ultrahigh-resolution optical coherence tomography [J]. Opt. Lett. 1999，24：1221-1223.

[35] B. Povazay，K. Bizheva，A. Unterhuber，B. Hermann，H. Sattmann，A. F. Fercher，W. Drexler，A. Apolonski，W. J. Wadsworth，J. C. Knight，P. St. J. Russell，M. Vetterlein，and E. Scherzer. Submicrometer axial resolution optical coherence tomography [J]. Opt. Lett. 2002，27：1800-1802.

[36] Y. Wang，Y. Zhao，J. S. Nelson，Z. Chen，and R. S. Windeler. Nonlinear optical contrast enhancement for optical coherence tomography [J]. Opt. Lett. 2003，28：182-184.

[37] K. Bizheva，B. Povazay，B. Hermann，H. Sattmann，W. Drexler，M. Mei，R. Holzwarth，T. Hoelzenbein，V. Wacheck，and H. Pehamberger. optical coherence tomography and

methods for dispersion compensation [J]. Opt. Lett. 2003, 28: 707-709.

[38] S. Bourquin, A. D. Aguirre, I. Hartl, P. Hsiung, T. H. Ko, J. G. Fujimoto, T. A. Birks, W. J. Wadsworth, U. Bunting, and D. Kopf. Compact broadband light source for ultra high resolution optical coherence tomography [J]. Opt. Express. 2003, 11: 3290-3297.

[39] N. Nishizawa, Y. Chen, P. Hsiung, E. P. Ippen, and J. G. Fujimoto. Real-time, ultrahigh-resolution, optical coherence tomography [J]. Opt. Lett. 2004, 29: 2846-2848.

[40] I. Hartl, X. D. Li, C. Chudoba, R. K. Hganta, T. H. Ko, J. G. Fujimoto, J. K. Ranka, and R. S. Windeler. Ultrahigh-resolution optical tomograhy using continuum generation in an air silica raicro structure optical fiber [J]. Opt. Lett. 2001, 26: 608-610.

[41] H. Lim, Y. Jiang, Y. Wang, Y. C. Huang, Z. Chen, and F. W. Wise. Ultrahigh-resolution optical coherence tomography with a fiber laser source at 1p. m [J]. Opt. Lett. 2005,30: 1171-1173.

[42] A. D. Aguirre, N. Nishizawa, J. G. Fujimoto, W. Seitz, M. Lederer, and D. Kopf, Opt. Express. , 2006, 14: 1145-1160.

[43] H. Wang and A. M. Rollins. Optimization of dual-band continuum light source for ultrahigh-resolution optical coherence tomography [J]. Appl. Opt. 2007, 46: 1787-1794.

[44] H. Wang, C. P. Fleming, and A. M. Rollins. Ultrahigh-resolution optical [J]. Opt. Express. , 2007, 15: 3085-3092.

[45] J. M. Dudley, G. Genty, and S. Coen. Supercontinuum in photonics crystal fiber [J]. Rev. Mod. Phys. 2006, 78: 1135.

[46] L. Hollberg, C. W. Oates, E. A. Curtis, E. N. Ivanov, S. A. Diddams, T. Udem, H. G. Robinson, J. C. Bergquist, R. J. Rafac, W. M. Itano, R. E. Drullinger, and D. J. Wineland. Optical frequency standards and measurements [J]. IEEE J. Quantum Electron. 2001, 37: 1502.

[47] S. A. Diddams, J. C. Bergquist, S. R. Jefferts, C. W. Oates. Standards of time and frequency at the outset of the 21st century [J]. Science. 2004, 306: 1318.

[48] S. Cundiff and J. Ye, Eds. Femtosecond Optical Frequency Comb: Principle, Operation and Applications [M]. Springer, New York, 2004.

[49] M. Kourogi, B. Widiyatmoko, and M. Ohtsu. A coupled-cavity monolithic optical frequency comb generator [J]. IEEE Photon. Technol. Lett. 1996, 8: 560-562.

[50] T. Udem, M. Kourogi, J. Reichert, and T. W. Hänsch. Accurate measurement of large optical frequency differences [J]. Opt. Lett. 1998, 23: 1387-1392.

[51] K. Imai, M. Kourogi, and M. Ohtsu. 30-THz span optical frequency comb [J]. IEEE J. Quantum Electron. 1998, 34: 54-60.

[52] K. Imai, B. Widiyatmoko, M. Kourogi, and M. Ohtsu. frequency comb in optical fibers[J]. IEEE J. Quantum Electron. 1999, 35: 559-564.

[53] T. Udem, J. Reichert, R. Holzwarth, and T. W. Hänsch. Symposium of Frequency Standards and Metrology[J]. Opt. Lett. 1995, 24: 881-883.

[54] A. S. Bell, G. M. Macfarlane, E. Riis, and A. I. Ferguson. An efficient optical frequency comb generator [J]. Opt. Lett. 1995, 20: 1435-1437.

[55] M. Kourogi, T. Enami, and M. Ohtsu. A monolithic optical frequency comb generator [J]. IEEE Photon. Technol. Lett. 1994, 6: 214-217.

[56] R. Holzwarth, M. Zimmermann, T. Udem, and T. W. Hänsch. A modelocked frequency comb [J]. IEEE J. Quantum Electron. 2001, 37: 1493-1501.

[57] T. Udem, R. Holzwarth, and T. W. Hänsch. Optical frequency metrology [J]. Nature. 2002, 416: 233-237.

[58] S. T. Cundiff and Jun Ye. Colloquium: femtosecond optical frequency combs [J]. Rev. Mod. Phys. 2003, 75: 325.

[59] L. S. Ma, L. Robertsson, S. Picard, M. Zucco, Z. Bi, S. Wu, and R. S. Windeler. First international comparison of femtosecond laser combs [J]. Opt. Lett. 2004, 29: 641-643.

[60] L. S. Ma, Z. Bi, A. Bartels, K. Kim, L. Robertsson, M. Zucco, R. S. Windeler, G. Wilpers, C. Oates, L. Hollberg, and S. A. Diddams. Femtosecond laser combs [J]. IEEE J. Quantum Electron. 2007, 43: 139.

[61] J. K. Ranka, R. S. Windeler, and A. J. Stentz. Visible continuum generation in air-silica microstructure optical fibers with anomalous dispersion at 800 nm [J]. Opt. Lett. 2000, 25: 25-27.

[62] S. A. Diddams, D. J. Jones, J. Ye, S. T. Cundiff, J. L. Hall, J. K. Ranka, R. S. Windeler, Holzwarth, T. Udem, and T. W. Hänsch. Direct link between microwave and optical frequencies [J]. Phys. Rev. Lett. 2000, 84: 5102-5105.

[63] D. J. Jones, S. A. Diddams, J. K. Ranka, A. Stentz, R. S. Windeler, J. L. Hall, and S. T. Cundiff. Carrier-envelope phase control of femtosecond mode-locked lasers and direct optical frequency synthesis [J]. Science. 2000, 288: 635-639.

[64] R. Holzwarth, Th. Udem, and T. W. Hänsch, J. C. Knight, W. J. Wadsworth, and P. St. J. Russell. Optical frequency synthesizer for precision spectroscopy [J]. Phys. Rev. Lett. 2000, 85: 2264.

[65] J. Rauschenberger, T. Fortier, D. Jones, J. Ye, and S. Cundiff. Control of the frequency comb from a mode-locked Erbium-doped fiber laser [J]. Opt. Express. 2002, 10(24): 1404-1410.

[66] F. Tauser, A. Leitenstorfer, and W. Zinth. Self-referencable frequency comb from a 170-fs, 1.5-μm solid-state laser oscillator [J]. Opt. Express. 2003, 11: 594.

[67] J. W. Nicholson, M. F. Yan, P. Wisk, J. Fleming, F. DiMarcello, E. Monberg, A. Yablon, C. Jørgensen, and T. Veng. All-fiber, octave-spanning supercontinuum [J]. Opt. Lett. 2003, 28: 643-645.

[68] B. R. Washburn, S. A. Diddams, N. R. Newbury, J. W. Nicholson, M. F. Yan, and C. G. Jørgensen. Phaselocked erbium-fiber-laser-based frequency comb in the near infrared [J]. Opt. Lett. 2004, 29: 250-252.

[69] B. R. Washburn, R. Fox, N. Newbury, J. Nicholson, K. Feder, P. Westbrook, and C. Jørgensen. Bandwidth supercontinuum generation [J]. Opt. Express. 2004, 12: 4999-5004.

[70] T. R. Schibli, K. Minoshima, F. -L. Hong, H. Inaba, A. Onae, H. Matsumoto, I. Hartl, and M. E. Ferman. Frequency metrology with a turnkey all-fiber system [J]. Opt. Lett. 2004, 29: 2467-2469.

[71] F. Adler, K. Moutzouris, A. Leitenstorfer, H. Schnatz, B. Lipphardt, G. Grosche, and F. Tauser. Phase-locked two-branch erbium-doped fiber laser system for long-term precision measurements of optical frequencies [J]. Opt. Express. 2004, 12: 5872-5880.

[72] P. Kubina, P. Adel, F. Adler, G. Grosche, T. Hänsch, R. Holzwarth, A. Leitenstorfer, B. Lipphardt, and H. Schnatz. Long term comparison of two fiber based frequency comb systems [J]. Opt. Express. 2005, 13: 904-909.

[73] I. Hartl, G. Imeshev, M. Fermann, C. Langrock, and M. Fejer. Integrated self-referenced frequency-comb laser based on a combination of fiber and waveguide technology [J]. Opt. Express. 2005, 13: 6490.

[74] E. Benkler, H. Telle, A. Zach, and F. Tauser. Circumvention of noise contributions in fiber laser based frequency combs [J]. Opt. Express. 2005, 13: 5662-5668.

[75] J. J. McFerran, W. C. Swann, B. R. Washburn, and N. R. Newbury. Elimination of pump-induced frequency jitter on fiber-laser frequency combs [J]. Opt. Lett. 2006, 31: 1997-1999.

[76] H. Inaba, Y. Daimon, F. -L. Hong, A. Onae, K. Minoshima, T. R. Schibli, H. Matsumoto, M. Hirano, T. Okuno, M. Onishi, and M. Nakazawa. A microwave frequency standard [J]. Opt. Express. 2006, 14: 5223.

[77] W. C. Swann, J. J. McFerran, I. Coddington, N. R. Newbury, I. Hartl, M. E. Fermann, P. S. Westbrook, J. W. Nicholson, K. S. Feder, C. Langrock, and M. M. Fejer. Elimination of pump-induced frequency jitter on fiber-laser frequency combs [J]. Opt. Lett. 2006, 31: 1997-1999.

[78] J. -L. Peng and R. -H. Shu. Determination of absolute mode number using two mode-locked

laser combs in optical frequency metrology [J]. Opt. Express. 2007，15：4485.

[79] JN. R. Newbury and W. C. Swann. Low-noise fiber-laser frequency combs [L]. J. Opt. Soc. Am. B. 2007，24：1756-1770.

[80] 梅遂生. 光电子技术[M]. 北京：国防工业出版社，2008，193.

[81] 刘延武. 激光干扰 CCD 系统的实验研究[J]. 激光杂志，2011，32(1)：55-56.

[82] Walden R. H.，Krambeck R. H.，Strain R. S. et al. The Buried Channel Charge Couled Device [J]. The Bell System Technical Journal，1972，51(7)：1635-1640.

[83] M. H. White. Characterization of Surface Channel CCD Image Arrays at Low Light Levels [J]. IEEE J. Solid-State Circuits，Vol. SC-9，No. 1，1974：1-12.

[84] N. Teranishi. No Image Lag Photodiode Structure in the Interline CCD Image Sensor [J]. IEDM Tech. Dig. 1982：324-327.

[85] A. Kobayashi，et al. A 1/2-in 380k-pixel Progressive Scan CCD Image Sensor [J]. ISSCC Dig. Tech. Papers，1993：192-193.

[86] E. K. Banghart，E. G. Steven. Lateral Overflow Drain，Anti-blooming Structure for CCD Devices Having Improved Breakdown Voltage [P]. U. S. Patent 6624453，issued September 23，2003.

[87] 卢杰，韩力，曹延生. CCD 激光测距实验[J]. 物理实验，2003，23(6)：35-36.

[88] 王玉田，崔立超，葛文谦，等. 基于激光-线阵 CCD 技术的轧辊磨损度检测系统[J]. 计量学报，2006，27(3)：224-227.

[89] 何社阳，董庆伟，黄晓东. 基于激光 CCD 技术的动态倾角测试系统[J]. 微计算机信息，2007，23(3)：165-166.

[90] 马景龙，马维义，周创志. 利用普通视频 CCD 作为紫外激光和软 X 射线探测器的研究[J]. 强激光与粒子束，2004，16(2)：185-188.

[91] 罗群. 宽光谱光源对可见光 CCD 的干扰效应研究[D]. 国防科技大学硕士论文，2008：4-18.

[92] 孙承伟，陆启生. 激光辐照效应[D]. 北京：国防工业出版社，2002：15

[93] 米本和也. CCD/CMOS 图像传感器基础与应用[D]. 北京：科学出版社，2006：20.

[94] 张震，程湘爱，姜宗福. 可见光 CCD 的光致过饱和现象[J]. 强激光与粒子束，2008，20(6)：917-920.

第9章　总结与展望

21世纪以来，有关光子晶体光纤中超连续谱产生及其应用的研究正在如火如荼地进行着，光学国际知名期刊 *Optics Express* 每期专题报道世界各国科研工作者在超连续谱产生方面研究的最新成果，以期尽快揭示这一新奇现象的潜在物理机制，并加以应用。笔者在博士期间以该方面的研究工作为契机和主线，梳理和总结国内外的相关研究成果，有助于揭开这一有趣而又有用的物理现象，同时为超连续谱激光光源在我国的广泛应用打开一扇起航之门。本章对全书解决的几个问题进行概述，并对以后超连续谱产生及其应用方面的研究提出自己的一些想法和建议。

9.1　本书解决的几个问题

笔者写作之源是在总结国内外有关光子晶体光纤中超连续谱产生的研究进展时我们发现了一些理论问题和实验问题尚未研究清楚。为此我们将学习总结、深入研究的结果，结合研究学习过程中的经验教训，在本书中给读者解释清楚，希望能够对从事超连续谱产生及应用的科研工作者有所帮助。

本书解决的几个问题概述如下：

(1) 长脉冲和连续光体制泵浦光子晶体光纤超连续谱产生的物理机制目前还没有形成统一的认识；在数值模拟中长脉冲和连续光的随机噪声应该如何进行设置，以及采取怎样的方法才能有效地模拟它们在传输中分解成超短脉冲、进而演化成超连续谱？

为弄清这个问题，采用自适应分步傅立叶法求解广义非线性薛定谔方程，数值模拟了长脉冲和连续光机制下单波长泵浦光子晶体光纤超连续谱的形成过程。随机噪声的模拟采用国际上多数学者认可的 One photon per mode 模型。模拟方法选择步长自适应变化的分步傅立叶法，在长脉冲或者连续光片段分裂之前，由于脉宽较宽，涉及的非线性效应较少，且高阶色散还没有发挥作用，此时演化步长较大以减少演化时间；随着长脉冲或者连续光分裂成峰值功率较高的多重超短脉冲，涉及的非线性效应开始增多，高阶色散也开始影响这些超短脉冲时域和频域的变化，减小演化步长，以保证脉冲分裂、高阶非线性效应、高阶色散效应及最终超连续谱的模拟精度。

长脉冲体制泵浦光子晶体光纤超连续谱产生的物理机制总结如下：调制不稳定性首先将长脉冲分裂成多重的超短脉冲，很快这些超短脉冲就在负的群速度色散和自相位调制的共同作用下演化成高阶孤子，高阶孤子在高阶色散和脉冲内拉曼散射的作用下发生分解，分解成长波区的红移孤子和短波区的色散波，最终形成了与实验结果较为一致的超连续谱；

连续光体制泵浦光子晶体光纤超连续谱产生的物理机制总结如下：与长脉冲体制不同，连续光是通过几百皮秒的时间窗口截取一个片段去近似，非线性效应的积累主要依靠增加光纤长度来实现。首先，调制不稳定性将连续光片段分裂成多重的超短脉冲，然后与超短脉冲有关的自陡效应产生以及清晰可见的红移孤子和蓝移色散波，孤子诱捕效应进一步导致超连续谱向可见波段延伸，并且采用多次模拟求平均的方法，获得了与文献实验结果较为一致的超连续谱。

(2) 双波长泵浦方案更利于产生宽带、明亮的白光超连续谱，那么如何利用光子晶体光纤的四波混频效应产生不同的双波长泵浦源？利用光子晶体光纤在产生四波混频效应方面有什么优势？

第五章首先介绍光纤中四波混频效应产生的根源和理论基础，从振幅耦合方程组出发，推导了信号光和空闲光的演化方程、参量增益表达式和相位匹配条件，分析了影响四波混频增益的几个因素；其次，采用自适应分步傅立叶法求解广义非线性薛定谔方程，模拟研究了 PCF 中四波混频效应的产生，并且分析了 PCF 结构参数、入射脉冲峰值功率和脉宽对四波混频产生的影响，并总结了四波混频产生的一般规律：

第一，通过改变 PCF 的结构参数，可以改变其各阶色散系数和零色散点的位置，零色散点离泵浦波长越近，信号光波长越长，空闲光波长越短，两种光的波长越向泵浦光靠近，这就为我们通过设计 PCF 的结构产生想要的信号光或者空闲光波长提供了理论支持。

第二，PCF 的纤芯越细，非线性越强，四波混频的增益越大。

第三，入射脉冲的时域脉宽对于四波混频效应的增益、信号光和空闲光波长的位置没有影响，但是过窄会影响四波混频效应产生的效率。

第四，随着入射脉冲峰值功率的增加，四波混频的增益在增大，并且信号光和空闲光离泵浦光越近，光谱加宽越明显。

采用 Nd:YAG 调 Q 微晶片激光器泵浦 PCF，产生了信号光在 747 nm、空闲光在 1 848 nm 的四波混频效应，并且提出了基于 PCF 四波混频效应的全光波长转换器，与基于激光器四波混频效应的全光波长转换器相比，它只需一台激光器，同时提供泵浦源和转换波长，结构简单，而且由于 PCF 灵活可调的色散特性，该全光波长转换器通过改变 PCF 的结构参数，可以实现较大范围的波长转换。

(3) 双波长泵浦方案时，双波长如何发生相互作用演化成超连续谱？那些因素更利于双波长的相互作用，那些会影响二者的相互作用？双波长泵浦是如何演化形成超连续谱的？连续光体制双波长泵浦是否能够产生宽带的超连续谱？

采用自适应分步傅立叶法求解广义非线性薛定谔，分两步模拟研究了超连续谱的形成过程，第一，模拟残留泵浦光和信号光的独自演化，观察了它们在最终光谱形成中各自发挥的作用，发现单独信号光不能够产生宽带的超连续谱，单独的残留泵浦光不能将超连续谱向可见波段延伸；第二，模拟它们的共同演化，以观察它们之间的相互作用，发现双波长的群速度匹配是影响双波长相互作用的关键因素。双波长群速度匹配时产生的交叉相位调制和孤子诱捕效应，是导致双波长泵浦产生宽带超连续谱的主要原因。双波长群速度不匹配会导致超连续谱在短波方向延伸的困难。

将长脉冲机制下的全光纤结构双波长泵浦方案应用到连续光泵浦机制，模拟研究连续光机制下白光超连续谱的形成过程，鉴于连续光激光器较高的平均输出功率，本书的模拟结果表明连续光机制下的双波长泵浦方案有望产生高功率谱密度的、白光超连续谱。

(4) 实验中应该采取什么方案去研究超连续谱的产生，透镜耦合方案采取什么措施提高耦合进光子晶体光纤的效率，全光纤方案如何降低光纤间的熔接损耗，实际操作会遇到什么问题以及如何进行解决？

首先，介绍研究超连续谱产生常用的两种实验方案：基于透镜耦合的方案和全光纤结构的方案；其中，透镜耦合系统的设计需要满足三个基本条件：

第一，入射光束、聚焦透镜和入射光纤三者光轴要共轴。

第二，经透镜聚焦的光束腰斑半径要小于入射光纤端面纤芯的半径

第三，经透镜聚焦的光束半发散角要小于光纤的数值孔径角。

为降低全光纤方案光纤间的熔接损耗，提出一种通过加热塌缩 PCF 空气孔增加其模场直径的方法，模拟和实验结果都表明塌缩区域在满足波导渐变的条件下引入的能量损耗非常小；接着，在皮秒脉冲泵浦 PCF 超连续谱产生的实验中，通过逐渐塌缩 PCF 两内圈空气孔增大纤芯，实现了与输出尾纤的低损耗熔接，产生了 15 dB 带宽从 600 nm

以下一直延伸到 1 700 nm 以上的、输出功率高达 12.8 W 的超连续谱，并且首次报道高达 85%的泵浦光向超连续谱光的转换效率。

书中还进行了连续光泵浦 PCF 超连续谱产生的尝试，分别采用输出尾纤为 15/130（纤芯直径和包层直径）和 30/250 的连续光激光器进行实验，分析了实验中出现的问题，比如熔接点处的热量积累、尾纤与 PCF 之间的过渡处理等等，为产生高功率密度的、宽带超连续谱提供了有益的参考。

9.2　未来工作的展望

笔者从数值模拟和实验探索两个方面，详细研究了长脉冲和连续光机制下单波长、双波长泵浦光子晶体光纤超连续谱的形成过程，并且概述了飞秒、皮秒脉冲泵浦光子晶体光纤超连续谱的产生。但是，随着研究工作的不断深入，发现一些后续工作仍有待于进一步进行，结合在作者研究中的经验和体会，对下一步工作做如下展望：

（1）在通过求解广义非线性薛定谔方程模拟超连续谱的产生时，发现模拟的光谱与实验结果有一定差异，分析原因主要有两个：第一，模拟中忽略了光纤损耗，主要包括材料吸收和限制损耗；第二，光纤的色散系数，尤其是高阶色散系数计算不精确。因此，在下一步的工作中，希望感兴趣的科研工作者将材料吸收（特别是波长 1.38μm 处的水峰吸收）和限制损耗考虑进广义非线性薛定谔方程中，另外，希望摸索出更好更精确地计算光纤色散系数的新方法。

（2）在研究 PCF 中四波混频效应的产生时，发现改变 PCF 的结构参数，可以改变其各阶色散系数和零色散点的位置，进而可以利用四波混频效应产生不同的信号光和空闲光波长。因此，在下一步的工作中，希望与国内外可以生产 PCF 的公司企业合作，制作出想要的 PCF 结构，来研究四波混频效应的产生，实现泵浦光向其他任意波长的转换。

（3）将长脉冲机制下的全光纤结构双波长泵浦方案应用到连续光机制，模拟研究了该机制下白光超连续谱的产生，由于连续光激光器较高的平均输出功率，模拟结果表明连续光机制下的双波长泵浦方案有望产生高功率谱密度的白光超连续谱。因此，在下一步的工作中，希望将该方案用于实验，研制出高功率谱密度的白光超连续谱。

（4）本书进行了连续光泵浦 PCF 产生超连续谱的尝试，并且分析了连续光泵浦机制在实验中出现的问题，主要有高功率激光器光束质量不好、大纤芯的输出尾纤与小纤芯的 PCF 熔接不当时产生的热量积累和回光问题，因此，在下一步的工作中，希望改进方案解决好这些问题，以产生高功率密度的、宽带超连续谱。

(5) 超连续谱的由于光谱范围极宽和相干性好,使得它广泛应用于多信道通信光源、非线性光谱学、光学相干层析、光频率计量学、光电对抗等众多领域和方面。然而,这些应用方面的报道多是国外学者的应用成果,希望我国从事超连续谱激光源应用方面研究的科研工作者,努力工作,勤于探索,尽快实现超连续谱激光源的科技成果转化。

附录　专有名词及其缩写

非线性光学	Non-linear optics	NLO
超连续谱	Supercontinuum	SC
白光超连续谱	White Supercontinuum	WSC
二次谐波产生	Second harmonic generation	SHG
三次谐波产生	Third harmonic generation	THG
和频	sum frequency	SF
差频	difference frequency	DF
双光子吸收	two photon absorption	TPA
受激拉曼散射	Stimulated Raman Scattering	SRS
受激布里渊散射	Stimulated Brilliouin Scattering	SBS
调制不稳定性	Modulation Instability	MI
四波混频	Four Wave Mixing	FWM
自相位调制	Self-Phase Modulation	SPM
交叉相位调制	Cross-Phase Modulation	XPM
光子晶体	Photonic crystal	PC
光子晶体光纤	Photonic crystal fiber	PCF
全内反射型光子晶体光纤	Total internal reflection PCF	TIR PCF
光子带隙型光子晶体光纤	Photonic band gap fibers	PBGF
群速度色散	Group-velocity dispersion	GVD
正常色散	Normal dispersion	ND
反常色散	Anomalous dispersion	AND
零色散波长	Zero-dispersion wavelength	ZDW
三阶色散	Third-order dispersion	TOD

钇铝石榴石	yttrium aluminum garnet	YAG
连续光	continuous wave	CW
非线性薛定谔方程	Nonlinear Schrödinger equation	NLSE
广义非线性薛定谔方程	Generalized nonlinear Schrödinger equation	GNLSE
分步傅立叶法	Split-step Fourier method	SSFM
自适应分步傅立叶法	Adaptive Split-step Fourier method	ASSFM
有限傅立叶变换	Finite-Fourier transform	FFT
半极大全脉宽	The full width at half maximum	FWHM
脉冲内拉曼散射	Intrapulse Raman scattering	IRS
孤子自频移	Soliton self-frequency shift	SSFS
场扫描电镜	Scanning electron microscope	SEM
模场直径	mode field diameter	MFD
孤子诱捕效应	Soliton trapping	ST
波分复用	Wavelength Division Multiplex	WDM
分布反馈	distributed feedback	DFB
国际电信联盟	International TelecommunicationUnion	ITU
光学相干层析	Optical Coherence Tomography	OCT
保偏光纤	polarization maintaining fiber	PMF
光参量放大	optical parametric amplification	OPA
光束自聚焦	self-focusing	SF
光子回波	photon echo	PE
自感应透明	self-induced transparency	SIT
自旋反转	spin flip	SF
光学悬浮	optical levitation	OL
光学双稳态	optical bistability	OB
多孔光纤	Holey fiber	HF
微结构光纤	Microstructure fiber	MF
平面波展开法	Plane wave expansion method	PWEM
多极法	multipole method	MM
有限差分法	finite-difference method	FDM
有限元法	finite element method	FEM

无截止单模	Endlessly single-mode	ESM
高非线性光子晶体光纤	Highly Nonliear PCF	HN PCF
熔接损耗	splicing loss	SL
分离变量法	separation of variable method	SVM
电极化强度	electric polarization intensity	EPI
自陡效应	self-steepening effect	SSE
频率啁啾	frequency chirping	FC
色散波	dispersive wave	DW
波长转换器	wavelength convertor	WC
信号光	signal wave	SW
闲频光	idler wave	IW
参量增益	parametric gain	PG
能量守恒	energy conservation	EC
相位匹配	phase match	PM
走离效应	walk-off effect	WOE
功率跳变	power jumpping	PJ
功率计	Power meter	PM
光谱仪	Optical spetrum analyzer	OSA
自相关仪	Autocorrelator	AC
输出尾纤	Output Pigtail	OP
光纤熔接机	Arc fusion splicer	AFS
过渡光纤	Intermediated Fiber	IF
主振荡功率放大器	master oscillator power amplifier	MOPA
相干反斯托克斯拉曼散射	Coherent Anti-Stokes Raman Scattering	CARS
掺铒光纤放大器	erbium-doped fiber amplifier	EDFA
电荷耦合器件	Charge-Coupled Device	CCD
相关双采样	correlated double sampling	CDS

索　引

致　谢

值此本书正式出版之际，我谨向过去多年来给予我帮助、关心和鼓励的所有领导、老师、同学和亲友们致以最诚挚的谢意！

首先，我要诚挚地感谢我的博士指导老师陆启生教授、侯静教授和熊春乐博士！感谢他们给我提供一个宝贵的出国留学的机会和一直以来的关心、支持和帮助！感谢陆启生教授在我考博、选课、出国培养、开题、博士毕业过程中的关心和帮助，在百忙中审阅了我的这本书稿，并提出许多宝贵的意见。陆教授学识渊博、思维敏捷，尤其他科学严谨的治学态度，和蔼可亲、平易近人的大师风范，无私奉献的精神，永远是我学习的榜样和前进的动力！感谢侯静老师，侯老师是我的直接指导老师，从博士的选题、开题、毕业答辩，到实验方案的选择、理论参数的计算、模拟方法的选取，侯老师都为我倾注了百分百的热情和关心，并且给予我了极大的帮助！侯老师知识渊博、思维活跃、治学严谨、考虑周到，在我博士选题、国外联合培养到完成博士学位论文的近四年的时间里，她悉心指导、严格要求，时刻关心课题的进展，从每一篇小论文的构思、修改、发表到博士学位论文的撰写、修改和最终定稿，侯老师都倾注了大量的心血。感谢侯老师为我创造出国留学的机会，在悉尼大学学习的一年里，我受益匪浅，感受了澳洲丰富多彩的文化，提高了英语的口语和写作水平，扎实了理论基础，学习了先进技术，这一年的生活必将是我人生中最难忘的一章！在国外学习期间，熊春乐博士是我的直接指导老师，衷心地感谢熊博士，他不仅给了我一个宝贵的出国学习的机会，而且在这一年里对我的学习和生活，细心指导和热情帮助！熊博士身上有太多值得我努力学习的地方，从专业理论基础到实验动手能力，从严谨科学的治学态度到高效细致的办事风格，跟熊老师学习这一年，我受益匪浅，感谢熊博士的关心和帮助！饮水思源，三位老师的恩情，永生难忘；行胜于言，在今后的生活工作中，我将努力拼搏，奋发进取，以期能报答恩师们的培育之情！

非常感谢课题组陈子伦老师，在我刚进课题组时，陈老师经常鼓励我，给我信心！

学习上更是给予极大的帮助，实验上细心指导，写作论文时耐心修改，让我非常感动！感谢曹涧秋老师，曹老师思维敏捷、考虑周到、英语写作功底强，在我英语论文写作过程中给予了极大的帮助和支持！感谢陈胜平老师，陈老师实验能力强、经验丰富、要求严格，在实验方面积极指导，提出了许多宝贵的意见！感谢王泽锋老师，王老师为人热情豪爽，和他交流过程中总是能够找到学习奋进的动力！感谢张斌师兄，在我刚进课题组时，张师兄无论是在模拟软件学习方面、实验动手方面，都给我了极大的帮助和指导！感谢彭杨兄弟，他为人真诚正直，学习上要求严格，感谢他在我国外学习期间对我的关心和帮助！特别感谢师弟宋锐、杨未强、王天武、谌鸿伟、奚小明、靳爱军、谷庆元、梁冬明、刘晓明在我实验上的积极帮助！另外还要感谢师弟刘伟、李志鸿、黄值河、刘诗尧、刘鹏祖、周航、刘通、许将明、雷宇、陈河、周旋风、张扬、熊玉朋，以及师妹李杰、李荧、陈海寰，感谢你们在我实验的开展中、理论的学习中、每一篇小论文的构思、修改、发表过程中的积极帮助，与你们的讨论让我豁然开朗、受益匪浅，相关的课题研究能够顺利地进行。团结就是力量，感谢你们，感谢我们的课题组！

衷心感谢国防科技大学光电科学与工程学院和教研室的各位领导、老师、同学和工作人员，是他们一直以来的默默奉献，为我们创造了良好的学习、工作和实验条件，使得我们能够顺利完成学业。特别感谢研究所陈金宝所长、彭澍政委、刘车波副所长、教研室姜宗福老师、许晓军老师、司磊老师、郭少锋老师、程湘爱老师、华卫红老师、赵国民老师、杜少军老师、李文煜老师、江厚满老师、王睿老师、王红岩老师、周朴老师、习锋杰老师、吴武明老师、蒲东升老师、张文静老师等所有老师的关心和帮助！感谢教研室张文静、何峰、蒋武、张赞、曾翼、郭倩、蒋昭舜、陈景春、陈琳等工作人员对实验器材购置、维护、管理等各方面的帮助！感谢学员管理大队和学员队的张鼎华政委、陆蓓蕾队长、钟海荣队长、王华政委、曹亮队长在学习和生活上的帮助！感谢研究生院刘勇波参谋、学院张振宇参谋、周升干事在学习和工作上的帮助和支持！特别感谢徐中南师兄、冷进勇师兄、孙全师兄、孙运强师兄、刘长海师兄、陈敏孙师兄、靳冬欢师兄和李霄、王小林、马浩统、马阎星、赵海川、肖虎、董小林、高穹、杨子宁、周琼、江天等同学在课题研究上给予的有益讨论与实验上的无私帮助、在论文写作修改过程中提出的诸多宝贵意见！

特别感谢在中科大学习生活中与我朝夕相处的各位兄弟姐妹！感谢我的宿舍兄弟孙可、黄盛炀，孙可低调矜持、大黄仗义执言，我们一起整理宿舍、一起畅想未来，总是充满了乐趣，特别感谢他们在我出国学习期间给予的关心和帮助！感谢我们的羽毛球团队，周健、肖光宗、陈熙和我，周健兄弟，他为人仗义、豪爽正直、思维活跃、做事情非常有条理，从他身上我学到了很多东西，让我的博士生活丰富多彩！肖光宗知识渊博、见解独到，和他聊天是一种享受！感谢我们的篮球团队，陈星、张泽海、彭杨、李斐、饶伟，陈星是我们的区队长，处处以身作则！张泽海兄弟风趣幽默，总是大家一起聊天娱乐时最具幽默感的一个！李斐兄弟玉树临风，是我们可以信赖的大中锋！饶伟正直实在，是难得的好兄弟！感谢我们的打扑克牌团队，杨雨川、吴素勇、王小林、马浩统、罗章，杨雨川兄弟身体素质好，忘不了我们一起爬岳麓山、爬衡山的美好时光！吴素勇兄弟作风过硬、办事沉稳，更是扑克牌打升级的铁杆！王小林兄弟学习刻苦，厚道正直，难忘我们一起吃汤圆的好时光！马浩统兄弟学习最为勤奋，是我学习的榜样！罗章兄弟是我们这帮人中智商最高的！此外还要感谢我们08级的其他博士研究生冯向华老师、曹春燕老师、白现臣、高粱、周恒、方靖岳、张楠，以及其他年级的兄弟魏国、曹亦兵、张强、程新兵、冯先旺、陈伟、程国新，是你们的陪伴让度过了近四年的博士生活！

更要感谢国家留学基金委和留学服务中心，是你们的资助和辛勤工作使得我可以走出国门实现出国留学的梦想！感谢中华人民共和国驻悉尼地区总领事馆的胡山总领事和各位领导，感谢下属的负责留学生生活的教育组各位领导白刚参赞、禹昱领事、洪峰领事、郑领事，是你们无微不至的照顾使我在悉尼度过了一个平安、温馨的一年！感谢澳大利亚悉尼大学CUDOS研究中心的Benjamin Eggleton教授、Martijn de Sterke教授、Chris博士、Eris博士、李安邦老师、栾风师兄、李芳欣师姐、王帆兄弟、George兄长、Trong兄弟、Owen兄弟、Hanna，与你们的讨论让我受益匪浅，是你们的热情帮助和支持，使得我的课题得以顺利进行！感谢澳大利亚新南威尔士州学生学者联合会的赵明会长、王伟副会长，是你们的热情帮助使我很快在悉尼有了家的感觉，是你们的鼎力推荐使得我很快成为学联的一分子，并且很快结识了许多好兄弟郭万刚、蔡桂峰、蔡红星、孙光永、阳小霜、赖良涛、王梓斌、沈剑良、阎兆威、张云、张杨、杨帆，还有刘毅老师、施光老师、潘建红老师，好姐妹曾正、刘俊艳、盛文娟、赵丹、孙伟、彭丹、李沫、于洋，还有何丽红老师、曹艳萍老师、丁俊玲老师，是你们装点了我的周末和假期生活！感谢悉尼地区北京大学校友会陈长伟会长，陈会长精通历史，经常给我详细介绍悉尼的环境、交通、安全和风土人情，还要感谢他推荐我加入北大校友会，参加校友会组织的一系列活动！特别感谢一起生活的赵亮兄弟、邓航兄弟、邓明星兄弟、周磊兄弟、孙磊兄弟、牛爽兄弟、王超兄弟、王智兄弟、立璞兄弟、多滨兄弟、张一楠兄弟和郝帅兄弟，难以忘记周末大家聚在一起吃饭喝酒、打球、打牌的场景！感谢你们让我在悉尼度过了美好而又有意义的一年！

最要感谢是我的父亲母亲，感谢他们二十多年来对我含辛茹苦的养育之恩！虽然他们的文化程度不高，但是从小学、初中、高中到大学、再到攻读硕士、博士，他们始终尊重和支持我的选择！每每周末或者暑假寒假回家，他们都会放下手边所有的事情，给我做好吃的、陪我聊天，让我感动不已；平时电话里的问寒问暖，我身体的每一点不适都是他们永远的牵挂，他们是我学习和生活上的不懈动力和精神支柱！他们将所有的期望都寄托在姐姐和我的身上，我也将承载着他们的希望，努力奋斗，用自己的实际行动来竭尽人子之孝，让他们在今后的生活中能够更加幸福快乐！感谢我亲爱的姐姐，感谢她在我们一直以来同甘共苦中的谦让和真挚，感谢她在我远离家乡时对父母的殷切照顾！她虽然只比我大三岁，但是比我懂事得多，感谢她对我生活上的关心和支持，感谢她对我学习上的指导和帮助，作为弟弟的我将用我的真诚去关心她、爱护她，永远保持我们之间那份纯真的姐弟感情！

天地之间唯情最真！回顾自己读博这四年来，得到了太多人的关心和帮助，感激之情，纵千言万语，亦难以言表。古人云，行胜于言，在今后的人生旅途中，我将用我的实际行动，努力拼搏、奋发进取，以优异的工作成绩来回报那些无私的关爱和热心的帮助！最后向所有关心帮助过我的人致敬！感谢你们！

2016 年 5 月 4 日